由人工智慧至智慧製造，跨越科技巨頭的策略與合作，解鎖全球晶片產業的未來

李海俊，馮明憲 著

半導體盛世

從摩爾定律到 AI 時代

機遇 × 技術 × 管理

不僅為專業人士提供了深入的產業分析

更為讀者揭示半導體技術如何塑造現代社會的面貌

以獨特視角深入探討

半導體產業的發展歷程、現狀、未來趨勢

目錄

讚譽

前言

第 1 篇　機遇篇：半導體晶片全球發展與智造機遇

第 1 章　積體電路推動全球 GDP 成長與工業革命

1.1　積體電路推動全球 GDP 成長三十年 ············ 024

1.2　工業革命與不死摩爾定律 ························ 054

第 2 章　美國科技制裁與中國自主替代

2.1　美國科技長臂管轄 45 年 ························ 078

2.2　美國白宮科技智囊與半導體軍工組織 ············ 083

2.3　憑使命改宿命、靠替代對制裁 ···················· 098

第 3 章　積體電路與新資訊技術交叉融合的智造機遇

3.1　智造工業軟體生逢其時 ························ 110

3.2　智慧 ^{2} —— 晶片與 AI 的交叉賦能 ················ 133

3.3　AI 應用於積體電路的投資報酬分析 ············ 146

第 2 篇　技術篇：積體電路與 New IT 的跨界融合與智造技術

第 4 章　智造軟體持續加碼全球半導體製造

4.1 開啟先進半導體智造之窗 ………………………… 158
4.2 半導體智造軟體的極致力量 …………………… 169
4.3 智慧學習倉庫與數位對映 ………………………… 194
4.4 智造軟體提升晶片製造的 KPI…………………… 199

第 5 章　智造軟體為半導體產業提供全程價值

5.1 龍頭半導體廠商對 AI 應用的洞察 ……………… 216
5.2 半導體服務廠商的智造方案 ……………………… 227

第 6 章　來自世界龍頭半導體製造廠商的智造驗證

6.1 英特爾 20 年的 AI 智造之路 …………………… 241
6.2 台積電 11 年的 AI 智造與大聯盟 OIP ………… 257
6.3 中芯國際的 10 年智造之路………………………… 295
6.4 其他知名半導體廠商的智造實踐 ……………… 303

第 7 章　來自世界龍頭半導體裝置廠商的智造驗證

7.1 艾司摩爾是卓越的工業軟體公司 ……………… 308
7.2 應材的軟硬一體…………………………………… 320
7.3 泛林的裝置智慧…………………………………… 332

第 3 篇　管理篇：未來科技與產業發展借鑑

第 8 章　未來科技與半導體智造

8.1　超級人類與未來科技 ………………………………… 342
8.2　半導體智造的遠景方略 ……………………………… 353

第 9 章　半導體產業展望及工業 4.0 創新

9.1　美國半導體行業組織管理借鑑 ……………………… 370
9.2　半導體工業 4.0 轉型中的關鍵管理 ………………… 376
9.3　半導體產業工業 4.0 轉型的框架應用 ……………… 395

結語

致謝

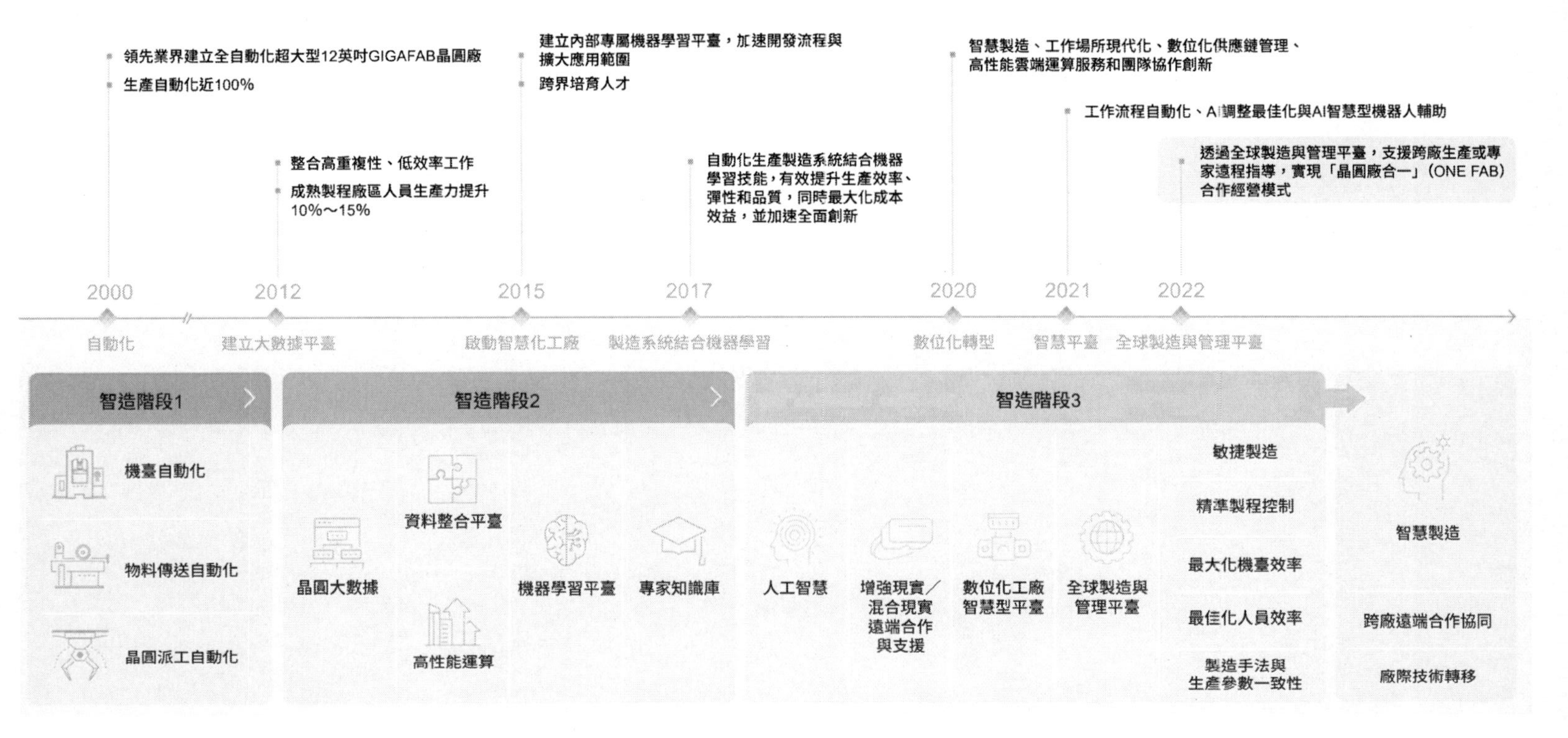

台積電智慧精準製造進程（2000-2022）
來源：台積電官網

讚譽

人類文明史本質上是社會系統、經濟系統和知識系統「三大系統」的變革史。作為知識系統變革的最具代表性的產物之一，是「國之重器」。一個國家如果沒有自己的晶片，腰桿子就很難挺得直。智慧化時代催生的更高技術需求，正在推動晶片行業內部變革更新。在「後摩爾時代」眾多顛覆性技術中，光子晶片是人工智慧時代新的基礎設施，正在成為全球資訊產業新的「主戰場」和各國競爭的「殺手鐧」。本書敘事宏大，視野寬闊，不僅全面呈現了全球半導體產業發展的歷史脈絡，更敏銳地發現並提出以 AI 為核心的智造行業給半導體產業帶來的新機遇，為半導體產業突破提供了一個極具策略性、前瞻性的思考視角，值得靜下心來閱讀。

—— 米磊

半導體行業是當今資訊社會的基石，高階晶片之爭已經蔓延成一場沒有硝煙的戰爭。本書作者聚焦人工智慧和工業軟體對於晶片生產的賦能作用，描繪了指標型製造廠商如台積電和艾司摩爾等公司的智造圖鑑，並展望了未來工業 4.0 的創新之路。本書對於先進半導體工廠的核心競爭力明察秋毫，對於各家企業的智慧解決方案信手拈來，是一部匠心獨運的佳作。

—— 熊詩聖

本書面世正值晶片產業在更多領域實現自主自強，努力突出重圍之際，可謂恰逢其時。本書探索藉助新力另闢蹊徑，對於半導體積體電路和人工智慧領域的從業者來說，都是一本值得關注的讀物，將有助於強化協同理念、培養跨界人才、堅定開放創新。AI 融入半導體產業發展的力量已然顯現，從國家發展晶片智造來看，本書既提供了歷史發展的回顧，也提供了未來規劃的借鑑，在目前半導體產業鏈基於工藝、裝置、材料等方面力爭突破的基礎上，為工業智造發展藍圖貢獻了新的智慧和力量。

—— 黃朝峰

積體電路是現代資訊社會的基石底座，是數位建設的關鍵核心。而晶片製造是現代工業皇冠上的明珠，具有技術門檻高、產業鏈條長、製造工序多、投資大、風險高等特點，是國家往製造強國邁進過程中急待突破的重要領域。以 AI、大數據等為代表的數位技術將為晶片製造賦予「大腦」和「靈魂」，成為賦能積體電路產業實現關鍵點超車和高品質發展的重要手段。

本書深度剖析了積體電路與新一代資訊技術交叉融合的智造機遇，舉例說明了智造軟體及相關技術在國際積體電路龍頭企業的應用實踐，為未來賦能積體電路半導體產業創新突破和發展提供了借鑑和啟示。

—— 賀仁龍

本書全面、系統、詳盡地闡述了我們面臨的時代機遇、其他國家的創新體系、產業技術發展與管理的趨勢及龍頭企業的成功經驗，提出在扎實材料、裝備、製造等基礎上，抓住以工業軟體、AI 為核心的智造機遇，把握半導體未來發展的關鍵時刻。期待政府、產業、學術、金融界的有志之士共同關注並指導，建言獻策，砥礪前行，華夏必將屹立於晶片世界！

—— 王靜

當前，新一輪科技革命和產業變革在各個領域逐漸開花結果，人工智慧與實體經濟融合愈來愈深刻。晶片作為數位經濟時代產業發展的重要基石，關係著國家策略安全和產業發展安全。本書以全球視野，從技術發展、企業競爭、國力較量、未來科技等角度輔以真實案例，深度闡釋了「電晶體」如何撬動世界。期待本書能給積體電路產業的政策制定者、管理者、創業者、投資者及相關領域的從業者以新的啟迪，協力補全產業鏈條，助力國家數位經濟實現高品質發展。

—— 宋海濤

晶片是微觀加工的產品代表，展現了現代智慧製造技術的最高水準。晶片產業鏈中晶片設計、製造、封測各流程，以及生產需要的裝置、材料、EDA、IP 等，都要相關工業軟體的支撐。以 AI 賦能的智造，支持晶片產業從自動化向智慧化推進，為晶片公司開發與製造產品提供了新的方法和手段。

本書以機遇、技術、管理三篇，介紹了 AI 賦能晶片智慧生產的過程，以豐富的數據和案例，幫助晶片專業人士以及廣大讀者獲得產業發展的知識、思路和靈感。

—— 王金桃

前言

親愛的讀者朋友，您好！

非常幸運與您一起踏入半導體製程與 AI 智造新世界！無論您是半導體積體電路產業或工業軟體行業的從業人員，還是政策的諫言者或制定者，或是企業高級主管與專業人士，以及正加入到這一產業的投資者，希望本書可以幫助您一窺產業全貌，做出正確的決策。事實上，從 2022 年開始，無論是政府、投資機構，還是從業者，對新一代資訊技術如何賦能半導體積體電路的發展都給予了高度關注和厚望。

從全球各國的科技與貿易博弈來看，美國近年一系列新的半導體產業發展政策相繼發表，正試圖把美國拉回先進製造大國的行列。數位化時代先進製造的代表就是晶片，而美國發展這一產業的大量投資源頭便是中國，因為在過去的五年（2017-2022 年），中國已成為世界最大的晶片消費國，為美國貢獻了鉅額的利潤。製造與消費本是一對完美的上下游組合，但美國為了霸占科技鰲頭並把持最為豐厚的產業利潤，與其盟國在晶片領域持續對抗中國，凸顯晶片產業自主可控的策略意義不言而喻。

從發展歷史來看，半導體積體電路產業最初是在 1960 年代由軍工需求帶動而迅速發展。根據 IC Insights 的統計，在近 30 年的時間裡，半導體產業一直推動著全球 GDP 的成長。全球資本與產業智慧凝結於人類科技皇冠——「晶片」，它也成為全球科技戰與貿易戰的中心。晶片難，難於在全產業鏈進行資源的配置與協同，其中晶片製造更在產業鏈中處於投資規模最大、建設週期最長、尖端技術最密、良率[001]要求最高的高價值一環。缺失了先進製造能力的晶片產業鏈就如「鐵嘴豆腐腳」——在全球產業鏈競爭中容易被對手「卡脖子」，跑不出應有的速度。

從軟硬體的組合來看，半導體積體電路是數位時代的硬體底座，而支持硬體智造與智慧終端產品使用的軟體大致可分為兩類：作業系統的基礎平臺和各類應用程式。工業軟體作為積體電路的靈魂，最初也是隨著軍工需求與硬體同步發展起來的。如今，毋庸置疑的是，以「數據科技」（大數據）和「運算科技」（AI）為代表的新一代資訊技術[002]，正成為按下第四次工業革命快轉鍵的新生力量。在晶片智造中，除了我們熟知的工藝、裝置、材料等必備條件外，難以突破的還有工業軟體。工藝研發離不開專屬軟體，先進機臺裝置都內嵌智控軟體，材料研發也需要透過軟體來分析、配比和更新。而打通這三類生產要素形成智慧一體化的穩定生產環境，也同樣離不開工業智造軟體。隨著晶片的工藝製程不斷微縮並朝著原子級尺寸邁進[003]，無論是晶片的製造廠商，還是晶片的裝置廠商，都在大量運用新一代資訊技術助力前瞻科學研究、產品的設計研發和製造。新型資訊技術正發揮著至關重要且愈來愈重要的作用，這是一條已在國際先進製造業獲得廣泛驗證、認同、推崇的必經之道，因此也被業界媒體稱為神祕的「黑武器」。但「黑武器」並不容易掌握或獲得，由於半導體及積體電路與國防軍工密切相關，西方在產業背後

[001] 良率（Yield）亦稱「合格率」，是產品品質指標之一，指合格品占全部加工品的百分比。在半導體工藝中，生產線良率代表的是晶圓從下線到成功出廠的機率，晶圓良率代表的是一片晶圓上的晶片合格率。生產線良率乘以晶圓良率就是總良率。

[002] 新一代資訊技術分為六個方面，分別是下一代通訊網路、物聯網、三網融合、新型平板顯示、高效能積體電路和以雲端運算為代表的高階軟體。

[003] 台積電預計於 2024 年量產 2 奈米晶片，力爭 2030 年前進入埃米工藝時代。

建立了強固的政治貿易壁壘[004]；加上行業競爭異常激烈、技術壟斷與霸權盛行，各廠商對核心技術研發和應用都是退藏於密；再就是專業領域知識的緘默性與抽象性提高了效仿和學習的門檻，使對手難以觸及和掌握。試圖開啟這扇「晶片的新一代資訊技術智造之門」正是本書的價值所在。

從新時代雙循環的格局來看，要參與全球競爭，勢必要先發揮自身優勢建立內部的閉環。在半導體積體電路產業的閉環格局建設中，與國際對手正面的競爭是無法迴避的，這是國家持續、堅定、大力支持發展工藝、裝置、材料方面自主可控能力的原因。但我們也要看到正面戰場的局限性與被動性。由於受《瓦聖納協定》（*Wassenaar Arrangement*）、總體產業投資規模及目前尖端人才短缺等諸多方面的客觀限制，在傳統賽道的後發跟跑策略並不能令人獲得領先優勢。所謂以正和、以奇勝，透過數據科技和運算科技進行賦能，則可以充分借力並發揮新資訊技術方面自主可控的優勢，特別是近年已累積的大量數據及不斷精進的深度學習 AI 演算法，可以對晶片的製造特別是先進製造造成「四兩撥千斤」的效果。

從總體來看，目前在晶片領域積極推廣和應用「數據科技」和「運算科技」的智造能力，已有了良好的政策、產業、技術與資本的基礎。

首先，2015 年後，大數據及 AI 政策頻出，工業製造領域在利好形勢的引導和支持下，開始重視並挖掘數據科技和運算科技的巨大應用價值，跨界創新應用層出不窮，開啟了「數智化」時代，一貫嚴謹保守的半導體產業也參與了進來。這並非只是一場技術革命，它與策略融合，

[004] 最具代表性的是巴黎統籌委員會及後來的《瓦聖納協定》，以及近年美國成立的多個排華的晶片新聯盟。

已成為行業或企業頂層設計的重要部分。

其次，數位化轉型在工業領域已走過數個年頭，工業製造領域已打下了電腦／現代整合製造系統（Computer/Contemporary Integrated Manufacturing Systems，CIMS）的堅實基礎。產業數位化需要依靠企業實現，產業數位化聚焦的是傳統產業的核心生產場景，提高的是整個產業的競爭力和經濟水準。

半導體軟體領域的投資規模超前，速度驚人。雖然一、二級市場隨著行業週期與中美博弈而出現震盪，但沒有人否認半導體積體電路將成為未來最為重要的數位化基建，它將推動全球從「數位化」到「數智化」再到「元宇宙」的發展程序，新技術、新概念、新機遇將層出不窮。

數據科技、運算科技與產業應用場景的深度融合，即半導體積體電路的產業數位化，是積體電路半導體企業本身技術發展的訴求與投資方向。此外，對於前瞻性的、行業共性的攻堅難題，也可以納入政府的專項中來，一方面可以立足於 AI 大數據等新資訊技術專項，另一方面也可以立足於晶片先進智造專項。多年以來，半導體積體電路與 AI 是科技興國策略發展的兩條線，新資訊技術在半導體積體電路產業的加速應用，推動了兩條策略路線的融合。在半導體產業，工業智造軟體的投入，與重型基礎設施的投入比起來只是九牛一毛，而可能產出的價值卻是巨大的。基礎科學研究不僅可以在工藝、裝置、材料方面發力，也可以將生產要素與數據科技、運算科技融合起來，從而有望開創出一條更能發揮軟實力競爭優勢的、因地制宜的、揚長避短的、事半功倍的，對企業、產業甚至國家產生更大協同價值和溢位價值的新技術路徑。

工業智造軟體歸屬於工業軟體，但為了聚焦晶片智造技術的闡述並與國際產業界的統稱接軌，本書將使用工業軟體作為切入點，但更多會使用「智造軟體」來展開本書的主要內容。工業軟體作為一個應用廣泛、包羅永珍的集合，其中能轉化成商用的部分只是冰山一角，更具核心價值的「專用技術」往往祕而不宣（例如，美國波音公司研製了 8,000 多種工業軟體，進行商業化向市場開放了不到 1,000 種）。本書聚焦於龐大的晶片智造工業軟體體系中，更具核心價值的部分，期望掀開其神祕面紗。第四次工業革命已經來到，工業軟體也迎來智慧時代，傳統工業軟體是必備的生存之本，而智造軟體才是發展的致勝之道。對於產業界來說，由於採取不同技術路線的試錯成本太高，非指標性廠商極少開闢自己獨有的技術路線，一般做法就是沿襲指標性廠商的成功做法並進行二次創新。因此，了解這一維度的發展歷史、價值起源、應用現狀與未來趨勢對於晶片製造廠商來說意義重大。

但是，智造軟體僅作為一類新的技術，並不是產業發展的護身符。技術與產業的結合應用，歸根究柢還是靠企業來實施和推動。那些舉足輕重的領軍企業特別需要先試先行，它們一是有足夠的資本和資源，二是可以造成產業鏈的帶動作用。誠然，晶片產業整體上除了需要彌補工藝、裝置、材料等硬體與智造軟體方面的短缺外，還需要提升企業經營管理的水準。核心技術的背後是核心人才，核心人才的背後是文化與價值觀、圈子與利益，而跨文化管理又是國際化半導體公司的普遍挑戰 [005]。在半導體產業中，管理學流派似乎是被排斥在決策層之外的，因為需要依靠先進技術發揮競爭優勢。那麼，半導體產業的管理模式與經驗真的與其他行業有天壤之別嗎？事實上，全球半導體領軍企業的實踐證明並非如此。在全球大型半導體企業的 CEO 中，華人占據的比例愈來愈大。無論他們出生於何處，都有著共同的特質：既有工於科技、樂在

[005] 半導體公司頻發的人事變動事件引發了行業的普遍關注和擔憂。

堅毅的專業能力，又有敏銳的市場前瞻與商業洞察。懂科學可以搞科學研究，唯有懂經營才能做企業。這可能也是全球十大晶片設計廠商中有八家的掌門人為華人的重要原因吧。半導體是一個充分參與全球激烈市場競爭的產業，除了要有技術，更要有創新的商業思維。拋開地緣政治和自然資源因素，半導體產業發展有兩大能力支柱：

（1）戈登・摩爾[006]在其「摩爾定律」中展現的持續性技術創新。按ITRS在2005年白皮書中的定義，又分化為「後摩爾」（More Moore）和「超摩爾」（More than Moore）兩大趨勢。

（2）張忠謀[007]先生闡釋台積電成功祕訣時談及商業模式創新的重要性。他與台積電的成功給予了行業兩大管理思想的貢獻：其一是大家熟知的、始於1987年台積電創立之時的晶圓代工模式Foundry，當然這一模式同時催生了Fabless；其二則更為重要，就是台積電於2008年創立的開放式創新平臺OIP，以此發展出的台積電大聯盟，已成為全球半導體頂尖公司的「盟友圈」。如果說第一個商業模式創新是把晶圓代工從IDM中「分」出來，第二個則是透過聯盟的形式又「合」進去，從而形成一個全球化協同的「虛擬IDM」。30多年來，台積電的成功就在這樣一分一合的商業模式創新中塑造起來，透過關鍵點超車一步一步令對手望塵莫及。

在這裡我們強調企業管理的價值，除了如上的原因外，更重要的是

[006] 戈登・摩爾（Gordon Moore），美國科學家、企業家，英特爾公司創始人之一。1965年提出「摩爾定律」，1968年創辦英特爾公司，1987年將CEO的位置交給安迪・葛洛夫，2001年退休退出英特爾的董事會。他比張忠謀大兩歲。

[007] 張忠謀（Morris Chang），獲得哈佛大學學士學位、MIT機械工程碩士學位，以及史丹佛大學電氣工程博士學位。他曾在德州儀器（TI）工作25年（1958-1983），從工程師升至負責TI全球半導體業務的集團副總裁。他於1985年從美國回到臺灣，擔任臺灣工研院院長，並於1987年創辦台積電。2005年，張忠謀卸任台積電董事長和CEO職務，由蔡力行接任CEO。但他於2009年又重回公司擔任CEO，於2018年6月宣布正式退休，由劉德音與魏哲家分別任董事長及總裁。

數位化智造意味著一場製造的變革，它涉及公司內部的倡議、先試先行的預算投入、人才與團隊的配置、對跨界融合創新的鼓勵以及對初始失敗的包容等，它不僅是一個技術問題，更是一個策略問題。數位化賦能智造是一項策略任務，對晶片製造業來說是實現策略目標的重要支撐力量，決策層只有在這個方面達成共識，並由主要負責人掛帥，數位化智造變革才能成功，這並非只是 IT 部門的工作。

從宏觀的產業鏈發展與全球市場競爭來看，東方的情況與美國不完全相同，硬拚傳統賽道的工藝、裝置、材料等技術也可能落入「追趕者陷阱」，因此需要發揮自身特有的制度優勢、管理優勢和新一代資訊技術優勢，在某種程度上甚至可以透過工業智造軟體來彌補硬體的不足。換句話說，就是「把握機遇＋技術領先＋管理卓越」。除了產業機遇之外，本身的制度優勢為產業發展創造了前所未有的機遇；而技術創新的源頭是解放的思想，這包括本書倡議的數智化跨界創新；商業成敗的源頭是決策，正確的決策則需要卓越的管理。晶片製造業由於精細的分工，行政權力被約束在「尊重科學與客觀數據、掌握關鍵資訊並集體決策」的框架內，更多的共識與協力是國際化團隊特別需要加強的。因此，我們還是強調，在晶片智造的轉型中，需要「把握機遇、技術領先、管理卓越」三者的結合。

所以，本書的主要內容也由這三個部分構成：

第一篇是機遇篇，闡述歷史機遇與產業歷程，包括半導體產業在過去一個世紀中帶給全球經濟發展的機遇，以及各國在半導體機遇中的競合與博弈歷程。

第二篇是技術篇，闡述交叉跨界技術創新，以及新一代資訊技術在半導體產業正發揮的、愈來愈重要的作用，這涉及晶片設計、製造、封測，也包括晶片製造裝置廠商的應用實踐與重要成果。

第三篇是管理篇，展望未來產業發展，包括如何看待和理解半導體晶片產業在 21 世紀的爆發式成長，以及從產業發展管理及企業管理的視角出發，闡述如何更好地實現智慧製造的更新管理。

在資本與科技密集的半導體產業，技術通常是第一位的。但是在一個以領軍企業為龍頭的產業鏈競爭中，必須認清和把握時代機遇，順勢而為，同時充分提升現代科技企業的管理水準並最佳化治理結構，才能更好地培養和發揮技術優勢，實現領先和超越。

我們正沿著 20 世紀工業化的步伐邁向 21 世紀的數位化、數智化和智人化，如果說我們在半導體過去 30 年的發展中忽略或錯過了一些重要機遇，那麼現在是我們樹立遠見卓識，更好地把握半導體未來 10 年輝煌發展的關鍵時刻。從第四次工業革命中提出的資訊物理系統（Cyber-Physical System）到工業 4.0 的數位對映（Digital Twins），再到元宇宙（Metaverse）……這一切都因晶片的發展成果而生，又推動晶片自身邁向更輝煌的未來。在半導體領域，從來少有投機取巧的一本萬利，也鮮見文人騷客的閒情逸緻，更無一廂情願的天馬行空，只能靠扎實的內功。

最後，由於半導體晶片產業涉及的知識紛繁複雜，本書作為在該領域的一次探索性嘗試，必然存在錯漏與不足之處，特別是由於地區差異造成的專有名詞的不同叫法，容易翻譯錯誤或引起誤讀。因此，您的任何批評、糾正和建議將是我們的寶貴財富！

謹以此書獻給在半導體時代繼續同行的我們！

李海俊

第 1 篇

機遇篇：半導體晶片全球發展與智造機遇

第 1 章

積體電路推動全球 GDP 成長與工業革命

1.1
積體電路推動全球 GDP 成長三十年

1.1.1
半導體積體電路一直所處的策略領地

（1）底層運算邏輯與其本質結構有關

所謂半導體，是指一種導電效能介於導體和絕緣體之間的材料，它的電阻比導體大得多，但又比絕緣體小得多，其電學效能可以人為加以改變。許多電氣和電子裝置有兩種狀態：關閉或開啟（例如電燈開關），真空管和電晶體都是如此，以 0 和 1 來代表開關的斷開和閉合。邏輯是數位電路的精髓，所有的功能歸根究柢都是邏輯功能，而邏輯的基本構成元素是邏輯 0 和邏輯 1。透過半導體材料製造出的電晶體恰好具備這種功能 —— 透過電訊號來控制自身開合，這使電腦可以理解兩個數字：0 和 1，並在其中完成所有二進位制模式的算術運算。二進位制是機器語言，電腦使用它來處理、讀取和寫入數據，半導體這一屬性奠定了整個數位時代的運算基礎。

如圖 1-1 所示，物質基本的結構屬性在相當程度上決定了運算的規則，比如人類計數最為常見的十進位制和電腦基於半導體屬性的二進位制。

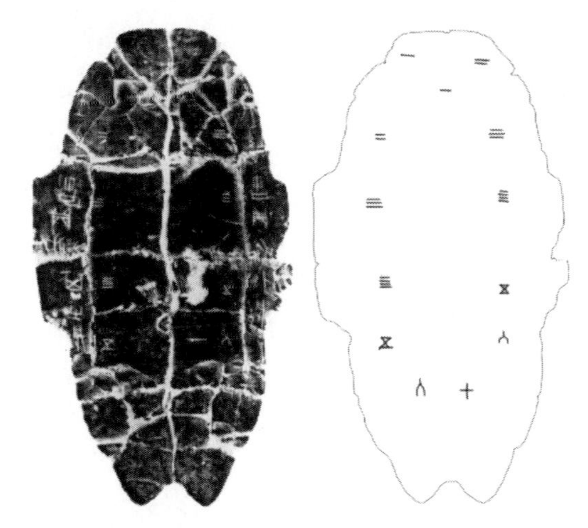

（a）西元前13世紀人類基於十指的十進位制計數

（b）現代電腦基於半導體0與1結構的二進位制計數

圖 1-1 人類的十進位制與電腦的二進位制
資料來源：珠算博物館

在人類的語言中，廣泛使用 0 ～ 9 這 10 個數字元號進行記數，這也是我們日常生活中使用最多的進位制 —— 十進位制。在各個古文明中都有使用十進位制記數的歷史，例如，從中國古代西元前 13 世紀的甲骨文中，就找到了十進位制的記數符號。為什麼人類使用十進位制而電腦語言使用二進位制呢？這可能源於人類十指的生理結構特點，原始社會的人類學會使用簡單工具進行捕獵獲得生存，但還只會使用簡單的語言交流，計數是交流中的重要內容（比如獲得的獵物數量或剩餘的食物數量等），那麼輔以手指來計數是最自然的。電腦的二進位制也跟「矽基生命」的「生理結構」有關，如上所述，是半導體的開關形成了 0 與 1 的特徵，所以就有了二進位制。二進位制在半導體出現後，成為電腦的底層運算語言並獲得了廣泛認知，但二進位制在中國歷史上同樣歷史久遠，0 和 1 如同中國古代《易經》提出的陰和陽兩種狀態，透過陰和陽的兩兩組合，又形成了《易經》的六十四卦象。《易經》的這些符號，引起了數學家萊布尼茨（Gottfried Wilhelm Leibniz）的興趣，他在 1703 年就發表了《論只使用符號 0 和 1 的二進位制算術，兼論其用途及它賦予伏羲所使用的古老圖形的意義》（*Explanation Of Binary Arithmetic, Which Uses Only The Characters 0 And 1, With Some Remarks On Its Usefulness, And On The Light It Throws On The Ancient Chinese Figures Of Fuxi*）[008]，使用現代數學語言的方式闡述了二進位制。隨後又過了 200 年，在 1904 年，全球第一個基於二進位制特徵的電子管才在英國被發明出來。技術的進步是人類文明發展的根本動力，其發展的過程與突破都遵循一定的邏輯與規律，或許未來隨著新材料結構的發現，人類可以發明出更低能耗、更小空間占用，卻有更大規模和更高效率的新進位制演算法。

（2）半導體的科學探索

半導體產業的發展經歷了科學探索與技術發明這兩個過程。表 1-1 闡述了半導體四個特徵的發現過程。

[008] 戈特弗裡德 · 威廉 · 萊布尼茨（Gottfried Wilhelm Leibniz，1646-171（6）的一篇關於二進位制與中國伏義八卦圖的論文。原文於 1703 年完成，最初於 1705 年發表在巴黎出版的《1703 年皇家科學院年鑑》。

表 1-1 半導體四個特徵的科學探索里程碑

序號	年分	發現過程
1	1833	英國科學家邁克爾·法拉第在測試硫化銀的特性時，發現了硫化銀的電阻隨著溫度的上升而降低的特異現象，這被稱為電阻效應，是人類發現的半導體的第一個特徵
2	1839	法國科學家埃德蒙·貝克雷爾發現半導體和電解質接觸形成的結，在光照下會產生一個電壓，這就是後來人們熟知的光生伏特效應，簡稱光伏效應。這是人類發現的半導體的第二個特徵
3	1873	英國的威洛比·史密斯發現矽晶體材料在光照下電導增加的光電導效應，這是人類發現的半導體的第三個特徵
4	1874	德國物理學家費迪南德·布勞恩觀察到某些硫化物的電導與所加電場的方向有關。在它兩端加一個正向電壓，它是導電的；如果把電壓極性反過來，它就不導電。這就是半導體的整流效應，這是人類發現的半導體的第四個特徵。同年，出生在德國的英國物理學家亞瑟·舒斯特又發現了銅與氧化銅的整流效應

資料來源：基於半導體發展史整理

圖 1-2 是發現半導體特徵的四位科學家。

麥可·法拉第（1791-1867）　埃德蒙·貝克勒（1814-1862）　威洛比·史密斯（1828-1891）　費迪南德·布勞恩（1850-1918）

圖 1-2 發現半導體特徵的四位科學家
資料來源：Wikipedia 半導體

（3）半導體的技術發明與中國事件

當人類的科學探索達到一定的階段，應用其成果進行技術發明就應運而生。為了有一個新的視角一覽中西的發展歷程，表 1-2 簡單羅列了世界半導體技術發明的重大事件，和當時中國重要事件的對照。這個對照告訴我們，科學探索與技術發明都有歷史的脈絡與進展，既需要勇於探索的精神，也需要堅韌的意志，當然還需要時間。很多半導體積體電路產業的專業人士也反覆強調，發展晶片是一個長期的過程，容易發現的都被發現了，容易發明的也都被發明了，難以發現和發明的只會難上再難。

表 1-2 半導體技術發展里程碑與中國重要事件對照

序號	年分	半導體技術發明里程碑	中國重要事件
1	1904	英國物理學家約翰·安布羅斯·弗萊明發明了世界上第一個電晶體，它是一個真空二極體	上海成立光復會，蔡元培被推選為會長，後任北大校長
2	1906	美國工程師李·德·福雷斯特在弗萊明真空二極體的基礎上又多加入了一個柵極，發明了真空三極體，使得電子管在檢波和整流功能之外，還具有放大和振蕩功能。真空三極體被認為是電子工業誕生的起點	• 京漢鐵路全線正式通車 • 上海理工大學的前身浸會神學院創辦

3	1945-1953	• 1945 年，二戰結束，美國獲得了大量先進技術 • 1947 年，美國貝爾實驗室的肖克利、巴丁和布拉頓組成的研究小組，研制出一種點接觸型的鍺電晶體。電晶體發明是微電子技術發展歷程中第一個里程碑。由於電子管具有體積大、耗電多、可靠性差的缺點，最終它被後來的電晶體所取代 • 1950 年，圖靈[009]發表《計算機與智能》（Computing Machineray and Inteligence）論文，文中闡述了「模仿遊戲」的設想和測試方式，也就是大家後來熟知的圖靈測試。這篇文章是對機器模仿人類智能的深度思考和系統論述 • 1953 年，日本東京通訊工業公司從美國西屋電氣引進電晶體技術，生產出索尼第一款收音機	• 1949 年，組建科學院，郭沫若為院長 • 1950 年，科學院第一批研究所成立 • 1953 年，自主開展抗生素研究工作
4	1955-1956	• 1955 年，肖克利、巴丁、布拉頓三人，因發明電晶體同時榮獲諾貝爾物理學獎。肖克利也被譽為電晶體之父。肖克利於 1957 年創立快捷半導體公司，成為美國半導體菁英搖籃，支撐起矽谷崛起的「神話」 • 1955 年，麥卡錫、明斯基等科學家在美國達特茅斯學院研討「如何用機器模擬人的智慧」，會前提出的 AI（Artificial Intelligence）概念形成共識，代表著 AI 學科的誕生，這一年也被稱為 AI 元年	• 1955 年，成立中國科學院學部，編制中國科學院 15 年發展遠景計畫 • 1956 年，成立中國科學院院章起草委員會

[009] 圖靈（Alan Turing），英國電腦奇才、密碼學家、邏輯學家、電腦與 AI 之父。

5	1958	• 美國快捷公司的羅伯特．諾頓．諾伊斯[010]與美國德州儀器公司的傑克．基爾[011]比間隔數月分別發明了積體電路，開創了世界微電子學的歷史，基爾比因為發明積體電路而獲得 2000 年的諾貝爾物理學獎 • 諾伊斯在基爾比發明的基礎上，發明了可商業生產的積體電路，使半導體產業由「發明時代」進入了「商用時代」	• 獲得第一根矽單晶 • 第一批鍺高頻電晶體問世 • 研究性核反應堆和加速器建成 • 提出早期的人造衛星研製計畫 • 各地紛紛建立中國科學院分院 • 成立中國科學院原子核科學委員會 • 光機所研製完成「八大件」
6	1961-1963	• 1962 年，美國無線電公司（RCA）的史蒂文．霍夫施泰因與弗雷德里克．海曼研制出了可大量生產的金屬氧化物半導體場效電晶體[012]，並採用實驗性的 16 個 MOS 電晶體集合到一個晶片上，這是全球真正意義上的第一個 MOS 積體電路	• 1961 年，中國第一臺紅寶石雷射器研製成功。承接高效能炸藥研製任務 • 1963 年，中科院成立星際航行委員會。中國矽平面型電晶體誕生。研製成功一種高溫黏合劑和一種空對空紅外測向裝置

[010] 羅伯特．諾頓．諾伊斯（Robert Norton Noyce，1927-1990），快捷半導體公司和英特爾的共同創始人之一，有「矽谷市長」、「矽谷之父」的綽號。諾伊斯也是電子裝置積體電路的發明者之一。

[011] 傑克．基爾比（Jack Kilby，1923-2005），積體電路的兩位發明者之一。1958 年，他成功研製出世界上第一塊積體電路。2000 年，基爾比因積體電路的發明被授予諾貝爾物理學獎。這是一個遲來 42 年的諾貝爾物理學獎。迄今為止，正全面改造人類的個人電腦、行動電話等，皆源於他的發明。

[012] 金氧半導體場效電晶體（Metal-Oxide-Semiconductor Field-Effect Transistor，MOSFET）是一種可以廣泛使用在類比電路與數位電路的場效電晶體（Field-Effect Transistor）。

7	1964	• 英特爾公司創始人之一的戈登·摩爾提出著名的摩爾定律，在到現在 60 多年的發展過程驗證了這一預測基本還是準確的 • 開始製造矽基新器件積體電路，由於其廉價可靠，快速推動了半導體行業的發展	
8	1997	半導體發展使 AI 取得突破性進展，每個晶片集合 1,500 萬個電晶體的 IBM 深藍超級電腦戰勝了國際象棋世界冠軍卡斯帕羅夫	

資料來源：基於半導體發展史與中科院編年史編輯

（4）半導體、積體電路與晶片的關係

在業界，半導體、積體電路與晶片經常混用。老牌公司經常愛稱自己為半導體公司，顯然這是一個更為悠久而廣泛的疆界；而新一代公司卻樂於稱自己是元宇宙公司，他們更願意暢想未來無限的可能。半導體與積體電路有時候稱為產業，有時候又稱為行業，晶片又經常作為積體電路的統稱。為了理清三者之間的關係，表 1-3 列出了半導體、積體電路與晶片的定義與關聯。

表 1-3 半導體、積體電路與晶片的定義與關聯

<table>
<tr><td></td><td>半導體（Semiconductor）定義：在室溫下其導電性介於導體與絕緣體之間的一種材料，如矽、砷化鎵與碳化矽
積體電路（Integrated Circle, IC）定義：使用半導體材料，透過積體工藝生產製造的、不可分割的微型電子器件或部件
晶片（Chip）定義：透過切割、測試、封裝，提供給特定客戶實現特定功能的元器件成品</td><td></td></tr>
<tr><td rowspan="4">積體電路</td><td>模擬器件</td><td>訊號鏈和電源管理兩大類</td></tr>
<tr><td>邏輯器件</td><td>可編程邏輯器件：PLD、PLA、PAL、FAL、CPLD、FPGA、ASIC</td></tr>
<tr><td>微處理器</td><td>X86、ARM、RISC-V 架構</td></tr>
<tr><td>儲存器</td><td>DRAM、SRAM、EEPROM、NOR F;ASH、NAND FLASH、EMMC、UFS</td></tr>
<tr><td rowspan="4">分立器件</td><td>二極體</td><td>幾乎所有電子電路中都有二極體的存在</td></tr>
<tr><td>三極體</td><td>具有電流放大作用，是電子電路的核心組件</td></tr>
<tr><td>功率半導體器件</td><td>廣泛於工業、汽車、軌道牽引、家電等各個領域</td></tr>
<tr><td>電容／電阻／電感</td><td>電容、電阻和電感並稱為三大被動組件</td></tr>
<tr><td>光電器件</td><td colspan="2">光敏電阻、光電二極體、光電三極體、光電池、光電管、光電倍增管</td></tr>
<tr><td>感測器</td><td colspan="2">熱敏組件、光敏組件、氣敏組件、力敏組件、磁敏組件、濕敏組件、聲敏組件、色敏組件、味敏組件、放射線敏感組件</td></tr>
</table>

資料來源：作者根據網路數據編輯

半導體主要由四個部分構成：積體電路、分立裝置、光電裝置、感測器。由於積體電路又占了裝置 80%以上的市占率，因此通常將半導體和積體電路等價。積體電路按照產品種類又主要分為四大類：模擬裝置、邏輯裝置、微處理器、儲存器。通常我們統稱它們為晶片，晶片是由電晶體組成的，嚴格意義上講，電晶體泛指一切以半導體材料為基礎的單一元件，包括各種半導體材料製成的二極體、三極體、場效電晶體、可控矽等。電晶體有時多指晶體三極體。圖 1-3 展示了英特爾自釋出全球第一款 CPU 後 50 年的效能鉅變。

（a）英特爾於1971年發布世界上第一款CPU 4004

（b）50年後的2021年，英特爾發布12代酷睿CPU，其電晶體數量約是前者的5萬倍

圖 1-3 英特爾自釋出全球第一款 CPU 後 50 年的效能鉅變
資料來源：英特爾官網

英特爾是積體電路發展史的代表，讓我們來簡單回顧一下：

- 1971 年，英特爾推出了它的第一款處理器：4004，它使用 10 微米製程，是一款 4 位元的處理器，整合了 2,250 個電晶體，每秒運算 6 萬次，關鍵是成本得以控制在百美元之內。它雖然弱小，但意義重大。它被時任英特爾公司 CEO 的戈登 · 摩爾稱為「人類歷史上最具革新性的產品之一」，實現了從 0 到 1 的突破。

- 1978 年，英特爾推出了一款 16 位元的處理器：8086。
- 1979 年，英特爾又推出了 8088，它是第一個成功應用於個人電腦的 CPU。
- 1982-1989 年，陸續推出了 80286、80386、80486 微處理器。
- 1993 年 3 月，英特爾正式釋出了自己的第五代處理器 Pentium，並有一個響亮的中文名「奔騰」。這顆俗稱 586 的處理器，可以讓使用者更簡單地處理語音、影像和手寫任務。於是我們迎來了微軟的 Windows 3.x 的視窗作業系統，從此行業裡面有了 WinTel（Windows ＋ Intel）聯盟一說。
- 1995 年，「奔騰 Pro」釋出，內建 550 萬個電晶體，專為 32 位元伺服器和工作站應用設計，可以大大提速電腦輔助設計、機械工程和科學運算。
- 2005 年，酷睿（Intel Core）走進大眾的視野，酷睿 i3、i5、i7 成為個人電腦的主流。
- 從第一顆 CPU 算起，50 年後的 2021 年，英特爾最新的 12 代酷睿 CPU 採用 7 奈米工藝，整合了數十億個電晶體，比 4004 提升了近五萬倍。
- 2022 年，英特爾釋出了英特爾 Core i9-12900KS 桌面異構微處理器，擁有 30MB 快取記憶體，可提供 8 個效能核心和 8 個效率核心。效能核心（P-core）支援超執行緒，可同時處理 24 個執行緒。效能核心的頻率最高可達 5.5 GHz（Turbo Boost Max 3.0）。

（5）又長又寬的積體電路產業

積體電路作為半導體產業的核心，技術錯綜複雜，產業結構高度專業化。隨著行業規模迅速擴張，產業競爭加劇，分工模式不斷細化。半導體產業的整個價值鏈有著明顯的區域專業化特徵，也反映了各國在積體電路領域的競爭比較優勢。

- 美國由於擁有頂尖的大學和大量優秀的工程人才，設立了很多研究機構並建立了完善的產業鏈生態，商業模式也非常健壯，有大量晶片設計軟體公司、晶片設計公司。
- 東亞大部分地區擁有良好的基礎設施、成本效率和熟練的工人，加上政府的補貼，可以在晶圓製造和材料生產上發力。
- 歐洲則在尖端的研發密集型領域發揮著重要作用（例如，荷蘭的 ASML 公司處於世界領先地位，英國的 ARM 公司是晶片智慧財產權的核心），並有強大的基礎研究（例如，比利時的 IMEC[013]、法國的 CEA-Leti、荷蘭的 TNO 和德國的 Fraunhofer 等研究中心），還與大學建立了廣泛的研發聯盟。

由於半導體涉及的技術過於廣泛，其產業的專業化與資源能力分布的全球化明顯，隨著產能的不斷攀升，其整個全球價值鏈上的公司之間的依賴性也愈來愈強。例如：ASML EUV 光刻機需要超過 10 萬個零配件，而且很多還是訂製的；美國的 F-35 隱形戰機需要超過 20 萬個零配件，整機擁有超過 3,500 個積體電路和 200 種不同的晶片。

表 1-4 為按類型和收入劃分的全球主要半導體公司。

[013] 微電子研究中心（Interuniversity Microelectronics Centre， IMEC）是一個科技研發中心，創辦於 1984 年，位於比利時。它擁有來自全球近 80 個國家的 4,000 多名研究人員，是世界領先的奈米電子和數位技術領域研發和創新中心。作為全球知名的獨立公共研發平臺，IMEC 是半導體業界的指標性研發機構，擁有全球先進的晶片研發技術和工藝，與美國的 Intel 和 IBM 並稱為全球微電子領域的「3I」，與英特爾、三星、TSMC、高通、ARM 等全球半導體產業鏈大廠有著廣泛合作。

表 1-4 按類型和收入劃分的全球主要半導體公司

序號	地區	公司名稱	公司類型	收入（單位：億美元）
1	美國	英特爾（Intel）	IDM[014]	780
		應用材料（Applied Materials）	設備公司	230
		科磊（KLA）	設備公司	60
		格羅方德（Global-Foundries）	晶圓代工廠	50
		德州儀器（Texas Instruments）	IDM	150
		高通（Qualcomm）	無晶圓廠／設計公司	220
		超威（AMD）	無晶圓廠／設計公司	100
		科林（LAM Research）	設備公司	120
		輝達（Nvidia）	無晶圓廠／設計公司	170
		美光（Micron）	IDM	210
		博通（Broadcom）	無晶圓廠／設計公司	240
		西部數據（Western Digital）	IDM	80
2	荷蘭	艾司摩爾（ASML）	設備公司	160
		先域（ASMI）	設備公司	20
		恩智浦（NXP）	IDM	90

[014] 半導體晶片行業的三種運作模式，分別是 IDM（Integrated Device Manufacturer，垂直整合製造）、Fabless（沒有晶片加工廠）和 Foundry（代工廠）模式。IDM 有 2C 的業務，而 Foundry 只有 2B 的業務。IDM 模式指從設計、製造、封裝測試到銷售自有品牌產品都一手包攬。

3	瑞士	意法半導（STMicron）	IDM	100
4	德國	英飛淩（Infineion）	IDM	100
5	臺灣	台積電（TSMC）	晶圓代工廠	40
		聯華電子（UMC）	晶圓代工廠	110
		聯發科（Mediatck）	晶圓代工廠／設計公司	460
		日月光（ASE）	封測公司	60
6	中國	中芯國際（SMIC）	晶圓代工廠	170
7	日本	鎧俠（Kioxia）	IDM	40
		瑞薩（Renesas）	IDM	60
		東京電子（Tokvo Electrion）	設備公司	100
8	韓國	SK 海力士（SK Hynix）	IDM	270
		三星電子（Samsung Electronics）	IDM	580

注：公司名單以舉例說明，並非詳盡

資料來源：ING 基於研究對象公司報告 [015]

積體電路最初發展的強驅力是滿足軍工的發展需求，特別是需要透過積體電路來製造精密、輕便、可靠的導彈電子導航系統。積體電路大體上可分為設計、製造和封裝測試。由於電腦從一開始就是積體電路的主要應用，因此數位積體電路已大行其道，從導彈的電子導航系統開始，我們看到，如今透過數位語言設計積體電路並實現其功能控制，同時與其他系統進行無縫通訊的電子系統已是無處不在。

圖 1-4 展示了「又長又寬」的積體電路全產業鏈。

[015] 所有收入均為 2020 年。三星收入數據為其半導體部門。西部數據的收入數據僅針對快閃記憶體部分。公司名單以舉例說明，並非詳盡無遺。

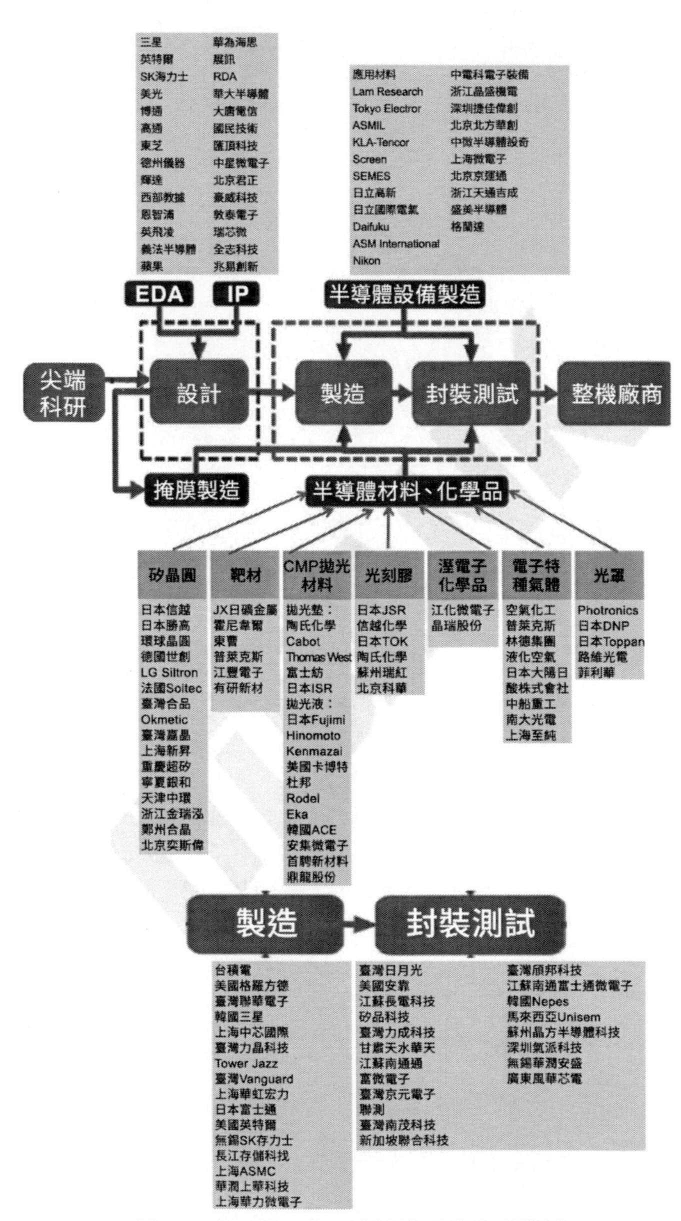

圖 1-4 「又長又寬」的積體電路全產業鏈

注：公司名單以舉例說明，並非詳盡

資料來源：根據 ITTBANK@ 芯語製圖加工

積體電路晶片對全球經濟成長的價值非常明顯。從行業組織和諮詢機構來看，根據美國半導體協會（SIA）發表的數據顯示，全球在 2020 年製造了約 1 兆顆晶片，在 2021 年售出了約 1.15 兆顆晶片，按全球 2021 年人口約為 78 億計，每人可以分到 147 顆晶片。如今，每個家庭都可能擁有了上千顆晶片。例如，2021 年生產一輛新能源汽車，由於電子化、智慧化的需要，平均每輛車所需晶片數量已經達到了 1,000 顆以上，而一部手機也需要有幾百個電子元件。晶片的大量使用除了本身的市場價值外，其輻射效應十分明顯。晶片普及進一步推動了全球經濟的發展，據國際貨幣基金組織測算：1 元的積體電路（晶片）產值將帶動 10 元左右的電子產品產值和 100 元左右的國民經濟成長。

如表 1-5 所示，在 2017-2021 年，全球前四的半導體企業名單相差不大，英特爾與三星一直排在前二，台積電與 SK 海力士在第 3、第 4 的位置，美光、博通與高通的位置是在第 5、第 6、第 7，倒是輝達在取代東芝的位置後持續攀升。與 CPU 相比，輝達透過 GPU 很好地解決了深度學習所需要的龐大算力問題，為 AI 發展作出了巨大貢獻。而聯發科也在 2021 年第一季度取代了德國的英飛凌排到了全球第十位。

表 1-5 2017-2021 年全球前十半導體企業榜單

排名	2021（第一季度）	2020	2019	2018	2017
1	英特爾（美國）	英特爾（美國）	英特爾（美國）	三星（韓國）	三星（韓國）
2	三星（韓國）	三星（韓國）	三星（韓國）	英特爾（美國）	英特爾（美國）

3	台積電（臺灣）	台積電（臺灣）	台積電（臺灣）	SK 海力士（韓國）	台積電（臺灣）
4	SK 海力士（韓國）	SK 海 力 士（韓國）	SK 海力士（韓國）	台積電（臺灣）	SK 海力士（韓國）
5	美光（美國）	美光（美國）	美光（美國）	美光（美國）	美光（美國）
6	博通（美國）	博通（美國）	博通（美國）	博通（美國）	博通（美國）
7	高通（美國）	高通（美國）	高通（美國）	高通（美國）	高通（美國）
8	輝達（美國）	輝達（美國）	德州儀器（美國）	東芝（日本）	德州儀器（美國）
9	德州儀器（美國）	德州儀器（美國）	東芝（日本）	德州儀器（美國）	東芝（日本）
10	聯發科（臺灣）	英飛淩（德國）	輝達（美國）	輝達（美國）	輝達（美國）

資料來源：IC Insight 前瞻產業研究院整理

（6）積體電路在過去三十年推動全球 GPD 的成長

從半導體發展的歷程來看，美國 SIA 和 BCG 在 2021 年 4 月釋出的報告 [016] 表明，自 1958 年發明積體電路以來，每塊矽片上的電晶體數量增加了約 1,000 萬個，使處理器的速度提高了 10 萬倍，並且在同等效能下，每年的成本降低了 45%以上。再加上工程上的創新，如先進的包裝和材料技術，這使得電子裝置的效能得到了提高。在 1995-2015 年，全球 GDP 中新增的 3 兆美元與半導體創新直接相關，並產生了 11 兆美元

[016]《在不確定的時代加強全球半導體供應鏈》（*Strengthening the Global Semiconductor Supply Chaininan Uncertain Era*）。

的影響。在過去三十年中，半導體行業經歷了快速成長，並帶來了巨大的經濟影響。從 1990-2020 年，半導體市場以 7.5%的複合年成長率成長，超過了在此期間全球 GDP 的 5%的成長。半導體行業所帶來的效能和成本的改善，使 1990 年代從大型機到個人電腦的演變成為可能，21 世紀推出支援網際網路架構的大型伺服器集群後，半導體行業繼續推動 2010 年以來智慧手機的快速發展，使之成為每人口袋裡的電腦。

從行業代表性企業的角度來看，2022 年 3 月，美國高盛釋出數據推測 2021 年美國 GDP 的 12%，即約 2.76 兆美元與台積電相關，依據台積電 2021 年度營收為 568.2 億美元計算，其槓桿比例達到約 49 倍。自 2018 年來，受全球貿易摩擦等外部因素影響，半導體產業也受到一定波及。儘管全球貿易體系面臨挑戰的不確定性在增大，但全球半導體產業同仁也在積極行動，協同應對。同時，全球半導體技術仍在遵循摩爾定律加速演進，超摩爾定律也在蓬勃發展。在技術持續進步的驅動和 5G、智慧聯網汽車、AI 等新興市場巨量需求的帶動下，預計全球半導體市場會呈不斷上升的趨勢。

從行業學術機構的視角來看，在 2021 年的一個半導體產業峰會上，大學教授魏少軍表示：1987-2002 年的 16 年裡，全球 GDP 累計為 445.5 兆美元，平均每年為 27.84 兆美元。2003-2020 年的 18 年裡，全球 GDP 累計達到 1221.4 兆美元，平均每年 67.85 兆美元，是前面 16 年的 2.44 倍。2000 年之後，以網際網路技術、行動通訊技術，尤其是二者的結合——以行動網路 技術為代表的資訊技術產業的崛起，促進了全球經濟的高速發展。

如圖 1-5 所示：在最新 2022 年的 McClean Report 中，從全球 GDP 增速與半導體市場增速的對比來看，在這個三十年（1992-2021 年）的整體起伏趨勢中，積體電路市場的較大跌宕是從 2019 年開始的，全球新冠疫情暴發後，其跌幅為 15%。隨後的一年，全球 GDP 增速受到積體電路市場下行及疫情的影響，出現了歷史最大跌幅 –3.6%。隨著 2020 年積體電路市場觸底反彈，提前釋放和復甦並出現了 13%的成長，再一次推動了全球 GDP 的增速達到了 2021 年的歷史最高 5.4%，其中的一個主要原因是疫情之後，全球對數位經濟有了更多的依賴，包括近年大熱的元宇宙 [017] 概念。在可以預見的未來，尚不會出現能夠替代積體電路的其他技術，所以這樣的對比曲線在未來相當長的一段時間內都會延續。

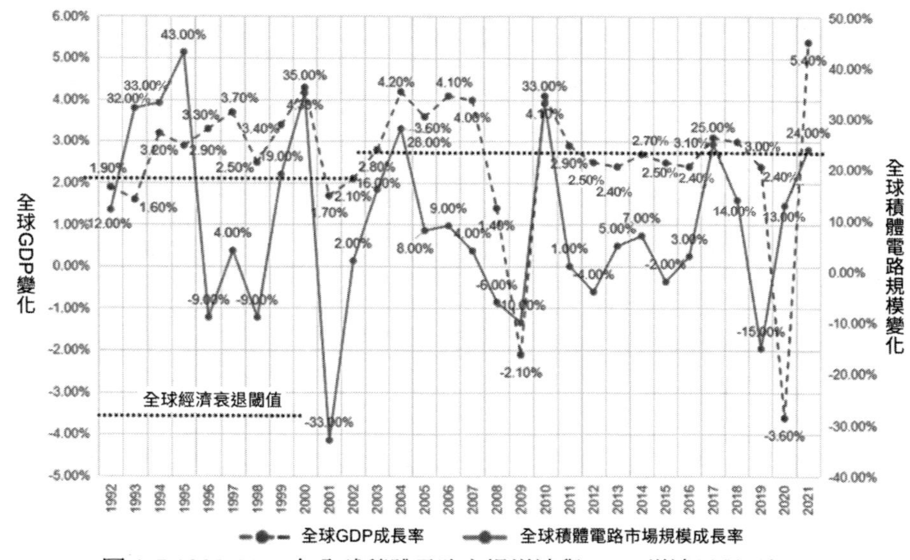

圖 1-5 1992-2021 年全球積體電路市場增速與 GDP 增速呈現正相關

資料來源：The McClean Report 2022

[017] 元宇宙（Metaverse），或稱為後設宇宙、形上宇宙、元界、魅他域、超感空間、虛空間，是一個聚焦於社交連線的 3D 虛擬世界網路。作為一個持久化和去中心化的線上 3D 虛擬環境，人們將可以透過虛擬實境眼鏡、增強現實眼鏡、手機、個人電腦和電子遊戲機進入人造的虛擬世界。目前元宇宙的運用，主要受到與實時虛擬環境互動所需的硬體裝置和感測器的技術限制。融入元宇宙的影視作品有很多，例如《駭客任務》（*The Matrix*）、《一級玩家》（*Ready Player One*）、《創：光速戰紀》（*Tron: Legacy*）。

積體電路行業推動了全球 GDP 的成長，那麼是誰在推動積體電路行業的發展呢？積體電路的快速發展是過去三十年全球鉅額投資和行業集體智慧推動發展的成果。積體電路產業應用的領跑者是美國。美國政府很早就意識到半導體產業的策略意義，它為先進的國防、通訊、大數據和 AI 等行業提供了基礎支援技術。

- 根據 SIA 的報告 [018]：2000-2020 年，美國半導體產業研發支出的年複合成長率約為 7.2%。2020 年，美國半導體產業研發投入合計 440 億美元。
- 根據美國官方組織統計的美國上市公司數據，美國晶片上市公司 2019 年的研發投入和資本支出總計 717 億美元。1999-2019 年，美國晶片上市公司整體資金總投入將近 9,000 億美元。就研發占比（研發支出占銷售額的百分比）而言，美國半導體產業達到 18.6%，在美國僅次於製藥和生物技術產業，超過了任何其他國家的半導體產業。高水準的研發再投資推動美國半導體創新行業發展，進而維持其全球銷售市占率的領先地位並創造就業機會。

從電子產業技術發路徑來看，20 世紀基於無線電技術發明了電報等技術，之後催生了真空電子管技術，而後軍事技術革命催生了網際網路產業革命，晶片技術的成熟又催生了個人電腦的技術革命。進入 21 世紀，技術革命的步伐愈來愈快，從行動網路 到物聯網 [019]，再到第四次工業革命中虛實結合的資訊物理系統（CPS）、數位對映（DT）、元宇宙

[018] 根據相關半導體行業協會釋出的《美國半導體研發占比達 18.6%全球第一，美半協呼籲加強製造業投資》援引了美國半導體行業協會（SIA）釋出的《2021 年美國半導體行業報告》。

[019] 1999 年，物聯網（IoT）的概念被初步提出。物聯網透過感測器和小工具將物理世界中的一切連線到網際網路。這些小工具具有唯一標識，並且能夠在連線到網際網路後自動發送和接收資訊。

（Metaverse）等。人類又再次邁向第五次工業革命，向超級人類的方向狂奔。以往每次的技術革命浪潮都是建立在上一代技術革命的基礎上，可 21 世紀的技術革命特點有所不同，其在科學知識爆炸的背景下出現了大量的交叉科學，出現了多頭並進的技術融合。例如，超級人類計畫就是典型的代表之一，它至少包括人類在電子及生物兩個維度最尖端的研究和混合應用，這兩個方向也是美國研發比最高的兩個領域。

（7）積體電路發展的內在邏輯與全球競爭

1958 年，美國德州儀器 [020] 展示的全球第一塊積體電路板代表著世界進入積體電路時代。作為一個發展跨越六十多年的行業，積體電路每一次進步都有它的內在邏輯 [021]，這個邏輯就是持續的科學探索與重要的技術發明，再加上由廣泛的國際聯盟支撐起的嚴謹的產業布局和全球的市場應用。

積體電路是一個高技術、高門檻、長週期和需要遠規劃、近投入的產業，縱觀美國、日本、韓國這些半導體強國，大都經歷過痛苦的鏖戰。美國是全球積體電路產業發展的起源地，經過多年的發展湧現了一批如英特爾、高通、博通、德州儀器等優秀的積體電路生產企業，且這些企業普遍具有一定的實力不斷研發積體電路技術。康斯坦丁對美國在半導體、積體電路行業的發展歷程作了概括性的描述：美國在二戰中大發戰爭財，二戰以後就穩居半導體產業高地，而且能長期地、闊綽地把大量資金投入晶片行業。自 1961 年開始，美國的晶片研發費用占 GDP 的比重要遠遠高於歐洲、日韓等地區，且專注於底層架構、基礎技術的

[020] 德州儀器（Texas Instruments， TI）是全球領先的半導體公司，為現實世界的訊號處理提供創新的數位訊號處理（DSP）及模擬裝置技術。TI 總部位於美國德克薩斯州，在多個國家設有製造、設計或銷售機構。

[021] 康斯坦丁，2021，《「晶片荒」會是中國製造的機會嗎？》。

研發。此外，美國長期著眼於全球布局，自 1970 年代開始，美國向日本提供技術和裝置支援，把一些繁雜試驗放到國外，自己卻把持著光刻機前五的企業以及晶片設計糾錯軟體領域。也正因如此，美國才能為本國企業創造更優越的競爭環境，從而保持其在產業鏈中高昂的利潤收益。如果從二戰結束開始計算，美國、日本已經累積 60 多年，三星晶片自 1970 年代開始直到 90 年代才有所起色，虧了近 20 年的錢才一步一步發展到現在的規模。

歐盟近年來認識到晶片的重要性，希望提高策略自主性。特別是新型冠狀病毒感染暴發令歐盟進一步意識到，如果全球供應鏈受到嚴重破壞，歐洲一些工業部門將很快陷入晶片短缺，許多行業將因此陷入停滯。位於柏林的德國智庫新責任基金會的科技政策專家克萊因漢斯（Jan-Peter Kleinhans）在接受彭博社採訪時指出，占據了晶圓代工流程過半市占率的臺灣，已經成為「整個半導體產業鏈上最為致命的潛在單點故障 [022]」。因此，歐盟從 2020 年就開始加強並不斷鞏固半導體產業的聯合發展體系，回顧近年的重大程式如下：

- 2020 年 12 月，歐盟 22 個成員國簽署了關於歐洲處理器和半導體技術倡議的宣言 [023]。他們注意到，歐洲在全球半導體市場的占有率遠低於其經濟地位。他們同意「特別努力加強處理器和半導體生態系統，並擴大整個供應鏈的工業存在，以應對關鍵的技術、安全和社會挑戰」。
- 2021 年 3 月，歐盟委員會基於之前的共同宣言，釋出「2030 數位羅

[022] 單點故障（Single Point of Failure， SPOF）指體系中某一個一旦失效就會令整個體系無法運轉的部件。

[023] 芯東西，2022，《430 億歐元，能扶起歐洲晶片製造業嗎？》。

盤計畫[024]」，即到 2030 年，「歐盟尖端和可持續發展的半導體產量至少占世界的 20%」，旨在構築一個以人為本、可持續發展的數位社會。該計畫雄心勃勃，希望增強歐洲的數位競爭力，擺脫對美國和中國的依賴，使歐洲成為世界上最先進的數位經濟地區之一。該計畫的根本目標是落實歐盟委員會主席烏爾蘇拉·馮德萊恩關於「增強歐洲數位主權」的要求。可見，「數位」已不僅是技術革命或先進製造，而是主權！

- 2021 年 7 月，歐盟委員會啟動處理器和半導體產業聯盟，明確歐盟當前在微晶片生產方面的差距。同年 9 月，歐盟委員會主席烏爾蘇拉·馮德萊恩在「盟情諮文」中提及歐洲晶片策略願景，表示將建構歐洲晶片生態系統。
- 2022 年 2 月，歐盟委員會公布了備受關注的《晶片法案》，旨在確保歐盟在半導體技術和應用領域的競爭優勢以及晶片供應安全，進而成為這一領域的領導力量。根據法案，到 2030 年，歐盟擬動用超過 430 億歐元的公共和私有資金，支持晶片生產、試點專案和初創企業，並大力建設大型晶片製造廠。根據《晶片法案》，到 2030 年，歐盟計畫將晶片產量的全球市占率從 10%提高至 20%，滿足自身和世界市場需求。烏爾蘇拉·馮德萊恩表示，該法案將提升歐盟的全球競爭力。在短期內，此舉有助預判並避免晶片供應鏈中斷，增強對未來危機的抵禦能力；從長遠來看，《晶片法案》應能實現「從實驗室到晶圓工廠」的知識轉移，並將歐盟定位為「創新下游市場的技術領導者」。

[024] 2021 年 3 月 9 日，歐盟委員會正式釋出《2030 數位羅盤：歐洲數位十年之路》（*2030 Digital Compass: The European Way for the Digital Decade*），為歐盟到 2030 年實現數位主權的願景指出方向。

違背了科學基本規律與產業發展邏輯的快速發展是危險的。發展積體電路產業應堅持「主體集中、區域集聚」原則，做好規劃布局，避免「遍地開花」帶來的重複建設、資源浪費和惡性競爭。

1.1.2 俄羅斯積體電路產業現狀與未來電子戰

（1）俄羅斯的積體電路產業現狀

俄羅斯在軟體和高科技服務方面歷來相當成功，但由於發展晶片產業需要的鉅額投資及專業技術全球化分布的屬性，俄羅斯雖然擁有 Mikron 和 Angstrem 兩大積體電路廠商[025]，但在先進晶片設計和製造方面非常落後，目前 90%以上的電子元件和晶片均依賴進口。無人機、導彈、直升機、戰鬥機、坦克和電子戰裝置等軍用武器都是晶片需求大戶，在缺少先進半導體設計製造能力的情況下，只能勉強為之。俄羅斯向印度出口的塔爾瓦級導彈護衛艦、自用的 11356R 型護衛艦上的指揮系統裝置，尤其是電腦裝置，都是美國 IBM 公司生產；T-90 坦克安裝著法國泰利斯的凱薩琳熱成像儀；自用的蘇 -30SM 戰機上原來安裝法國泰利斯雷射衍射平顯和西格瑪綜合導航系統，在遭到西方制裁以後又換上了老式的平顯和導航系統。2014 年，俄羅斯伊爾庫特公司從印度斯坦航空公司購買了 34 臺雷達火控電腦，用於蘇 -30SM 戰機的 N011M「雪豹」R 相控陣雷達的火控系統，隨後又陸續訂購了 100 臺。

[025] Mikron 成立於 1964 年，總部位於澤列諾格勒，是俄羅斯最大的微電子製造商和出口商之一，占據了 54%的出口業務，採用 180/90/65 奈米的工藝製程。Angstrem 則成立於 1963 年，是俄羅斯領先的全週期微電路和功率半導體裝置生產企業，同時也是唯一一家能夠提供工業級規模生產的電子元件製造商。

俄羅斯作為一個軍事強國，在現代軍用方面勢必會需要新興科技，除了依賴進口和代工，還有自主研發。2014 年開始，俄羅斯為了政府機構與軍事單位的獨立自主與資訊安全，大力發展自用的 CPU 以擺脫對美國 CPU 的依賴。例如，俄羅斯莫斯科中央科技公司（MCST）2014 年自主研發、並於 2015 年量產的軍用晶片「厄爾布魯士 -8S」，只需要 28 奈米之前的技術，它抗輻射、抗碰撞。俄羅斯很早就將數位電路改造為類比電路，在原有基礎上自行研發出一款晶體振盪器，可以完全取代傳統的軍事晶片。而對於自己實在無力製造的晶片，如涉及國防工業資訊安全的 Elbrus 系列以及 Baikal 系列兩款重要晶片，則交給台積電為之代工生產。而如今，因為俄烏衝突的原因，全球有能力設計、製造高階晶片的大廠，包括英特爾、AMD、輝達、高通、ARM、台積電、三星、格羅方德 [026] 等大多已暫停對俄業務。

無論是 AI、量子運算、虛擬實境、增強現實還是高效能運算、先進武器系統，都離不開高階晶片的支持。另外，現代戰爭從某種程度上講就是「晶」戰，晶片是硬體基礎，軟體是運算大腦，AI 是決策腦核。晶片的需求實在是太大了，晶片產業本就薄弱的俄羅斯，如今還受到美國及其盟國的制裁，只有堅定地走一條自我復興之路。2021 年 11 月，俄羅斯《獨立報》表明：AI、高超聲速導彈技術、雷射武器、機器人技術正在成為軍備計畫的一個主要優先方向。有報告稱，俄羅斯高度重視將電子戰融入軍事行動，並一直在這方面投入大量資金。例如，2019 年列裝的 Tirada-2 系統就可對通訊衛星實施干擾。

[026] 格羅方德（Global Foundries）是一家總部位於美國的半導體晶圓代工公司，起初是從超微半導體的製造部分剝離而出，目前為世界第四大專業晶圓代工廠，僅次於台積電、三星電子及聯華電子。

（2）美軍以 JADC2 開啟未來虛擬戰爭演練與發展

作為未來數位戰爭的規劃和設想，JADC2（Joint All-Domain Command and Control，全域聯合指揮與控制）是最典型的案例。JADC2 是美國國防部提出的概念，它把所有軍種 —— 空軍、陸軍、海軍陸戰隊、海軍和太空部隊連線成一個大網路。原來每個軍種都開發了自己的戰術網路，但與其他軍種互不相容。美國國防部官員認為，未來的軍事衝突需要在幾小時、幾分鐘甚至幾秒鐘內做出決策，而目前分析作戰環境和釋出命令的過程則需要數天，這導致現有的指揮和控制架構根本無法滿足要求。JADC2 概念中，數位空間作為繼空中、陸地、海上、太空後的第五空間，負責收集和整合所有的空間數據並將所有空間透過系統連線在一起，這個系統連線到戰爭決策中心，透過預測分析、機器學習和 AI 分析後採取軍事行動。決策中心透過介面、架構與具體特徵一邊連線五大空間資訊系統，一邊透過人員、流程和具體特徵連線戰鬥群，實現兩者的實時互動。

美國國防部下屬的高級研究計畫局（DARPA）開發的異質電子系統的技術整合工具鏈（STITCHES）是支撐 JADC2 的純軟體工具鏈，用於在系統之間自動生成極低時延、高通量的仲介軟體來快速整合跨任何域的異構系統，而無須更新硬體或破壞現有軟體。STITCHES 可為戰爭指揮官在 JADC2 的戰狀下連線「所有感測器和士兵」。具體來說，它將來自空中、陸地、海上、太空和網路空間的行動和硬體數據連線起來，建立一個軍事物聯網，並將這些數據輸送給指揮官和 AI 的機器，以便更好地快速決策。STITCHES 可以透過 AI 來自動程式設計，從而建立實時網路，在沒有繁瑣數據標準的情況下，為終端提供數據連結，在執行中建立自己的數據連結和可互操作的網路。在 2021 年 9 月美國空軍的大規模實驗 on-ramp 中，STITCHES 連線了相隔數十年建造的不同平臺，從而實現操作和數據共享。與此相關，2022 年 3 月，DARPA 宣布啟動一個新專案，目的是在決策過程中引入 AI 技術，以幫助戰爭指揮官在複雜環境下快速做出正確的決策。

軍事衝突愈嚴重、市場競爭愈激烈，晶片產業發展就愈快。積體電路產業正處於強大的地緣政治利益、全球軍備競賽、數位主權維護和數位經濟發展的中心。隨著政治屏障高立、新式冷戰開啟，原來半導體技術具有領先地位的國家都在竭力確保其地位不被取代，甚至擴大領先優勢；而其他國家也不甘於在數位化時代受他人掣肘，因此各國紛紛入局半導體以提升產業鏈的完整性和競爭優勢。

預計到本世紀末，全球對晶片的需求將翻一倍 [027]。近年各國在半導體產業的大手筆競爭已然愈來愈激烈。可以預見的是，今後在半導體產業鏈的各個區塊，甚至是上游相關的礦產資源、原材料購買、研發、生產和對人才的爭攬，都將上演令人眼花撩亂的「晶」戰故事。

1.1.3
中國軟體與積體電路行業的發展

半導體的第三次轉移走向中國

縱觀全球半導體產業 60 多年的發展歷程，其完成了兩次明顯的半導體產業轉移：第一次是從美國轉向日本，第二次是從日本轉向韓國與臺灣，目前明朗的是第三次轉移，產業逐漸轉向中國 [028]，迎來了產業發展的新機會。詳細事件如表 1-6 所示。

[027] 聯合新聞網，2022，《歐洲晶片法案宣示歐盟誓保半導體產業要角的決心》。
[028] 恆大研究院、連一席、謝嘉琪，2018，《全球半導體產業轉移啟示錄》。

表 1-6 半導體產業的三次轉移

時期	轉移軌跡	事件
1970 年代	從美國到日本	IDM 廠商開始出現，東芝、NEC 和日立是代表廠商。日本半導體 1986 年 DRAM 市場占有率達 80%，反超美國成為世界半導體第一強國。英特爾被迫放棄儲存器業務，轉向微處理器研究開發
1980 年代	從日本到韓國和臺灣	PC 的普及成就了英特爾和三星等 IDM 廠商，韓國與臺灣大約同時發展，抓住大型機到消費電子的轉變期對新興儲存器與代工產生的需求。台積電開創的純晶圓代工模式也成就了高通和英偉達等 Fabless 設計公司
當前	從韓國和臺灣到中國	中國在過去的二十多年中，憑藉低廉的勞動力成本，獲取了部分國外半導體封裝、製造等業務。透過長期引進外部技術，培養新型技術人才，承接低端組裝和製造業務，中國完成了半導體產業的原始累積

如圖 1-6 所示，半導體產業的這三次轉移基本上經歷了六個時代。首先是軍工需求帶動的時代，然後是軍用時代帶動了家電時代，軍工與家用的結合產生了個人電腦，我們進入了個人電腦時代，電腦進一步微縮使我們進入手機時代，手機的普及產生的大量數據、龐大的市場又推動各種感測器的和應用產生，於是萬物互聯的時代開啟了。龐大的電子消費推動半導體產業的發展，在功耗和價格不斷下降的前提下算力逐漸提升，智慧時代來臨了。

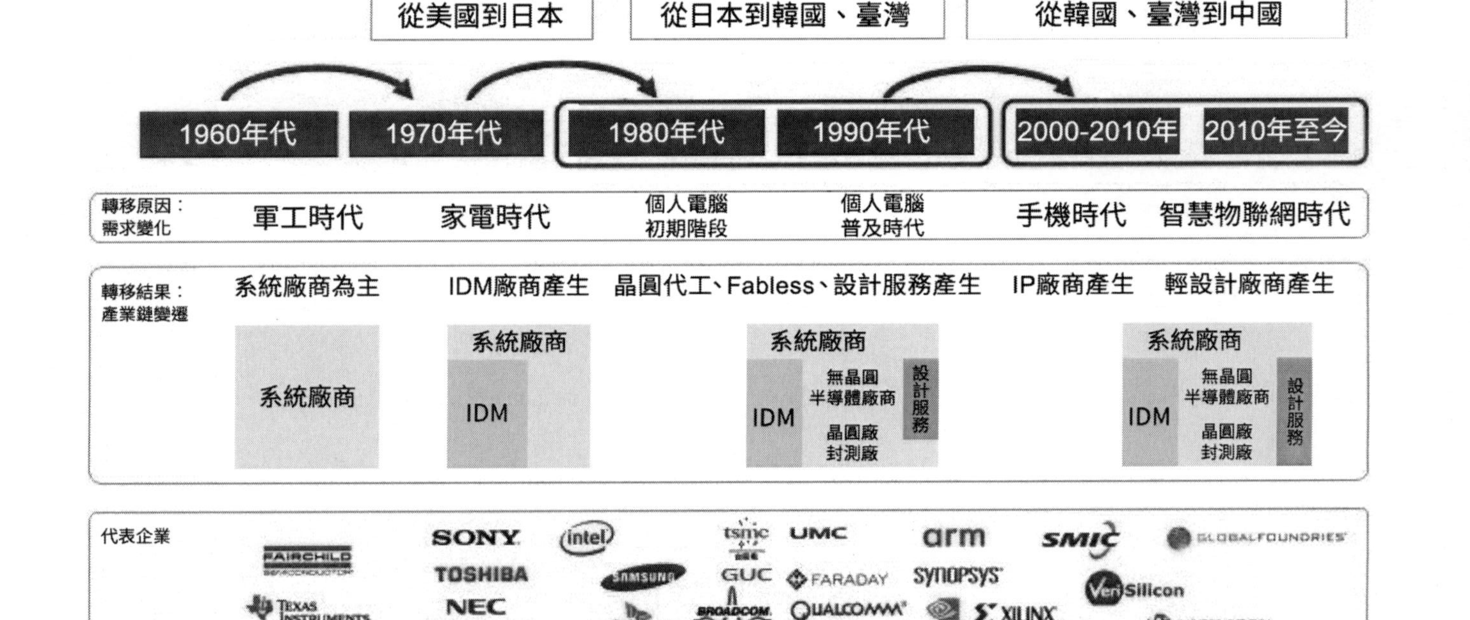

圖 1-6 半導體產業的三大轉移

資料來源：EDN 電子技術設計、全球半導體轉移啟示錄

半導體產業第三次轉移的時代背景是智慧手機和 AIoT[029] 的發展，由於技術複雜性進一步提高以及全球不同區域優勢的差異化，開始細分為更多的賽道，其中晶片設計就是最為典型的細分市場。

積體電路作為電子資訊產業的核心，是支撐國家經濟社會發展的策略性、基礎性、先導性產業。數位時代對通訊容量及算力的需求幾乎是無窮無盡的。隨著 5G 的發展，這種趨勢更是如此。雖然大眾消費品手機的更換頻繁已經下降，但半導體將要更好地滿足萬物互聯和高效能運算的需求，這都是工業革命 4.0 重要的基礎架構。

如圖 1-7 所示，中國積體電路的產業發展大致可分為三個階段。2013-2018 年，中國積體電路產量逐年增大。

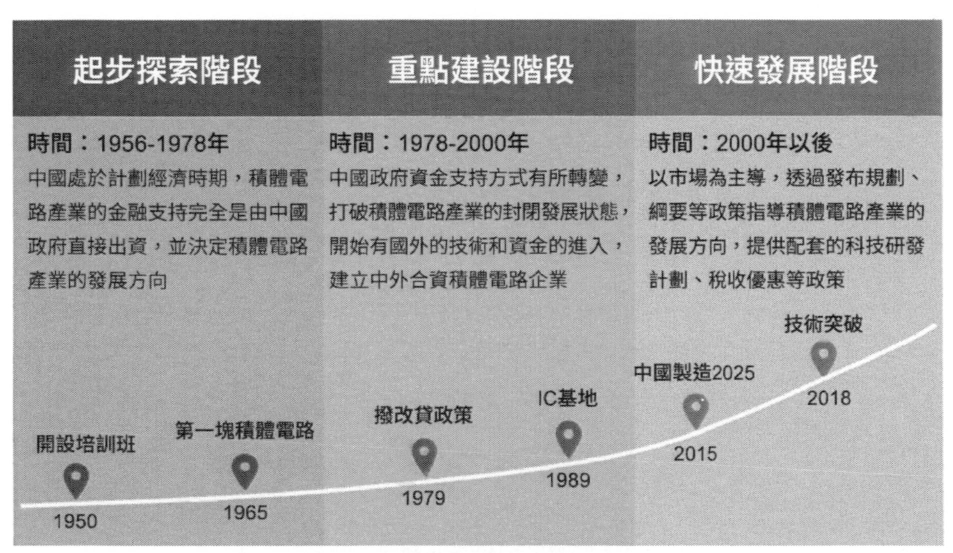

圖 1-7 中國積體電路行業發展歷程

資料來源：前瞻產業研究院

[029] AIoT=AI ＋ IoT（物聯網）。AIoT 融合 AI 技術和 IoT 技術，透過物聯網產生、收集來自不同維度的、大量的數據儲存於雲端、邊緣端，再透過大數據分析，以及更高形式的 AI，實現萬物數據化、萬物智聯化。

1.2 工業革命與不死摩爾定律

1.2.1 五次工業革命與半導體發展

（1）五次工業革命歷程

工業革命是製造業的革命，更是人類文明和自身的革命，每次革命都進一步地將人類從原來相對低階的勞動中解脫出來，而正在發生的第五次工業革命（工業革命 5.0）中的超級人類主題尤其引人注目：蜘蛛人不再是傳奇，它的部分超級功能已經實現；意念控制也不再是科幻，猴子可以用意念玩乒乓遊戲。人類正成為一切智慧的創造者。在人與自然的深度融合方面，可以連線的版圖不斷擴大，以實現更廣泛的連線與操控，包括物理世界，也包括虛擬空間。而人的永生也成為第五次工業革命中的熱門話題。表 1-8 列出了四次工業革命過程及第五次工業革命推演。

表 1-8 四次工業革命過程及第五次工業革命推演

名稱	開始時間	特點
前工業革命	農耕文明	• 生物體的能量 • 人力或從自然界中獲得能量（風車、馬車）

第一次工業革命	1760 年代	• 煤的能量 • 織布機問世、蒸汽機發明 • 借助水和蒸汽引入機械生產 • 城市化
第二次工業革命	1890 年代	• 電力與石油的能量 • 電氣化、內燃機應用 • 電能引發分工和大規模生產，進入電氣化时代 • 交通與通訊收善，更好的就業機會
第三次工業革命	1960 年代	• 資訊的能量 • 電腦、網路和衛星的應用 • 可編輯邏輯控制器（PLC）問世，自動化產品和 IT 系統的引入，又被稱為資訊技術革命，半導體、電子積體電路和電腦的發展加速了資訊時代的來臨 • 網路通信、自動化系統以及網路得到了大規模普及，進一步拉近了消費者和生產者以及資訊提供者的距離 • 航天技術也得到重大發展，首次發射了人造地球衛星 • 辦公與生產自動化
第四次工業革命	21 世紀前期（約 2010 年）	• 資料與運算智慧的能量 • 以 AI、物聯網、區塊鏈、生命科學、量子物理、新能源、新材料、虛擬現實等一系列創新技術引領的典範變革。這場革命正將數位技術、物理技術、生物技術三者有機融合，而相比前三次工業革命，它的發展速度將更快、影響範圍將更廣、程度將更深 • 以資訊物理系統（CPS）為核心，以三項集合（縱向集合、端對端集合、橫向集合）為手段，是一種高度自動化、高度數位化、高度網路化的智慧製造模式，從而實現高效、敏捷、智慧的生產，在效率、成本、品質、個性化方面都得到實際的飛躍 • 第六代網際網路協議（IPv6）問世

第五次工業革命	21 世紀前期（約 2020 年）	• 人機合一的能量 • 由於科學探索與技術進步，人類在過去的一萬年裡經歷了語言／溝通革命、農業革命、工業革命、數位革命 —— 第四次工業革命的過程 • 具有量子運算潛力：人工智慧、生物電子、碳中和、星聯網、完全自主車輛、認知運算、網路人機、3D 列印等 • 如果說數位革命代表著數位時代的開始，那麼第五次工業革命是人機世界新時代的開始

資料來源：根據世界經濟論壇及超人類主義數據整理

第一、二、三次工業革命的驅動因素分別是蒸汽、電力、電腦技術。第四次工業革命（工業革命 4.0）的實現通常稱為「智慧製造」。工業革命 4.0 的主要特點包括製造系統的垂直整合。在工廠中，具有網路連線的生產系統稱為資訊物理生產系統（CPPS）[030]。在工業革命 4.0 中，CPPS 將資訊垂直整合和連線，以便使環境和價值鏈中的任何變化都能反映到製造過程中。特點是將製造裝置與合作夥伴、供應商、分包商等一起水平整合到價值鏈中，透過雲端、大數據、行動和 AI 等新一代技術實現加速整合。

第四次工業革命的核心是資訊物理系統（CPS）[031]，它透過 3C[032] 技術的有機融合與深度合作，實現大型工程系統的實時感知、動態控制

[030] 資訊物理生產系統（Cyber Physical Production System， CPPS）是資訊物理系統在生產領域中的一個應用，它是一個多維智慧製造技術體系。CPPS 以大數據、網路和雲端運算為基礎，採用智慧感知、分析預測、最佳化協同等技術手段，將運算、通訊、控制三者有機地結合起來，結合獲得的各種資訊和對象的物理效能特徵，形成虛擬空間與實體空間的深度融合，具有實時互動、相互耦合、及時更新等特性，實現生產系統的智慧化和網路化，包括自感知、自記憶、自認知、自決策、自重構運算與分析等。

[031] 資訊物理系統（Cyber Physics System，CPS）從 2006 年開始出現，是可以快速、有效開發以電腦資訊為中心的物理和工程系統的科學技術，目標是引導新一代互聯、高效、高效能的「全球虛擬和區域性物理」工程系統。

[032] 3C 是指運算（Computation）、通訊（Communication）、控制（Control）。

和資訊服務。CPS 實現了運算、通訊與物理系統的一體化設計，可使系統更加可靠、高效，實時協同，具有重要而廣泛的應用前景。從產業角度看，CPS 涵蓋了小到智慧家庭網路、大到工業控制系統乃至智慧交通系統等國家級甚至世界級的應用。更為重要的是，這種涵蓋並不僅僅是將現有的家電簡單連在一起，而是要催生出眾多具有運算、通訊、控制、協同和自治效能的裝置。圖 1-8 是資訊物理系統的一個示意圖，物理世界的所有資訊透過感測器到達雲端的數位中心，經過智慧大腦創造基於物理現象的多維度價值，包括分析與預測、計畫與最佳化等。

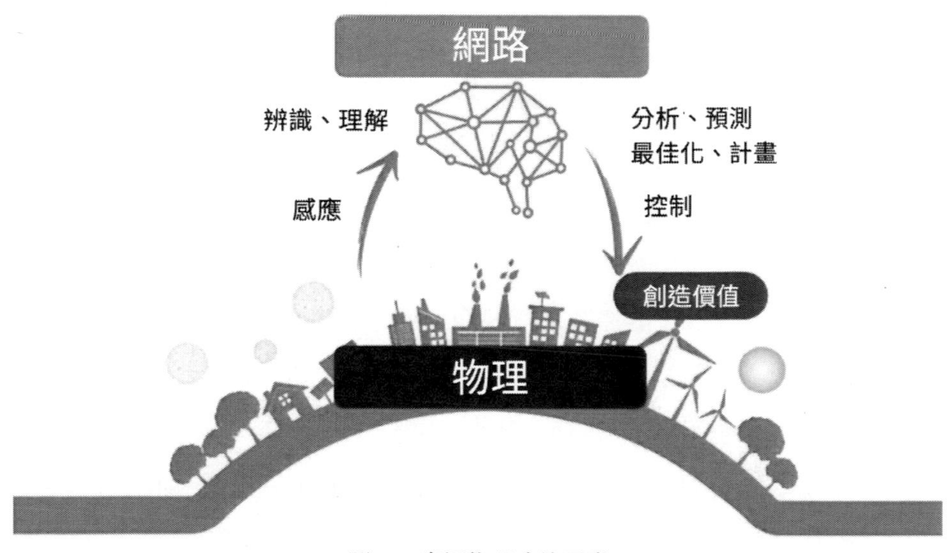

圖 1-8 資訊物理系統平臺
資料來源：東芝官網

數位化轉型的加速使半導體在工作與生活中觸手可及，由於技術的整合和快速商品化，半導體公司之間的競爭繼續加劇，創新日益重要。公司必須設法克服前所未有的半導體設計挑戰並不斷創新，才能生存和繁榮。在向工業革命 4.0 的核心 CPS 轉型的浪潮中，擁有 150 年歷史的東芝是典型代表。東芝於 1980 年研發出全球第一款快閃記憶體晶片，於 2018 年成立東芝記憶體株式會社，其 NAND 快閃記憶體固態硬碟收入約占全球市場的五分之一。後來品牌被命名為鎧俠（KIOXIA），成為全球第二大 NAND 記憶體廠商。同樣是在 2018 年，東芝公布了未來五年發展規劃 ——「東芝 Next 計畫」，明確指出東芝的未來發展目標是「成為世界上首屈一指的 CPS 技術企業」，並透過在製造領域長年累積的實踐經驗，以及產業數位化領域累積的物聯網和 AI 等技術融合的方式，提高各事業領域的附加價值，創造出新活力。這個目標也源於東芝的「三好」理念，即基於對買賣雙方和整個社會都有利的經營模式打造企業。在具體應用上，東芝在能源管理領域和精準醫療領域的兩個案例都非常有特色：

- 能源管理領域：東芝可以部署虛擬發電廠（VPP）來協調分散式能源，如太陽能、風能和氫能發電站，可充電電池和電動汽車。這些資源都可以實現虛擬控制，就好像它們是單一的發電廠一樣。
- 精準醫療領域：重粒子束癌症治療裝置將碳離子的重粒子束加速到光速的 70%左右，以照射癌細胞。同時使用影像辨識技術，透過與患者呼吸運動同步的電子束來精確辨識腫瘤位置。這兩種技術都有望顯著減輕患者的壓力。

東芝再次進行轉型，著重發展新能源、物聯網、AI 等業務，逐漸從一家傳統製造業企業，轉型為一家以技術為導向的多元數位化公司。東芝目前在全球擁有約 13 萬員工，年銷售額在 3,000 億元左右。東芝希望每一位員工都能清楚地認識到：不實施數位化策略，東芝將無法存活！

2022 年 2 月 7 日，東芝釋出宣告稱，將最早於兩年內將公司整體按業務拆分為兩家公司，分別是包含發電、公共基礎設施、IT 解決方案、鎧俠控股股權管理等基礎設施的服務型公司，以及包含功率半導體、HDD、半導體製造裝置相關的元件公司。

目前東芝的半導體業務主要包括功率、通用邏輯 IC、射頻裝置、儲存等。在全球，東芝在功率半導體領域具備較強競爭力，2020 年在 Discrete IGBTs 領域東芝占有全球 5.5%的市占率，在 MOSFETs 領域東芝占有全球 7.7%的市占率。隨著全球環境氣候問題的日趨嚴峻，下游應用市場更加注重節能減排，對功率半導體的需求將持續上升。東芝在 2022 財年投資約 8.3 億美元用於擴大石川縣工廠功率半導體的製造能力，這比 2021 財年所預期的 5.7 億美元增加了約 45%，這使東芝使用碳化矽或氮化鎵的新一代功率半導體的產能增加，其目標是將功率半導體的整體產能提升 2.5 倍，如圖 1-9 所示。此外，東芝正在研發將儲存容量提高至目前的 1.7 倍、達到 30TB 以上的技術。2022 年 2 月，東芝表示計畫投資約 10.9 億美元，將電源管理半導體的產量提高一倍以上，旨在追趕英飛凌等電源晶片大廠。

碳化矽功率晶片市場規模（單位：10億美元）

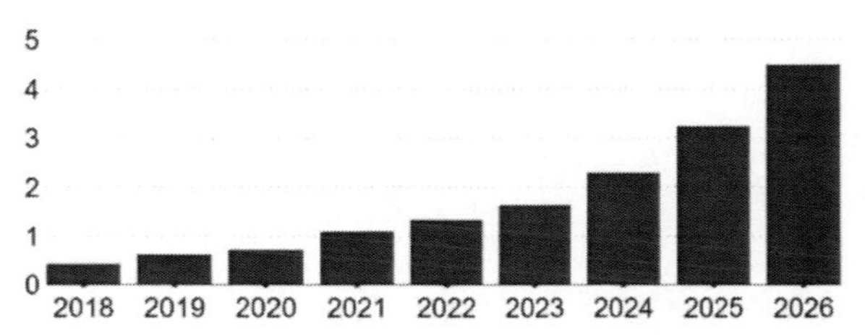

(a) 預測到2026年，碳化矽功率晶片市場將比2020年成長六倍，達到44.8億美元

(b) 東芝將在加賀東芝電子占地內建設新廠房

圖 1-9 碳化矽功率晶片市場成長與東芝擴產
資料來源：法國市場研究公司 Yole Development & 日經中文網

讓我們回到工業革命 4.0 與半導體的關係。從半導體產業來看，並不嚴格區分第四次工業革命與第五次工業革命。第四次工業革命的電腦時代是半導體產業推動的，之後積體電路產品「進入尋常百姓家」又推動了全球 GDP 的快速成長，在 2010 年之後又快速推動人類進入第五次工業革命。因此對於半導體產業來說，這是一個連續、完整的過程。台積電的定義代表了一種新視角，即半導體產業的發展模式經歷了四個階段：IDM、ASIC、Fabless 和開放式創新 OIP（即基於產業鏈各專業分工，形成一個緊密協同的虛擬大 IDM 的利益共同體）。總體而言，半導體從第四次工業革命到第五次工業革命的連續發展過程展現了人類開始從宏觀科學走向微觀科學，即原子的領地。晶片製程也開始向埃米級挺進。

從技術應用上看，一方面，工業革命 4.0 已經遠遠超出了最初的概念，在製造中融入了愈來愈多的基於智慧的控制技術，並為製造增加了更多的前瞻性、一致性和敏捷性。另一方面，半導體遠在工業革命 4.0 這個概念出現之前就在朝著這個方向努力。1970 年代，半導體產業就制定了 SECS/GEM[033] 半導體裝置通訊協定的兩個標準，如圖 1-10 所示。這兩個標準保障了機械化的裝置可以基於一樣的語言進行通訊。

- SECS 包括了三個主要的檔案 SECS-I（E0（4）、SECS-II（E0（5）、SECS-HSMS（E3（7），其中 E04 是基於 RS232（串列埠），E37 是針對 TCP/IP（網口）。而 E05 則定義了 SECS 傳輸的內容規範。
- GEM 則定義了裝置的模型和所提供的功能。

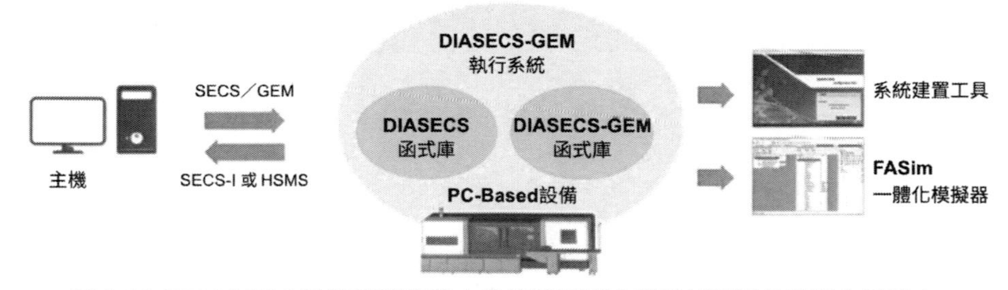

圖 1-10 SECS/GEM 是半導體產業中用於裝置到主機數據通訊的裝置介面協定
資料來源：Delta Electronics

（2）半導體視角的新工業革命說

如圖 1-11 所示，1947 年貝爾實驗室的研究人員肖克利（William Shockley）、巴丁（John Bardeen）、布拉頓（Walter Houser Brattain）三人發明了第一個電晶體，這個裝置具有擴展電子裝置實用性的巨大潛力。

[033] SECS（Semiconductor Equipment Communication Standard，半導體裝置通訊標準），GEM（Generic Equipment Model，通用裝置型號）。

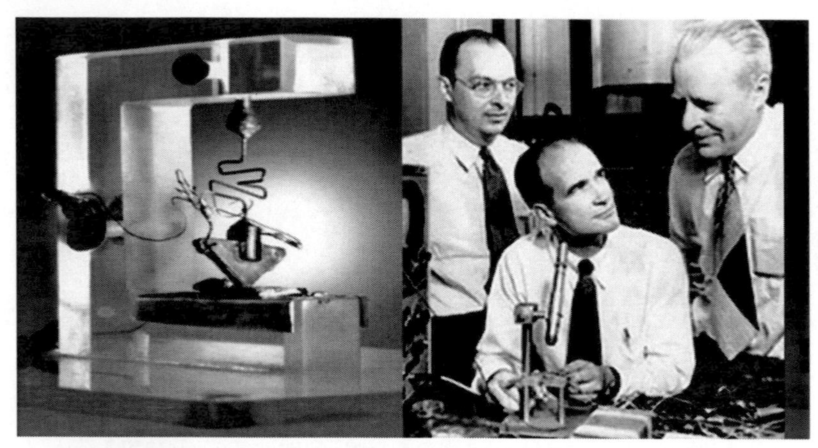

圖 1-11 全球第一個電晶體和發明它的肖克利、巴丁、布拉頓
資料來源：ENCYCLOPEDIA

早期的電晶體是用鍺作為材料，在 1950 年代後期的研究中，成功地生產出適用於半導體裝置的矽材料，並且從大約 1960 年開始製造出由矽製成的新裝置。矽比鍺豐富得多，價格便宜，很快成為首選原材料。矽基允許透過光刻工藝形成的掩膜圖案，也建立了微型電晶體和其他電子元件。1960 年，真空管迅速被電晶體取代，因為後者體積小、抗高溫、更耐用、更可靠。這一特點很快就被軍工行業看中，電晶體滿足了導彈電子制導系統的緊湊、輕便與可靠的需求，從而促成了積體電路的發明。早期的積體電路在 3 毫米（0.12 英寸）見方的矽晶片上包含大約 10 個單獨的元件；到 1970 年，相同尺寸的晶片上的元件數量達到 1,000 個；到 1980 年代中期，廉價的微處理器刺激了種類繁多的消費產品的電腦化，常見的例子包括可程式設計微波爐和恆溫器、洗衣機和烘乾機、自調諧電視機和自聚焦相機、錄影機和影片遊戲、電話和答錄機、樂器、手錶和安全系統。微電子也在商業、工業、政府和其他領域脫穎而出。基於微處理器的裝置激增，如零售店的自動櫃員機（ATM）和銷售點終

端，以及自動化工廠組裝系統和辦公工作站。

從歷史的程序來說，上面的這個過程顯然包括在第三次工業革命之中，可是，從另外一個視角（也就是從宏觀走向微觀）來說，半導體可能開啟了一個全新的工業革命時代。所以對工業革命的斷代，半導體人也有獨到的理解和洞察。2019 年，尹志堯博士[034]在世界人工智慧大會（WAIC）做了題為《從微觀加工為基礎的數位時代展望第三代工業革命的到來》演講，如圖 1-12 所示。他的「半導體工業革命說」是當代中國半導體人在中美積體電路與晶片博弈下，對歷史的總結及對未來的深刻思考。很多專家把蒸汽機和電的發明算作兩代工業革命，他認為關於工業革命的斷代應該做不同的解釋，具體如表 1-9 所示。

圖 1-12 尹志堯博士分享他的工業革命觀
資料來源：世界人工智慧大會（WAIC）官網

[034] 尹志堯，1944 年出生，美籍華人。中國科學技術大學學士，加州大學洛杉磯分校博士。1984-1986 年，就職於英特爾中心技術開發部，擔任工藝工程師；1986-1991 年，就職於泛林半導體，歷任研發部資深工程師、研發部資深經理；1991-2004 年，就職於應用材料，歷任等離子體刻蝕裝置產品總部技術長、總公司副總裁及等離子體刻蝕事業群總經理、亞洲總部技術長。

表 1-9 尹志堯博士的工業革命觀

名稱	開始時間	特點
第一次工業革命	1760 年代	• 本質是發展以宏觀加工為核心的傳統工業，首先要有宏觀的材料：鋼鐵、化工、陶瓷、纖維、塑膠等。有了材料以後要用機器把它加工成型，如車床、銑床、刨床、鏜床、鑽床、磨床等，現在叫五軸聯動加工中心，甚至六軸聯動加工中心。有了機器，還需要有宏觀能源的推動，包括蒸汽機、內燃機、電動機等，這樣就形成了一個以宏觀加工為核心的傳統工業，這段時期稱為機械化時代 • 機械化時代的特點是把東西越做越大，現在蓋樓可以蓋到 600 公尺、800 公尺，甚至上千公尺。跨海長橋、高鐵、大飛機，這就是這一代工業革命的代表性產品
第二次工業革命	1960 年代	• 從美國矽谷開始，催生了數位時代，也有人叫智慧化時代。這個時代的特點是從機械化到智慧化，造出電腦來代替人腦，造出很多不同的微觀器件 • 微觀加工成為核心產業，它的特點是越做越小。它也需要基本產業的組合：第一是微觀材料。第二是要有微觀加工的母機，包括光刻機、等離子刻蝕機等，在很小的尺度上精雕細刻，做出微觀結構。伴隨著這一代的工業革命，產生了能源的變革，包括核能、太陽能和氫能等。我們現在正處在此次工業革命的高潮，微觀器件的產品層出不窮，特別是積體電路正在處於大發展時期
第三次工業革命	現在到未來	• 由生物工程和電子技術集合的電子生物工業革命 • 前兩次工業革命是人類改造世界的階段，目前人類開始進入的第三次工業革命 —— 人類改造自己，而 AI 是人類從數位時代到第三次工業革命的重要催化劑。這場新的革命已經悄悄開始，我們應當進一步認識這場革命的機會和風險，積極參與這場革命，積極引導這場革命向健康的方向發展

資料來源：尹志堯博士演講

1.2.2
不死摩爾定律正從奈米深入埃米

就像晶片中的開關一樣，電晶體由源極、漏極和柵極組成。我們可以將電晶體理解為一種類似於「水龍頭」的電子裝置，主要用於控制電流（水流）的大小。由於電晶體對電流的控制是透過對柵極施加一個電壓，從而在通道內部產生一個電場，以此來調節源極和漏極之間電流的大小，所以它的全稱是場效應電晶體（Field Effect Transistor，FET）。在操作中，電子從源極流向漏極，並受柵極控制。如圖 1-13 所示，鰭式 FET（FinFET）在 22 奈米節點的首次商業化為電晶體 —— 晶片的微型開關 —— 帶來了顛覆性變革。與此前的平面電晶體相比，與柵極三面接觸的「鰭」所形成的通道更容易控制。但是，隨著 3 奈米和 5 奈米技術節點面臨的難題不斷累積，FinFET 的效用已經趨於極限，進一步減小 FinFET 的尺寸會限制驅動電流和靜電控制能力。此外，雖然「鰭」的三面均受柵極控制，但仍有一面是不受控的，隨著柵極長度的縮短，短溝道效應就會更明顯，也會有更多電流通過裝置底部無接觸的部分洩漏，更小尺寸的裝置就會無法滿足功耗和效能要求。環繞柵極 FET（GAAFET）是一種經過改良的電晶體結構，其中通道的所有面都與柵極接觸，這樣就可以實現連續縮放。

在半導體與積體電路的發展歷程中，矽基出現之後，在成本不變的情況下實現了電晶體數量的不斷增加，這是積體電路行業發展過程中的一個客觀現象。幾十年來，積體電路行業一直試圖跟上並持續這種現象，即保持摩爾定律的步伐，每 18 ～ 24 個月將晶片中的電晶體密度翻一倍。事實上，晶片廠商確實也會以 18 ～ 24 個月的節奏推出具有更高電晶體密度的新工藝技術，從而降低每個電晶體的成本。在每個技術節點，裝置廠商可以透過縮小電晶體的方法來降低裝置面積、成本和功耗並實現效能提升，這種方式也稱為 PPAY[035] 縮放。

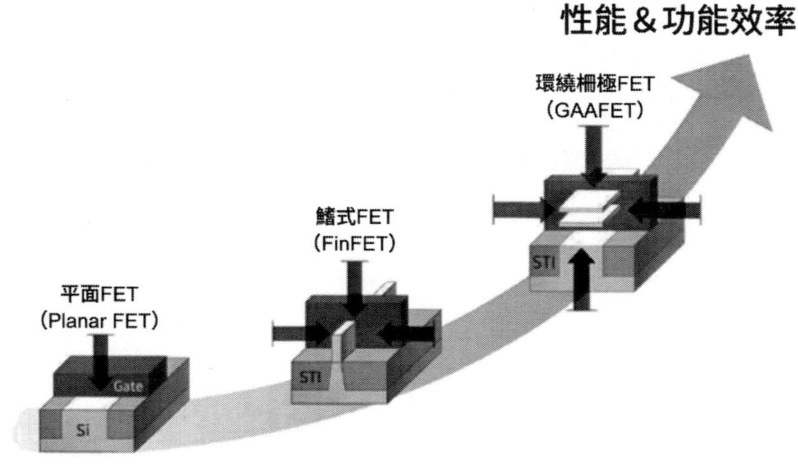

圖 1-13 愈來愈先進的三代電晶體結構
資料來源：三星官網

多年前，節點名稱是基於一個關鍵的電晶體指標，即柵極長度。例如，7 奈米技術節點生產了一個柵極長度為 7 奈米的電晶體。一段時間以來，節點編號已成為單純的行銷名稱。例如，5 奈米是當今最先進的工藝，但沒有達成一致的 5 奈米規範。3 奈米、2 奈米等也是如此。當供應商對節點使用不同的定義時，情況會更加混亂。英特爾正在出貨基於其 10 奈米工藝的晶片，這大致相當於台積電和三星的 7 奈米工藝產品。

[035] PPAY（即功率、效能、面積、良率：Power、Performance、Area、Yield）或 PPAC（即功率、效能、面積、成本：Power、Performance、Area、Cost）一直是所有晶片產品開發避不開的關鍵要素。

奈米階段的競爭還沒有結束，世界領先的廠商已開始了埃米級[036]製程計畫。據悉，半導體製程將於2024年進入埃米時代。2021年7月，英特爾繼在3月宣布IDM 2.0計畫之後，又公布了最新的半導體製程和先進封裝的路線圖。英特爾計畫在2024年用Intel 20A製程將半導體行業帶入埃米時代。英特爾的CEO派屈克·格爾辛格（Patrick Paul Gelsinger）表示：「對於未來十年走向超越1奈米節點的創新，英特爾有著一條清晰的路徑。在窮盡元素週期表之前，摩爾定律都不會失效，英特爾將持續利用矽的神奇力量不斷推進創新。」台積電2奈米Fab 20超大型晶圓工廠已選定建廠地點為新竹寶山，2奈米之後的更先進製程已進入埃米時代，預期台積電將推進到18埃米（1.8奈米）。台積電超大型晶圓工廠布局如表1-10所示。

表1-13 台積電超大型晶圓工廠布局

<table>
<tr><th>晶圓廠區</th><th>Fab12</th><th>Fab14</th><th>Fab15</th><th>Fab18</th><th>Fab20</th></tr>
<tr><td>建廠地點</td><td>新竹</td><td>臺南</td><td>臺中</td><td>臺南</td><td>新竹</td></tr>
<tr><td rowspan="3">最新製程布局</td><td>7奈米</td><td>16奈米</td><td>7奈米</td><td>5奈米</td><td>2奈米</td></tr>
<tr><td>6奈米</td><td>12奈米</td><td>6奈米</td><td>4奈米</td><td></td></tr>
<tr><td>5奈米</td><td></td><td>Fab15旁的新廠可能為2奈米</td><td>3奈米</td><td></td></tr>
</table>

資料來源：業界公告與法人預估

當然，摩爾定律並不是一成不變的。1965年，戈登·摩爾在行業雜誌《電子學》35週年特刊上發表的一篇文章指出：單一矽晶片上的元件

[036] 埃米（Angstorm）是晶體學、原子物理、超顯微結構等常用的長度單位，其尺寸是奈米的十分之一。

數量每年大約翻一倍，他預計這一趨勢將繼續下去，這是他的一個觀點或者說是一個猜想，而這個猜想在十年中得到了驗證。十年後，摩爾將他的預計從一年改為兩年，因為微觀製造愈來愈艱難。就如同往地下打樁，樁打得愈深，下面的情況愈不可見，操作環境愈複雜、人為的有效控制愈難、對技術要求愈高。近年來，儘管製造技術的不斷突破和晶片設計的不斷創新保持著這種勢頭，但摩爾定律的發展依舊受到了質疑。所以在後摩爾時代，有兩種不完全相同的技術路線（由 ITRS 於 2005 年在第一份白皮書提到）：

- 「More Moore」：繼續延續摩爾定律的精髓，以縮小數位積體電路的尺寸為目的，同時裝置最佳化重心兼顧效能及功耗。
- 「More than Moore」：晶片效能的提升不再靠單純的堆疊電晶體，而更多地靠電路設計以及系統演算法最佳化；同時，藉助於先進封裝技術，實現異構整合 [037]，即把依靠先進工藝實現的數位晶片模組和依靠成熟工藝實現的模擬／射頻等整合到一起以提升晶片效能。

Google 首席工程師雷 · 庫茲韋爾（Raymond Kurzweil）的一項研究顯示，歷史上電腦處理能力和技術創新會出現指數式成長。在這些過程中，每個階段的速度基於前階段知識的累積得以加速發展。換句話說，在進化過程中，前一個階段產生的更好的方法與算力，一定會順延到下一階段，這樣一旦發生重大的技術革新，進化的速度就會加快。技術成長將變得無法控制，人類文明也會發生巨大變化。

[037] 異構整合（Heterogeneous Integration）是指在封裝層面，透過先進封裝技術將不同工藝節點、不同材質的晶片整合在一起，如將 Si、GaN、SiC、InP 生產加工的晶片封裝到一起，形成不同材料的半導體協同工作的場景。基於異構整合的異構運算可以充分利用各種運算資源的並行和分布運算技術，能夠將不同製程和架構、不同指令集、不同功能的硬體進行組合，已經成為解決算力瓶頸的重要方式。

基於這樣的發展邏輯，半導體產業的投資大戰正持續進行。加上週期性與地緣政治等因素帶來的晶片短缺，晶片的製造難度無論是在製程工藝上，還是在大規模量產產能上都在持續更新和放大。如今，2～3奈米的晶片有望於2022-2025年間量產。全球最大的晶片代工企業台積電已擁有6座12英寸超大晶圓工廠、6座8英寸晶圓工廠、1座6英寸晶圓工廠和4家後端封測廠，2021年又推出高達280億美元的裝置投資計畫。

根據市場研究機構集邦諮詢的數據，台積電控制著全球晶片55%的市占率，其次是三星，占有17%的市占率。台積電於2020年披露了在美國亞利桑那州建造一座價值120億美元的晶片工廠的計畫，預計將於2024年開始運轉。2021年，三星宣布了一項170億美元的投資計畫，以在美國建造一座代工廠，根據其2030年願景，三星計畫投資總額達到133兆韓元（約合1,160億美元），屆時將成為全球最大的代工企業。台積電與三星之間的競爭正值美國試圖提高其國內晶片產量以對抗中國日益成長的影響力之際，英特爾也宣布了一項200億美元起步，最終規模可達1,000億美元的投資計畫，以建立兩個新的晶片製造工廠並涉足代工業務。新工廠的建設於2022年就開始了，計畫2025年實現量產。英特爾憑藉其先進的技術進軍代工市場，將對三星造成打擊，而三星正在努力縮小與台積電的差距。

台積電的3奈米技術（N3）將是基於5奈米技術（N5）的又一全新節點。與N5技術相比，N3技術將提供高達70%的邏輯密度增益、高達15%的速度提升以及相同速度下高達30%的功耗降低。據IBS稱，開發主流3奈米晶片設計的成本高達5.9億美元，而開發5奈米裝置的成本為4.16億美元，7奈米的成本約為2.17億美元，28奈米的成本只有4,000萬美元。此外，無論是IBM、三星還是台積電，採用2奈米晶片製造技術都需要 ASML 的全新一代 EUV 光刻機做輔助，該光刻機預計在 2023 年交付廠商研發測試、2024 年量產。ASML 的全新一代 EUV 光刻機的售價超過 3 億美元，這意味著 2 奈米晶片的成本也將上漲。由於奈米的尺寸是難以想像的，因此用圖 1-14 給出比較範例。

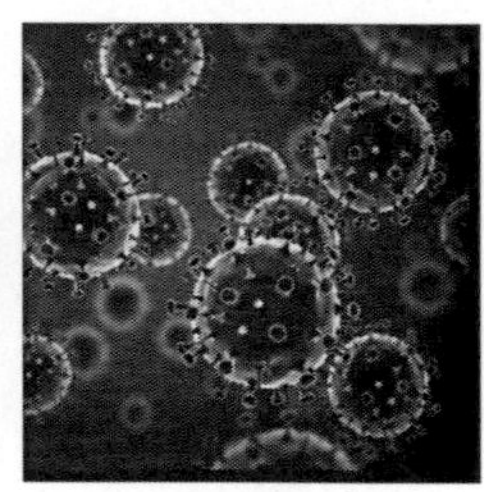
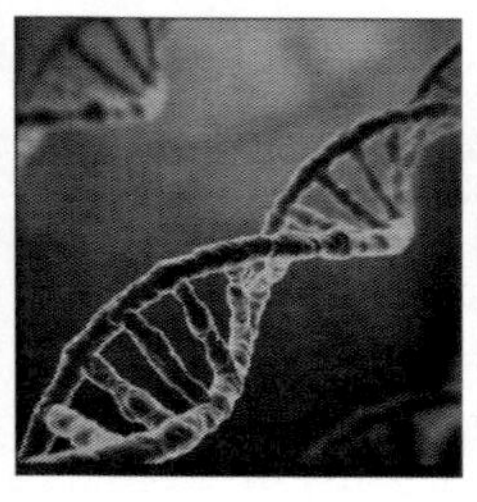
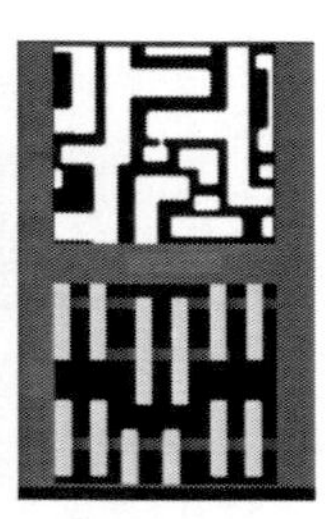

針眼200萬奈米

病毒100奈米
（平均直徑）

DNA鏈2奈米
（寬度）

台積電量產工藝於2022年達3奈米（電晶體間的距離，也稱柵極長度）

圖 1-14 奈米的尺寸概念

資料來源：根據範例改編 [038]

相關報導稱，台積電決定於 2022 年 8 月率先量產第二版 3 奈米製程晶片，正式以 FinFET 架構，對決三星的 GAAFET 架構，3 奈米工廠的月晶圓產量猜想為 3,000 ～ 5,000 片。隨著 3 奈米晶圓量產，蘋果公司預計在 2023 年釋出首批採用台積電製造的 3 奈米晶片的裝置，包括採用 M3 晶片的 Mac 和採用 A17 晶片的 iPhone 15 機型。像往常一樣，轉向更先進的工藝會帶來效能和電源效率的提高，這將使未來的 Mac 和 iPhone 擁有更快的速度和更長的電池壽命。The Information 的 Wayne Ma 報導稱，一些 M3 晶片將有多達四個模具，他說這可能允許 40 核 CPU。相比之下，M1 晶片有 8 核 CPU，M1 Pro 和 M1 Max 晶片有 10 核 CPU。M1 Mac 已經提供了行業領先的效能，而 iPhone 13 中的 A15 晶片是智慧手

[038] Jacob George，2021，*Challenges In Adopting ML In Manufacturing*。

機中最快的處理器，因此在幾年內轉向 3 奈米工藝應該會加強蘋果公司在該領域的領先地位。

在 2 奈米晶片上，各大晶片廠商將採用不同的製造工藝。2021 年 5 月，IBM 已經釋出了全球首個 2 奈米晶片製造技術，該技術比主流的 7 奈米工藝晶片效能提升 45%，能效提升 75%。2 奈米晶片的潛在優勢包括：手機電池壽命翻兩倍，使用者只需每四天為其裝置充電；削減占全球能源使用量 1%的數據中心的碳排放；大大提升筆記型電腦的效能；加快自動駕駛汽車的物體檢測和反應時間。

台積電的 Fab 20 將是其 2 奈米工藝的主要站點。位於新竹科學園區的 Fab 20 預計於 2024 年下半年開始量產，和以往一樣，台積電的 2 奈米工藝將首先應用於蘋果的新 iPhone 系列智慧手機。台積電預計投入將達到 360 億美元，是亞利桑那州 5 奈米工廠投資的 3 倍，占地近 100 萬平方公尺。台積電位於新竹中部科學園區的工廠也將託管其超過 2 奈米的工藝節點。如果一切順利，一些半導體裝置廠商的 1.8 奈米（18 埃米）晶片將在 2026-2027 年進入量產階段。

1.2.3 投資成本增勢與產能預期

晶片如此重要，造成晶片荒的根本原因是供需不平衡，即數位化程式發展太快，需求過於旺盛，設計能力夠而製造能力卻不足。晶片製造並非靠「集中力量辦大事」就能一蹴而就。例如晶片材料的純度配方，需要經過幾十年的不斷試驗，在失敗中累積經驗。一款新的晶片從構想，到量產問世需要十年以上的時間，其中，製造晶片的裝置需要五年的研發週期，而晶片廠商從建廠到量產又需要五年。先進製程生產的晶片由於對工藝、裝置、材料等方面的要求更高，因此需要的時間更長。2022 年，歐盟委員會公布的《晶片法案》中計畫投資約 500 億美元以新建 2 ～ 4 家超級晶片工廠，包括帶動的其他公共與私人投資預計達到 1,500 億歐元，但預計到 2030 年也只能將歐盟的晶片產能從目前占全球 10%的占有率提高到 20%，可見晶片的製造實屬不易。大量的自動化工具使得晶片設計過程變得更順利，設計晶片比以往任何時候都更容易，而製造晶片卻從未如此艱難。

在晶圓代工市場規模方面，IC Insights 預估，排除三星及英特爾等 IDM 之外的純晶圓代工市場，2019 年的規模減少了 1%，但 2020 年成長了 19%，成長幅度創下近年新高。

如圖 1-15 所示，純晶圓代工市場規模在 2014-2019 年的年複合成長率（CAGR）達 6.0%，2019-2024 年的 CAGR 將增加 3.8 個百分點達 9.8%。

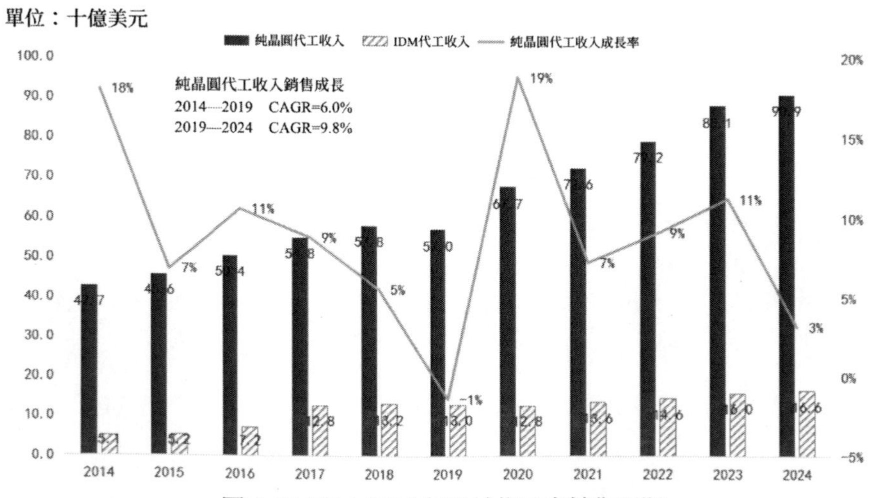

圖 1-15 2014-2024 年晶片代工廠銷售預期

資料來源：IC Insights

汽車行業是「晶片荒」的重災區，調研機構 IHS Markit 表示，2021 年一季度因晶片短缺導致的汽車減產數量達 67.2 萬輛，二季度減產約 130 萬輛。目前看來這一短缺難以提到快速緩解，根據 2021 年的報告，全球晶圓工廠在 2015-2019 年擴產不足，尤其是 8 英寸等成熟製程。全球晶片製造龍頭台積電通常採取較為激進的折舊策略，裝置折舊完成後即對成熟製程降價以打擊競爭對手，導致 8 英寸晶圓等成熟製程利潤有限，晶圓產能整體呈現出由 8 英寸向 12 英寸轉移的趨勢。根據 IC Insights 統計，2009-2019 年，全球共關閉了 100 座晶圓代工廠，其中，8 英寸晶圓工廠為 24 座，占比 24%，6 英寸晶圓工廠為 42 座，占比 42%。目前 8 英寸裝置主要來自二手市場，數量較少且價格昂貴，裝置的稀缺箝制著 8 英寸晶圓產能的釋放。8 英寸晶圓通常對應 90 奈米以上製程，在這些製程下生產的功率裝置、CIS、PMIC、RF、指紋晶片及 NORflash 等產品的產能被明顯限制。

根據 SIA 釋出的數據顯示，2021 年全球半導體市場銷售額總計 5,559 億美元，同比成長 26.2%，創下歷史新高。同期，中國以 1925 億美元的半導體銷售額成為全球規模最大的區域市場，占比 34.6%，同比漲幅為 27.1%，全球第三，位於美國（27.4%）和歐洲（27.3%）市場之後。

近幾年，積體電路已成為「科技戰」的關鍵戰場。即使中國積體電路銷售收入不斷成長，但相對更為旺盛的需求而言，中國本土的產能還是嚴重不足的。

造成這一現象的原因是中國本土晶片產業的研發能力與製造能力嚴重不匹配。而高階晶片研發人才和製造人才資源短缺，使這一問題雪上加霜。IC Insights 預測，以中國本土為基地的積體電路製造業在 2025 年將上升到 432 億美元，只占預測的 2025 年全球積體電路市場總額 5,779 億美元的 7.5%。即使對一些中國本土生產商的積體電路銷售加價，中國本土的積體電路生產仍可能只占 2025 年全球積體電路市場的 10%左右。由此可見，中國還不是積體電路強國，主要缺陷展現在積體電路製造上。供應鏈分析公司 Supplyframe 首席行銷官巴奈特表示，晶片短缺將持續到 2023 年，未來將會「一波接一波」衝擊市場，那麼對於中國本土晶片行業來說，突圍之路的第一步就是擴產。

全球高科技產業研究機構集邦諮詢統計，2022 年以後全球將新增 12 座完整的晶圓代工廠。中國本土的半導體製造業也在迅速擴大產能。

如圖 1-17 所示，隨著工藝節點不斷微縮，雖然晶片的設計成本也有所增加，但這種成長即使到了 5 奈米節點也可以控制在 5 億美元左右，而製造成本則達到了設計成本的近十倍，是 7 奈米的兩倍，從最初在 65 奈米的 4 億美元左右達到 60 億美元左右。未來先進製程晶片的工廠投資如此巨大，導致建立這樣先進工廠的機會愈來愈少。目前幾個大廠之間的競爭也會白熱化，而其他腰部和尾部的半導體廠商無論是資本實力，還是技術儲備都難以進入這些領域。

如圖 1-18 所示，在 130 奈米量產時代，全球有 18 家晶片廠商；到了 14 奈米節點，全球只有 4 家；到了 10 奈米只剩下 3 家；7 奈米廠商則只有台積電和三星。

即使未來的總體產能可以滿足需求，但由於人們對於算力和體驗有著無盡的追求，包括元宇宙的興起，最為先進的晶片供給始終不會寬裕。換句話說，無論是先進晶片製造的裝置還是廠商，其規劃的產能都是被提前預訂的，就如同先進晶片製造廠商在搶 ASML 最先進的光刻機，終端產品廠商都在搶台積電最先進的晶片一樣。在這樣的情況下，大量腰部與尾部的晶片廠商即使不進入先進製程領域，而是在相對成熟的製造發力，也同樣面臨與先進廠商的產品競爭。在裝置、工藝、材料相對固定的情況下，必須透過智造軟體不斷提升良率和產能，同時降低成本，才能占領市場的一席之地。

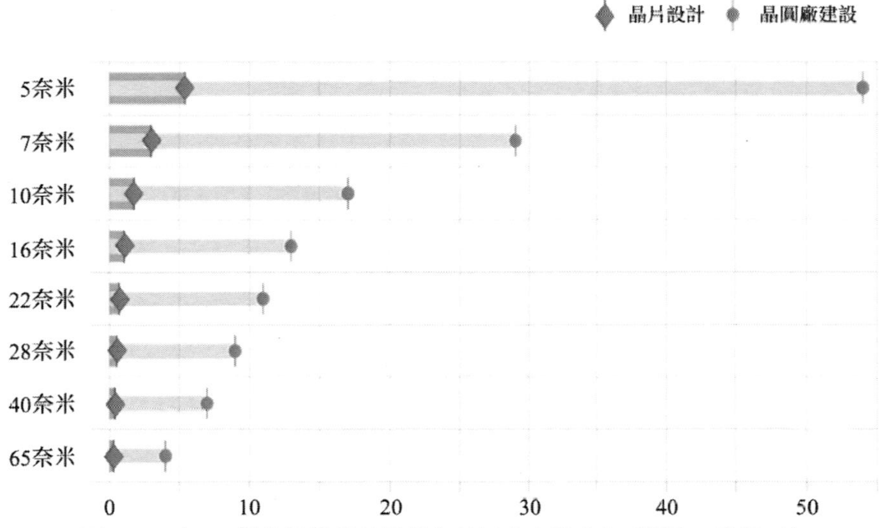

圖 1-17 不同工藝節點的晶片設計與晶圓廠建設成本（單位：億美元）

注：按節點尺寸遞增

資料來源：IBS、麥肯錫報告 [039]

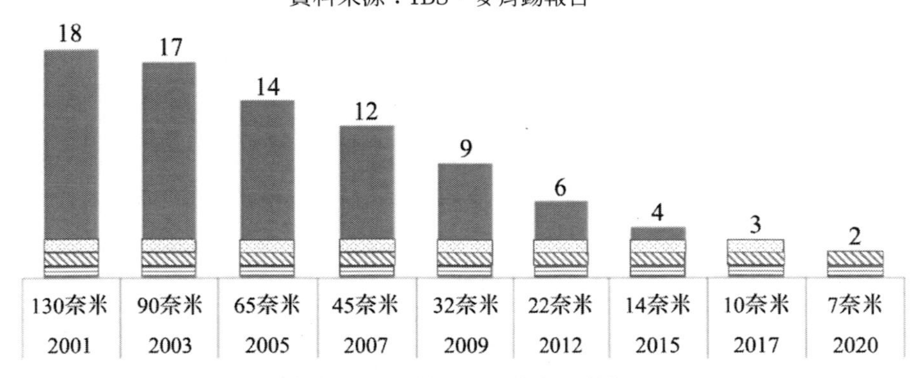

圖 1-18 晶片廠商隨著先進製程節點推進而遞減

注：頂部數字表示廠商數量

資料來源：德意志銀行、ING 研究

[039] McKinsey & Company，2021，*Scaling AI in the Sector that Enables it: lessons for Semiconductor-Device Makers*。

第 2 章

美國科技制裁與中國自主替代

2.1
美國科技長臂管轄 45 年

除了晶片本身，中國在半導體產業供應鏈的諸多環節都依賴進口。在 2015 年，美國透過慣用的「科技長臂管轄」開始對中國晶片產業實施精準的經濟和貿易制裁，制裁的主要形式是「三單一令」，即以三個清單和總統行政令來疊加式制裁。三個清單分別是實體清單、軍事終端使用者清單以及所謂「共產黨中國軍隊公司清單」[040]。這三個清單主要限制中國企業的供應鏈和融資，總統行政令則限制中國企業在美國開展業務。

美國對於他們認為可能崛起、對美國產生利益威脅的國家進行打壓是一項長期策略。1996 年，33 個國家代表在荷蘭的瓦森納簽署了《瓦聖納協定》[041]，它旨在控制常規武器和高新技術貿易的多邊出口管制制度[042]，時至今日已有 42 個國家參與。美國作為《瓦聖納協定》的主導國，透過運用聯盟內的話語權以及規定的協商機制，可以對參與國向中國的技術出口進行干預與阻止。

[040] 中央紀委國家監委網站，管筱璞、李雲舒，美國黑名單瞄準中國超算，「卡脖子」只會加速中國科技進步。

[041]《瓦聖納協定》的全稱是《關於常規武器和兩用物品及技術出口控制的瓦聖納協定》(*The Wassenaar Arrangement on Export Controls for Conventional ARMs and Dual-Use Good and Technologies*)。

[042] 多邊出口管制制度（Multilateral Export Control Regimes， MECR）。

隨著資訊化產業蓬勃發展、數位化智慧時代加速推進，其硬體底座-晶片成了《瓦聖納協定》管控體系的封鎖關鍵。在所有高階民用科技當中，晶片是市場最大、流通性最強、對經濟發展影響最深刻的產品。半導體產業已經成為國家發展的引擎，一切資訊技術、網際網路、通訊、高階製造、產業數位化都無法離開半導體這一根基。而中國已經成為全球最大的晶片消費市場，以及規模最大的晶片加工和使用國。由於《瓦聖納協定》的限制，中國半導體產業無法引入先進的半導體製造技術、製造裝置以及檢驗封裝工藝，已經有不少中國半導體企業在國際市場採購中遭遇了條約的直接阻撓，這直接導致中國的半導體製造技術依舊落後國際領先工藝 2 ～ 3 代。

以中國中芯國際為例，在 2011 年無法採購到最核心的生產裝置——光刻機，原因是當時的全球半導體前十五大裝置供應商全受《瓦聖納協定》限制而出口受阻，於是中芯只能採取「曲線救國」的策略，和比利時微電子研究中心（IMEC）合作。先由 IMEC 從艾司摩爾、應材公司買裝置，在 IMEC 用完 5 年符合《瓦聖納協定》要求後再轉賣給中芯國際。再如，2015 年，英特爾、三星、台積電都能買到艾司摩爾的 10 奈米光刻機，而中芯國際只能買到艾司摩爾於 2010 年生產的 32 奈米光刻機，5 年的時間對於半導體來說，就落後 2 ～ 3 代了。

2018 年 5 月，中芯國際就向艾司摩爾訂購了一臺最新型的 EUV 光刻機，當時價值高達 1.5 億美元，原計畫在 2019 年初交付。但是由於美國方面的阻撓，艾司摩爾一直未能收到荷蘭政府頒發的許可證，這也導致了艾司摩爾一直無法向中芯國際交付 EUV 光刻機。艾司摩爾在 2022 年將新一代 EUV 光刻機交給台積電、三星等廠商進行測試、生產，並計畫在 2023 年實現 NA EUV 光刻機出貨安裝。當全新一代 NA EUV 光刻機開始交付後，EUV 光刻機才能向全球自由出貨，那麼中芯國際要拿到 EUV 光刻機最樂觀的時間是在 2023 年，又是比原定的時間差不多晚了 5 年，同樣存在 2～3 代的技術落差。這也給我們一個重要的警示：要想在核心的工藝、裝置、材料方面縮短差距是非常困難的，而且缺一樣都做不成。

2017 年 1 月，美國總統科技顧問委員會 [043] 釋出《確保美國半導體的領先地位》[044] 報告，明確了積體電路是美國策略性、基礎性、先導性的產業，美國應在人才、投資、稅收等方面為積體電路的發展營造一個良好的產業環境。同時報告中提到，中國半導體的崛起，對美國已經構成了「威脅」，委員會建議政府對中國產業加以限制。報告精心制定並推薦了三個重點策略：①抑制中國半導體產業的創新；②改善美國本土半導體企業的業務環境；③推動半導體接下來幾十年的創新轉移。此番舉動意在打壓中國，保障美國在半導體積體電路方面的全球領先地位。

2018 年，川普（Donald John Trump）發起更為激烈的中美貿易戰，雙方摩擦的策略制高點——「晶」戰愈演愈烈。主要事件包括 2016 年中興被美國列入貿易黑名單，2019 年華為晶片被斷供，直到 2020 年 12 月中芯國際也被美國納入實體清單。2021 年 1 月，美國國防部將小米、晶片廠商高雲公司、半導體加工機器廠商中微公司等 10 家中國高科技公司列入制裁清單；2022 年 2 月，美國再次將 33 家中國企業列入清單，其中還包括中國光刻機龍頭企業上海微電子。這三年裡，美國將中國企業不斷列入「黑名單」，其中包括美國商務部發起的實體清單（Entity List）以及所謂的「中國軍工複合體企業」（NS － CMIC List）。到完稿為止，已經有 611 家中國公司被美國列入實體清單。

[043] 總統科技顧問委員會（President's Council of Advisors on Science and Technology，PCAST）。
[044] PCAST 釋出的《確保美國半導體的領先地位》（*Ensuring Long-Term U.S. Leadership in Semiconductors*）。

2019 年 12 月，《瓦聖納協定》進行最新一輪修訂，在「電子產品」類別中，新增對計算光刻軟體和大矽片切磨拋技術的管制。隨後，基於此次修訂，美國工業安全域性對其《出口管制條例》及《商務部控制清單》進行修改，於 2021 年 3 月 29 日正式生效。《瓦聖納協定》還不是美國進行科技長臂管轄、實現對中國科技封鎖的唯一途徑。上述中芯國際無法購買艾司摩爾先進光刻機不僅受其約束，另一個理由是光刻機中有美國的核心裝置和專利技術。

2021 年 5 月，美國拉動歐洲、日本、韓國、臺灣等地區，共 64 家半導體公司組成了半導體聯盟。從規模上看，這是現階段美國拉動起來的最大的半導體圈子。2021 年 6 月，美國參議院表決通過了《美國創新與競爭法案》，法案最引人關注的內容就是授權撥款 520 億美元，支持晶片企業在美國國內開展生產活動。行業報告猜想，這些投資將使美國能夠在未來 10 年內建設 19 個工廠，並讓晶片製造能力翻倍。2022 年 3 月，美國眾議院審議通過《2022 年美國創造製造業機會和技術卓越與經濟實力法案》（又稱《2022 年美國競爭法案》）。該法案在對半導體晶片產業領域的支持和補貼上更進一步，不僅包括如上法案中提及的晶片產業撥款 520 億美元，還包含大量涉華內容。隨著法案的通過，美國半導體產業界開始拉攏韓國、日本以及臺灣一起推動組建新的半導體產業聯盟 -Chip 4 聯盟。聯盟於 2022 年 3 月成立，目的是建立全新的半導體供應鏈，並遏制正在迅速崛起的中國半導體產業。2022 年 8 月，美國總統拜登正式簽署《2022 晶片與科學法案》。該法案整體涉及金額約 2,800 億美元，包括向半導體行業提供約 527 億美元的資金支持，為企業提供價值 240 億美元的投資稅抵免，鼓勵企業在美國研發和製造晶片，並在未來幾年提供約 2,000 億美元的科學研究經費支持等。尤其值得關注的是，該法案限制美國企業支持中國等國家的半導體研發和生產。

此外，2022 年俄烏衝突以來，美國等西方國家急速對俄施加多重制裁，同時，美國商務部於 2022 年 3 月宣稱，若中國企業違反對俄羅斯出售晶片的禁令，美國將切斷它們生產其產品所需的美國裝置和軟體的供應，更明確表示可以「實質上關閉」晶片廠商中芯國際。雖然隨後美國商務部也補充說明，目前並沒有掌握中芯國際在對俄出口晶片上有規避制裁的證據，但也引起了警覺。另外這一次給出了與以往不同的資訊，就是有可能切斷軟體供應。限制新裝置的出口會影響到未來的擴產，而切斷軟體供應就影響到目前的生產和經營了，智慧製造業界的人士都清楚，驅動先進裝置運轉全靠軟體。

2.2
美國白宮科技智囊與半導體軍工組織

2.2.1
政府：近 90 年白宮科技智囊及其盟國科技智囊

總統科技顧問委員會（PCAST）是對美國科技政策產生直接影響，最為核心的科技決策諮詢機構，它與白宮科技政策辦公室（OSTP）和國家科學技術委員會（NSTC）一起，堪稱美國聯邦政府科技決策的「三駕馬車」。這「三駕馬車」當中，總統科技顧問委員會作為聯邦科技決策諮詢的核心，行使諮詢職責，直接向總統彙報工作，提供決策諮詢和政策建議。

美國擁有較為完善的國家科技決策諮詢制度，其產生要追溯到二戰時期。二戰期間，科學技術顯示出巨大威力，對於贏得戰爭發揮了重要作用。也正因為如此，科學技術開始引起美國政府的重視，戰時及戰後初期成為科技政策機制形成的關鍵期。在這期間，美國科學家範內瓦·布希

（Vannevar Bush）[045] 認識到民用技術科學家與軍隊科學研究人員之間缺乏合作和協調，已經成為一個嚴重問題，於是向時任總統羅斯福（Franklin Delano Roosevelt）提出成立一個專門的國防研究委員會的設想。範內瓦．布希按羅斯福的要求，於 1945 年提交了題為《科學：無盡的尖端》（*Science: The Endless Frontier*）的報告，被認為是美國科技發展史上的一個里程碑，是美國科學家為政府提供的首份國家科技政策諮詢報告。

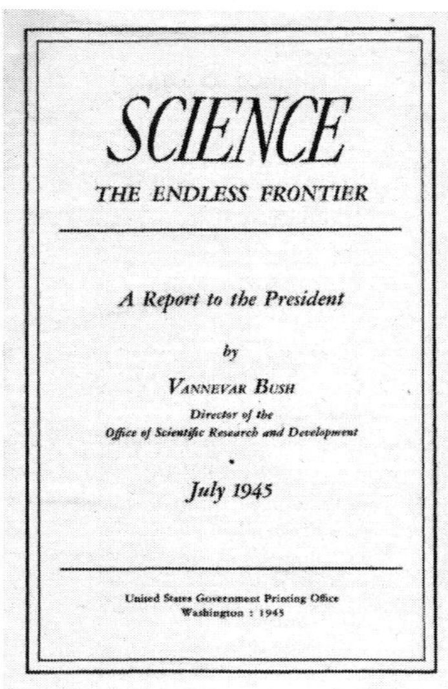
SCIENCE
THE ENDLESS FRONTIER

A Report to the President
by
VANNEVAR BUSH
Director of the
Office of Scientific Research and Development

July 1945

United States Government Printing Office
Washington : 1945

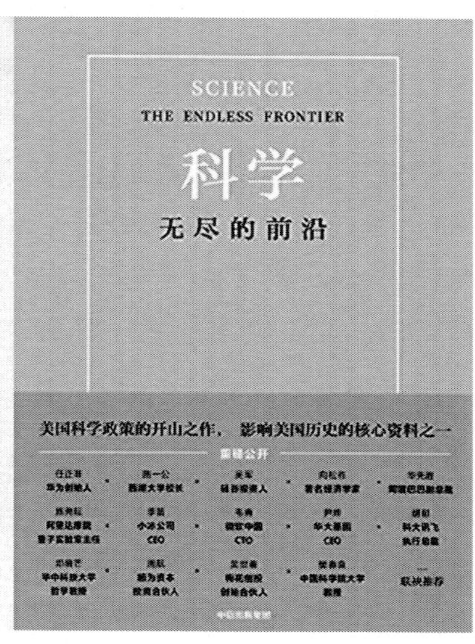

圖 2-1 1945 年美國版的 *Science*：*The Endless Frontier* 與 2021 年出版的中文版《科學：無盡的尖端》

資料來源：Google 搜尋

[045] 範內瓦．布希（Vannevar Bush， 1890-1974），供職於麻省理工學院，是「微分分析機」的發明者。這是一種模擬電腦，當時僅能解微分方程式。當模擬電腦的發展遇到瓶頸，他派了一位年輕人去改進電腦，這個年輕人因此發明了數位電路，其有關數位電路的碩士論文被譽為 20 世紀最重要的碩士論文之一，這個人就是後來提出資訊論的夏農（Claude Shannon）。範內瓦的另一個學生特納，後來擔任了史丹佛大學的教務長，建立了史丹佛工業園，被譽為「矽谷之父」。特納的兩個學生，分別是共同創辦了惠普公司的休利特和帕卡德。範內瓦作為美國偉大的科學家和工程師，是「曼哈頓計畫」的提出者和執行人。他還指導了第一顆原子彈試驗和日本原子彈投射。他又被尊稱為「資訊時代的教父」。正是從那時起，美國科技決策諮詢制度開始逐漸建立和發展起來。

《科學：無盡的尖端》報告於1945年被提交給繼任的杜魯門總統（Harry S. Truman）。這份報告作為美國第一份國家科技政策諮詢報告，對於美國國家科學研究體系的建立造成了重要作用。該報告強調了基礎研究的重要性，建議政府加大投入支持科學研究，協調研究活動，培養科技人才。特別是報告建議由政府出資建立完全由科學家管理的國家研究基金會，這在相當程度上促成了後來國家科學基金會的成立。幾十年來，美國聯邦科技管理部門的設定和調整與聯邦科技顧問機制密切相關。例如，國家航空航天局（NASA）是由先前的國家航空諮詢委員會演變而來；商務部國家標準技術研究院（NIST）下的先進製造國家計畫辦公室是根據總統科技顧問委員會建議設立的。

PCAST是美國對抗中國在科技領域競爭的最高級別智囊之一。現任美國總統拜登（Joe Biden）在交給這個天師團的研究課題中，將中國視為美國在技術和產業領域唯一的、強而有力的競爭對手，需要研究在競爭中如何確保美國絕對的領導地位。拜登政府的PCAST由30名成員組成，包括20名國家科學院、工程院和醫學院的當選成員，4名麥克阿瑟「天才」研究員，2名前內閣祕書和2名諾貝爾獎得主。其成員包括天體物理學、農業、生物化學、電腦工程、生態學、免疫學、奈米技術、神經科學、國家安全、社會科學和網路安全等方面的專家。拜登政府的PCAST擁有兩名女性聯合主席，移民占PCAST成員的三分之一以上。它的多樣性為理事會帶來廣泛的視角，以應對國家最緊迫的機遇和挑戰，從而使科學、技術和工程造福所有美國人。分析PCAST成員的組成，半導體晶片及軟體背景是重中之重。

在現任美國總統拜登的PCAST成員中，與半導體有關的顧問如下：

- AMD總裁兼CEO —— 蘇姿豐（Lisa T. Su）博士
- 輝達首席科學家兼研究高級副總裁 —— William Dally博士

- 曾任美國第 25 任國防部長的物理學家和技術專家 —— Ashton Carter 博士
- 普林斯頓大學工程與應用科學學院院長 —— Andrea Goldsmith 博士

在現任 PCAST 成員中，與軟體和網際網路有關的顧問成員包括：

- 微軟首席科學官 —— Eric Horvitz 博士
- 德克薩斯大學奧斯汀分校電腦科學與綜合生物學教授 —— William Press 博士
- Google Cloud 首席資訊安全官 —— Phil Venables 碩士
- 加州大學柏克萊分校伯克利數據科技研究所所長、勞倫斯柏克萊國家實驗室高級科學家 —— Saul Perlmutter 博士

PCAST 的成員由總統任命，他們無償任職，僅根據政府規定核銷旅行、膳食和住宿費用。PCAST 傳統上由總統的科學顧問和 1 ～ 2 名外部聯合主席共同主持。現任美國總統拜登對 PCAST 的寄語是這樣的：「我們知道，科學是發現而不是虛構。它也是關於希望……而這就是美國。它在這個國家的 DNA 中 [046]。」他交給 PCAST 的課題包括：

- 從流行病中了解什麼是可能的，或者什麼應該是可能的？以解決與公共健康有關的最廣泛的需求。
- 科學和技術方面的突破如何能夠創造出強大的解決方案來應對氣候變化？以推動市場驅動的變革，帶動經濟成長、改善健康、增加就業，包括被遺忘的社群。
- 在與中國的競爭中，美國如何確保其在對經濟繁榮和國家安全至關

[046] 美國總統拜登對 PCAST 寄語的英文原文：They are the ones asking the most American of questions：What next? How can we make the impossible possible? They are asking these questions as a call to action, to inspire, to help us imagine the future and to figure out how to make it real and improve the lives of the American people and people around the world.

重要的未來技術和產業方面處於世界領先地位？

- 如何保證科學技術的成果在全美得到充分共享？
- 如何才能確保美國科學技術的長期健康發展？

2021 年 1 月，PCAST 還提出了一個革命性的多部門合作新正規化 —— 未來產業研究院，這是 PCAST 繼歐巴馬政府時期提出的「先進製造業策略」和國家製造業創新網路 [047] 之後的新傑作，被譽為是美國版的「新型研究機構」。成立未來產業研究院的一個重要原因，是美國在科技發展方面，同樣面臨著來自其內部的行政繁瑣和管理障礙等挑戰，這阻礙和削弱了其科技創新生態系統內各主體（產業界、學術界、非營利組織和政府）有效互動的能力。例如，儘管聯邦實驗室在許多科學發現方面處於領先地位，但他們的任務並不總是推動其研究產生大規模的經濟影響。而在產業界和國家實驗室之間建立夥伴關係，是技術轉讓的一個關鍵手段，但行政手續繁瑣導致技術轉讓的過程漫長，可能會推遲成果的產生，阻礙不同主體之間的合作 [048]。

PCAST 的未來產業研究院用於解決當今時代一些最嚴重的社會問題，並確保未來幾十年裡美國能保持科技領導地位。未來產業研究院推動在兩個或多個未來產業的交叉點開展研發，不僅能推動單個產業的知識進步，還能在多個產業的交叉點發現新的科學研究問題和研究領域。未來產業研究院將美國研發生態系統內的多個學科和所有部門均納入同一個敏捷開發的組織框架中，可以將研發範圍從科學研究擴展到大規模開發新產品和新服務。靈活的智慧財產權條款能激勵所有部門參與，減

[047] 未來產業研究院（Industries of the Future Institutes，IotFI），先進製造業策略（Advance Manufacturing Strategy，AMS），國家製造業創新網路（National Network for Manufacturing Innovation，NNMI，現為 Manufacturing USA）。

[048] 中國科學院創新發展研究中心，馬雙，《未來產業研究院：加強美國科技領導地位的新模式》。

少行政和監管時間，提高研究人員的創造力和生產力，同時還要保持適當的安全性、透明度，保障科學研究誠信和落實問責制。未來產業研究院還可以為以下活動提供試驗場所：組織結構和職能的創新；擴大參與範圍；培養勞動力；科學、技術、工程和數學（STEM[049]）教育等。最終，未來產業研究院的成果將幫助美國保持在科技領域的全球領導地位，改善生活品質，幫助美國確保未來的國家安全和經濟安全。

在「未來五大產業」（AI、量子資訊科學、先進製造業、先進通訊網路和生物技術）中，報告[050]特別關注了量子資訊科學和 AI。報告指出，川普政府已經提出，到 2022 年，聯邦政府每年在量子資訊科學研發方面的支出將增加到 8.6 億美元左右，據猜想，未來 5 年美國工業界將在量子運算方面投入 20 億美元。該報告建議聯邦政府提供 5 億美元，在未來 5 年內，建立「國家量子運算使用者設施」，其功能類似於能源部和國家科學基金會支持的高效能運算設施。新設施將致力於快速啟動量子演算法和應用開發以及量子電腦科學，為美國國家實驗室和大學的科學家提供重要的科學和運算資源，加速美國軟硬體的產業發展。其中包括資助若干研究所，這些研究所將在 15 ～ 20 年的時間內針對關鍵問題進行研究。例如，美國國家科學基金會設立的量子躍遷挑戰研究所和美國國家標準與技術研究所，發起的量子經濟發展聯盟即是與這一目標相一致的兩項活動。為了培養 PCAST 所謂的「量子一代」，發展計畫應該跨越學術界、工業界和國家實驗室，以提供量子資訊科學所需的跨學科技能。

---

[049] STEM 是科學（Science）、技術（Technology）、工程（Engineering）、數學（Mathematics）四門學科英文首字母的縮寫，其中科學在於認識世界、解釋自然界的客觀規律；技術和工程則是在尊重自然規律的基礎上改造世界、實現對自然界的控制和利用、解決社會發展過程中遇到的難題；數學則作為技術與工程學科的基礎工具。由此可見，生活中發生的大多數問題需要應用多種學科的知識來共同解決。

[050] PCAST，2020 年 1 月，*Crecommendations For Strengthening American Leadership In Industries Of The Future*。

圖 2-2 大致描述了幾個研發機構在創新領域的研究重點。說明資金來源的縱軸分為三個部分：純公共（即政府）資金、公共和私人資金組合以及純私人資金。而橫軸表示創新的各個階段，這些階段是該組織的核心任務，由該組織本身（而不是由合作夥伴或第三方）進行。每個組織還有一個圖示，代表其不同部門的合作夥伴的參與性質；這些圖示並不反映合作夥伴角色的所有細微差別，而是要說明「核心合作夥伴」（那些持續管理、開展或監督該組織研發業務的合作夥伴，沒有他們，該組織就不會存在）和「其他合作夥伴」（那些間歇性或僅透過財務或實物捐助為該組織做出貢獻的合作夥伴）代表的部門。未來產業研究院旨在透過擁有來自各部門的核心夥伴和開展跨越整個創新領域的活動而成為獨特的組織。另外，橫軸並不意味著創新是一個線性過程。由於國家實驗室的管理和活動各不相同，無法用一個具體的圖表來反映所有情況。從圖上可知，在 1996 年之前是 SEMATECH[051] 在進行主導，其參與方主要是政府和行業引領，學術界參考；在 1996 年之後，是透過市場驅動，行業作為主要的推動者，由學術界共同參與。而未來將採取由政府、學術界、行業和非營利機構共同驅動的混合模式。

對於 AI，PCAST 的報告稱，未來五年內，美國每年在該領域的工業研發支出將超過 1,000 億美元。相應地，這樣的資金增加將能夠擴大對關鍵問題的研究，如「使 AI 從小數據中學習、開發因果推斷 AI、創造值得信賴的 AI、開發 AI 工程方法、使 AI 應用的規模更大，以及開發後圖形處理時代 AI 硬體的新方法」等。這些資源還應該支持 AI 安全和脆弱性、連線和通訊、數據規劃和治理、隱私和倫理等領域的基礎研究。報告建議美國科學

[051] SEMATECH（Semiconductor Manufacturing Technology），一個美國主導的半導體行業技術聯盟，目前已解散。

基金會在五年內花費 10 億美元，在已經通過的計畫建立的 6 個研究所的基礎上，在每個州至少建立一個 AI 研究所。報告提出，這些研究所應該聯網組成「國家 AI 聯合體」，促進最佳實踐、數據和運算資源的共享。

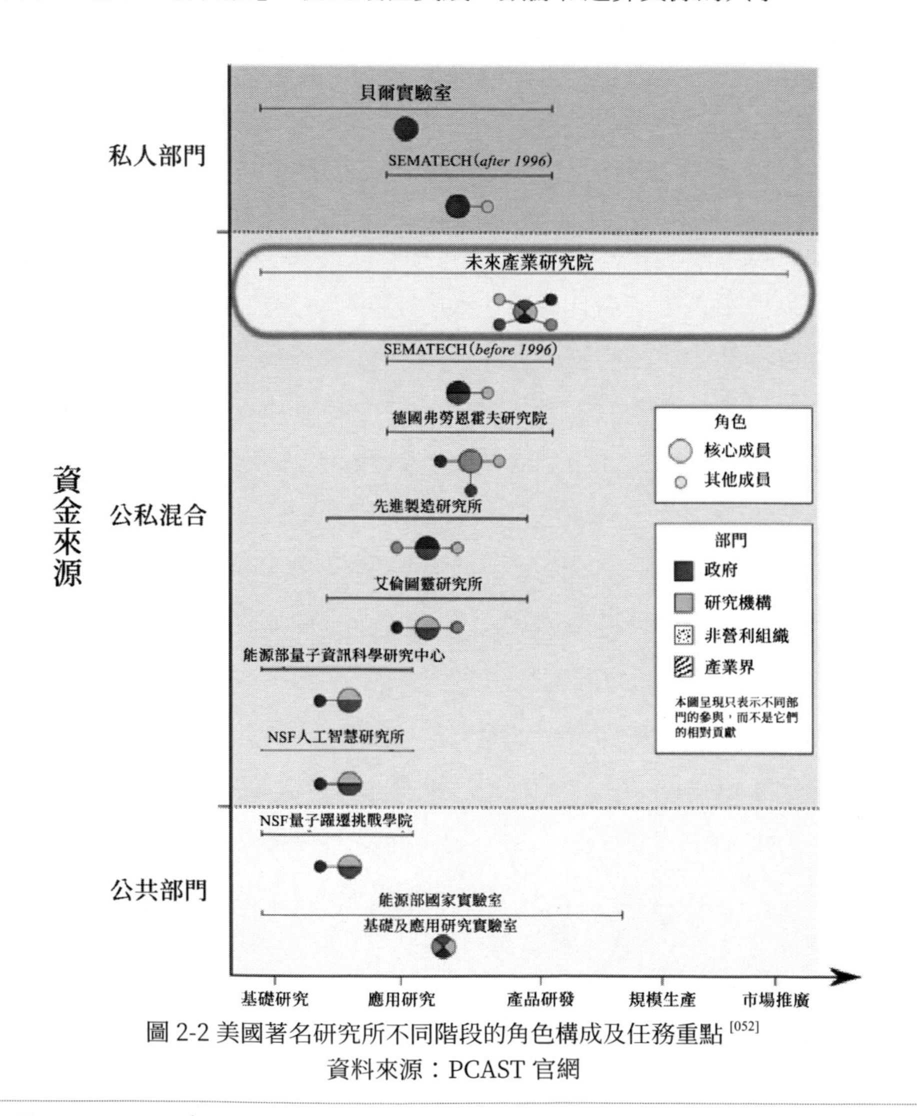

圖 2-2 美國著名研究所不同階段的角色構成及任務重點 [052]

資料來源：PCAST 官網

[052] PCAST，2021 年 1 月，*Industries Of The Future Institutes: A New Model For American Science And Technology Leadership*。

2.2.2
軍工：DAPPA 引領科學研究 66 年

美國國防高級研究計畫局（Defense Advanced Research Projects Agency，DARPA）於 1958 年由時任美國總統艾森豪（Dwight D. Eisenhower）要求成立，而這一年中，美國快捷公司的羅伯特·諾伊斯（Robert Norton Noyce）與美國德州儀器公司的傑克·基爾比（Jack Kilby）間隔數月分別發明了積體電路。DARPA 作為美國國防部屬下的一個行政機構，負責研發用於軍事用途的高新科技，其使命是在防止美國遭受科技突破的同時也針對敵人創造科技突破，被稱為美國「五角大廈之腦」[053]、美軍的「矽谷」，滲透力和影響力甚至在蘭德公司之上。

DARPA 對於 AI 技術應用非常重視。多年來，DARPA 促進了基於規則和基於統計學習的 AI 技術的進步和應用，並繼續引領 AI 研究的創新，資助了從基礎研究到先進技術開發的廣泛的研發專案組合。DARPA 認為，透過生成的上下文和解釋模型獲取新知識的能力，將在「第三波」AI 技術的開發和應用中實現。

DARPA 的工作人員多為各學科的一流專家、學者。機構採用精幹的管理方式，管理層精練，分為局長、業務處長和專案主任三層。擁有六個辦公室，分別致力於生物技術、國防科學、資訊創新、微系統技術、策略技術和戰術技術，如圖 2-3 所示。DARPA 透過從事其他部門不願意觸碰的高難度、跨軍種、與國家安全關係重大的專案，最終確立了業務定位與自身地位。DARPA 打破自身的利益屏障，不斷改善與軍隊、工業界、科學界之間關係，適時改進管理，造就了 DARPA 打破各種束

[053] 參見中信出版社 2017 年出版的山安妮·雅各布森撰寫的《五角大廈之腦：DARPA 不為人知的祕密》一書。

縛之牆的能力，包括利益之牆、學科之牆、學派之牆、選才之牆、成敗之牆。

圖 2-3 DARPA 的辦公室設定
資料來源：DARPA 官網

DARPA 大部分辦公室的職能都與半導體和軟體系統相關。例如，微系統技術辦公室（MTO）的核心任務是開發高效能智慧微系統和下一代元件，以確保美國在指揮、控制、通訊、運算、情報、監視和偵察等電子戰領域的主導地位和定向能量。這些系統的有效性、生存能力和殺傷力在相當程度上取決於內部包含的微系統。策略技術辦公室（STO）專注於使戰鬥成為一個網路以提高軍事效率和適應性。資訊創新辦公室（I2O）探索資訊科學和軟體領域改變遊戲規則的技術，以應對國家安全格局的快速變化。衝突可能發生在陸地、海洋、空中和太空等傳統領域，也可能發生在網路和其他類型的非常規領域。I2O 的研究組合專注於預測這些新興領域的新戰爭模式，開發必要的概念和工具，為美國及其盟國提供決定性優勢。

事實上，半導體材料的進步、大規模整合和精密製造，也都是在 DARPA 的支持和推動下得以實現的。全球定位系統、滑鼠和電腦圖形使用者介面等許多基本運算元件以及網際網路事物也都起源於 DARPA 專案。值得注意的是，DARPA 的任務是研究高新科技，是「預先性」的，可直譯為「國防預研局」，所以它的工作是面向未來的、前瞻性的。它的這種前瞻性與未來感是來自過去幾十年不斷探索和闖出來特定道路。目前全世界有很多機構希望效仿它，卻也認為DARPA是無法複製的傳奇。

2017年6月，DARPA推出了電子復興計畫[054]，計畫宣布未來五年投入超過20億美元，以下一代電子革命為目標，聯合工業界、商業界、大學研究機構、國家實驗室和其他創新孵化器開展一系列的前瞻性合作專案，是美國在電子領域花重金打造的又一具有國家策略的科學研究計畫。根據說明，該計畫將專注於開發用於電子裝置的新材料、開發將電子裝置整合到複雜電路中的新體系結構，以及進行軟硬體設計上的創新。在計畫的六大合作專案中，第四項是軟體定義硬體（Software Defined Hardware，SDH），該專案的背景是在現代戰爭中，決策是由所獲取的數據資訊來驅動的，例如由成千上萬個感測器提供的情報、監視和偵察數據、後勤物流 / 供應鏈數據和人員績效評估指標數據等，而對這些數據的有效利用依賴於可進行大規模運算的有效演算法，如圖2-4所示。專案的目標是建構可重構軟硬體設計和製造的輔助決策基礎。這些可重構軟硬體需要具備執行數據密集型演算法的能力（具備該能力是實現未來機器學習和自治的基礎）和與目前專用積體電路相當的效能。目前DARPA開發的異質電子系統的系統技術整合工具鏈（STITCHES）是支撐美國未來全域指揮和控制作戰的純軟體工具鏈，它透過AI自動程式設計建構網路，在相差數十年的來自海、陸、空、太空及網路空間的所有軍事裝置及系統之間建立通訊，在不需要建立統一的數據標準和介面的情況下，就能夠實現低時延和高通量的數據共享與傳輸，從而幫助戰爭指揮官在第一時間根據最精準的數據分析做出正確的決策。

[054] 電子復興計畫（Electronics Resurgence Initiative， ERI）。

圖 2-4 2019 年 3 月，DARPA 的軟體工程師在某基地進行配對程式設計
資料來源：FEDSCOOP

2018 年 1 月，DARPA 宣布啟動「聯合大學微電子學專案」（JUMP），以加快龐大而複雜的微電子領域前端技術的發展，解決微電子技術中的新興和現有挑戰。該專案預計為期 5 年，資助金額約 2 億美元，其中 DARPA 承擔約 40%的費用，其餘 60%由以半導體研究公司（SRC）為首的聯盟的合作夥伴共同承擔，這些合作夥伴包括 IBM、英特爾、洛克希德．馬丁等公司。JUMP 專案是 DARPA 電子復興計畫的一部分，其任務是推動新一輪基礎研究，為國防部和國家安全提供 2025-2030 年所需的顛覆性微電子技術。該合作共設立 6 個研究中心，其中 4 個以「縱向」應用為主，位居 4 個應用之首的是腦啟發運算，以實現自主智慧中心（C-BRIC）。這是由美國普渡大學 Kaushik Roy 領導的希望在認知運算領域取得重大進展的專案，目標是研製新一代自主智慧系統，具體任務是探索神經啟發演算法、理論、硬體結構和應用驅動，為未來的 AI 硬體奠定基礎。

2018 年 9 月，DARPA 宣布了一項多年投資超過 20 億美元的專案，稱為 AI Next。該專案包括國防部關鍵業務流程的自動化，例如：安全許可審查或認證軟體系統以進行操作部署；提高 AI 系統的穩健性和可靠性；增強機器學習和 AI 技術的安全性和彈性；降低功耗、數據和效能低效；開創下一代 AI 演算法和應用（如「可解釋性」和常識推理）。AI Next 建立在 DARPA 五個十年的 AI 技術創造基礎之上，能夠為電子復興的所有專案提供應用支援，其展示的 AI 模擬演算法的功效是最先進的數位處理器的 1,000 倍。DARPA 設想，機器不僅僅是執行人類程式設計規則或從人類策劃的數據集中進行概括的工具，相反，DARPA 的機器更像是同事而不是工具。為此，DARPA 在人機共生方面設定了與機器合作的目標。以這種方式啟用運算系統至關重要，因為感測器、資訊和通訊系統將以人類可以辨識、理解和行動的速度生成數據。將這些技術納入與作戰人員合作的軍事系統，將有助於在複雜、時間緊迫的戰場環境中做出更好的決策；能夠基於大量的、不完整和相互矛盾的資訊達成共識；賦予無人系統以安全和高度自治執行關鍵任務的能力。DARPA 正在將投資重點放在第三波 AI 上。

2018 年 11 月，DARPA 公布了電子復興計畫第二階段的內容。計畫第一階段關注新型電路材料、新體系架構和軟硬體設計創新，下一階段則側重於國防企業的技術需求和能力與電子行業的商業和製造現實的結合。計畫第二階段致力於解決三個關鍵問題：支持國內製造業針對差異化需求開發相應能力；投資晶片安全研發；在電子復興計畫專案之間建立新連繫，並在國防應用中展示最終的技術。

2019 年 11 月，DARPA 透過「超維資料驅動的神經網路」（HyDD-ENN）計畫尋求新的資料驅動神經網路架構，以打破對基於乘累積加（MAC）的大型深度神經網路（Deep Neural Networks，DNN）的依賴。HyDDENN 將在高效、非 MAC、數位運算基元的基礎上，探索和開發具有淺層神經網路（Neural Networks，NN）架構的創新數據表示，為國防部邊緣系統實現高精度和高能效的 AI。在此之前，傳統的 DDN 正在變得更廣泛和更深入，其複雜性從數百萬個引數增加到數億個引數。在

DNN 中執行訓練和推理功能的基本運算原理是 MAC 操作。隨著 DNN 引數數量的增加，面向服務的體系架構（Service Oriented Architecture，SOA）網路需要數百億次 MAC 操作才能進行一次推理。這意味著 DNN 的準確性從根本上受到可用 MAC 資源的限制，這種運算正規化無法滿足許多國防部應用程式，國防部應用程式需要極低時延、高精度的 AI，無論是尺寸、重量和功耗都需要嚴格限制。藉助 HyDDENN 則有望擺脫對基於 MAC 的大型 DDN 的依賴，其目的是將引數至少減少為之前的十分之一，同時與類似的基於 MAC 的 DNN 解決方案相比保持準確性。藉助高效的數位運算硬體，與 SOA 的 DNN 方法相比，設計並演示超維運算架構，其準確度和效率比現有技術水準高 100 倍。

2020 年 8 月，ARM 在其官方網站宣布，已與 DARPA 簽訂了為期三年的合作協定。根據合作關係，ARM 公司的所有商業晶片設計架構和智慧財產權都可用於 DARPA 專案，同時協助美國減少對於海外製造半導體產品的依賴。這份協定也是電子復興計畫的一部分。雙方基於近零功率射頻（N-Zero）專門研發軍用感測器，這種感測器能夠在低功耗狀態下檢測光線、聲音和運動並長期保持休眠狀態。

2021 年，DARPA 啟動了自動實現應用程式的結構化陣列硬體（SAHARA）計畫，以擴大在美國國內訂製國防系統所需要的半導體的製造能力。英特爾、佛羅里達大學、馬里蘭大學和德克薩斯農工大學的研究人員一起加入了這一計畫。目前美國軍方嚴重依賴 FPGA，但是結構化 ASIC 可以提供更低的功耗和更高的效能。但是，目前將 FPGA 手動轉換為結構化 ASIC 的過程非常費力且昂貴，出於安全考慮，美國國防部認為這種轉換必須在美國完成。DARPA 的目標就是將一手轉換過程自動化。英特爾將擴大其國內晶片製造能力，在其 10 奈米工藝上開發結構化

ASIC。專案有望透過自動執行 FPGA 到結構化 ASIC 的轉換，將設計時間減少 60%，工程成本減少為之前的 10%，功耗減少 50%，最終為國防部節省大量成本和資源，同時使領先的微電子產品可以在眾多應用中使用。SAHARA 開發的結構化 ASIC 平臺和方法，以及在 SHIP 開發的先進封裝技術，將使美國國防部更快、更經濟地開發和部署對國防部現代化至關重要的先進微電子系統。

一系列在科幻或現代戰爭中出現的場景，似乎都可以在 DARPA 的研究中找到原型：可以改變方向的自導子彈、高能雷射武器、機器人馱畜（圖 2-5）、類似變形金剛的飛行卡車、可以恢復記憶的人腦植入裝置、價格只有目前基於體熱感測光學裝置的十分之一的高解析度夜視攝影機、可以幫助士兵實現垂直攀爬的蜘蛛人套件 Z-Man、人體負重行走動力支援系統 Warrior Web、比 Google 更好的支援實時通話的翻譯系統、5 倍聲速的導彈、無人反潛船與無人潛艇、從海底發射的無人機等等。而這一切的實現需要電子復興，更需要軟體支撐。

圖 2-5 LS3 是一種半自主四足機器人，在戰場上充當負重的馱畜
資料來源：INSIDER

2.3 憑使命改宿命、靠替代對制裁

2.3.1 中國科技諮詢委員會智囊團呼之欲出

近年來，美國主導的晶片事件不斷警醒，國家必須擁有自己的晶片及關鍵環節自主可控的產業鏈體系。

中國也非常重視科技創新決策諮詢制度的建設。相對於美國的 PCAST 提出的未來研究機構，中國近年也籌備並成立了中國科技決策諮詢委員會。多年以來，科學界對此展開廣泛而深入的討論，認為其必要性在於可以改變現行的專家諮詢系統服從和依附行政管理部門的機制，建立全域性性的、直接對中國決策層負責的專家諮詢系統。科技諮詢系統、政府科技管理部門與財政資助部門相互協調支援、相互制約的決策支援體系，可以在重大科學技術問題和方向的選擇、確立和布局等方面發揮實質作用。設立一個權威的機構，擺脫各部門狹隘的視野和利益，從中國社會發展需求和世界科技發展趨勢出發，提出中國科技發展的總體策略、方向、框架和優先發展領域。

中國科技決策諮詢委員會的設立，不僅在最高決策層面建立了新的科技諮詢制度、組織和機制，也會對現有科技決策諮詢機構和組織產生影響和改變。從方案確立到實施並發揮應有的作用，還需經歷一個過程，在實踐中探索和調整。根據國際發展經驗，中國科技決策諮詢委員會需要明確其地位、使命和組織設定，直接為中國最高決策層服務，而不是透過科技管理部門。委員會的成員應該由獨立的科技專家和管理專家組成，建立科技諮詢委員會的支撐機制。

2.3.2 政、經、金、產四位一體推動積體電路行業發展

在半導體積體電路發展上，需要透過政策引導與扶持、區域經濟發展布局、國家資本引領民間資本共同進入、完善產業鏈形成四位一體的合力來推動。如圖 2-6 所示，IBS 預計到 2030 年，中國的半導體消費市場將達到 5,385 億美元，而當時中國的半導體公司將占近 40%的比例，這要比 2022 年僅 20%的比例成長近一倍。

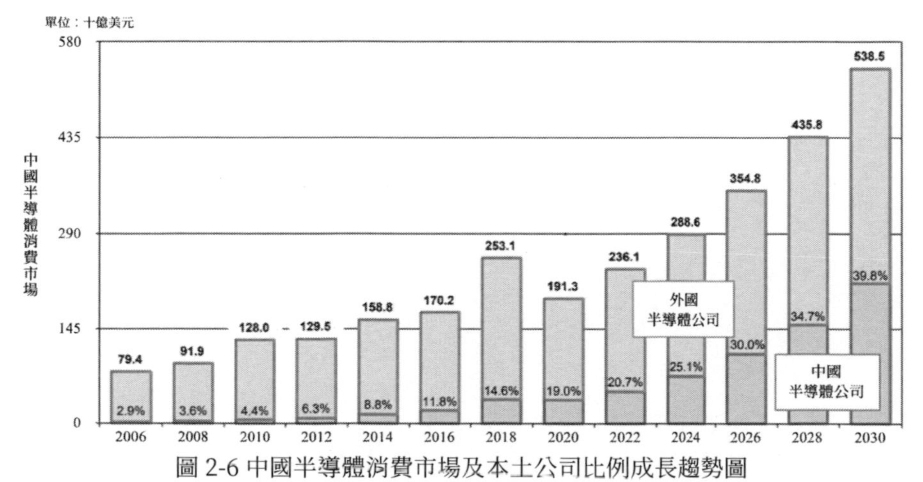

圖 2-6 中國半導體消費市場及本土公司比例成長趨勢圖

資料來源：International Business Strategies

從國家宏觀政策指導來看，2021年也有專家專題討論了面向後摩爾時代的積體電路潛在顛覆性技術。顛覆性技術包括新材料、新架構、先進封裝與特色工藝。就摩爾定律所描述的製造節點而言，從28奈米推進到20奈米節點，單個電晶體成本不降反升，效能提升也逐漸趨緩，這代表著後摩爾時代來臨。為此需要尋找新的技術去支撐晶片繼續前進，這意味著摩爾定律形成的多年先發優勢或不再受用，後發者若能提前辨識並作出前瞻性布局，完全存在賽道超車的可能性。而超越摩爾定律相關技術發展有兩個基本點：一是發展不依賴於特徵尺寸不斷微縮的特色工藝，以此擴展積體電路晶片功能；二是將不同功能的晶片和元裝置組裝在一起封裝，實現異構整合。

從行業研究和發展來看，北卡羅來納大學根據數據庫的研究顯示，制裁最多只能在三分之一到二分之一的機率內迫使對方讓步。瘋狂制裁與自主替代似乎呈現出密切的正相關。據媒體統計分析，從近十年的晶片自給率的數據可以看出，中國產晶片的自給率是呈上升趨勢的，從2010年的13.5%一直上升到2020年的39%。中國自主發展的技術與半導體生態如圖2-7所示。

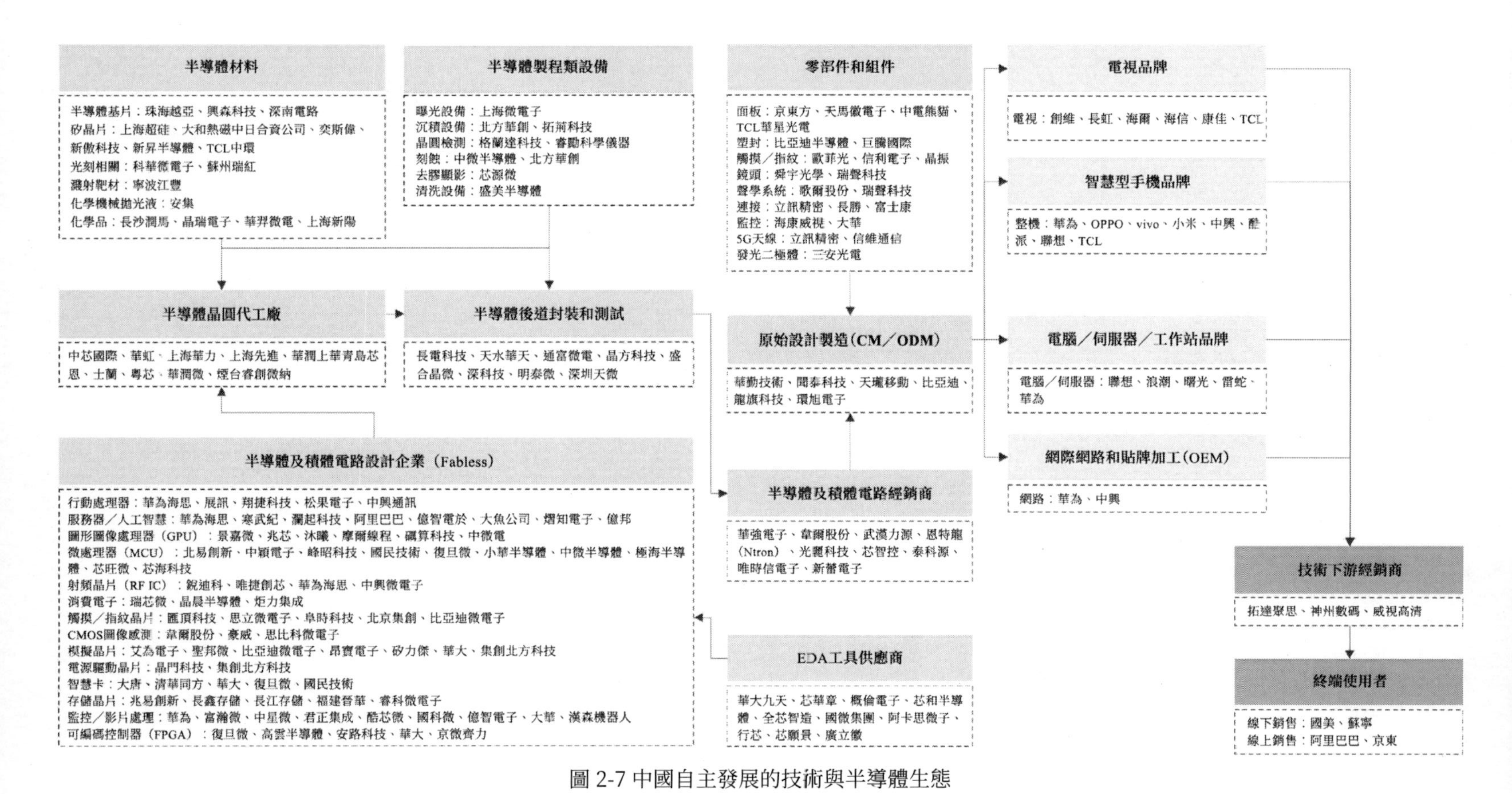

圖 2-7 中國自主發展的技術與半導體生態

資料來源：亞太芯谷科技研究院分析整理，2022 年 12 月

說明：參考瑞信證券分析示意圖，主要是半導體及積體電路產業各個環節中國企業的示意，其中各環節企業尚未全列

從產業鏈的發展策略來看，28 奈米節點已經出現產能過剩，而 10 奈米以下節點是台積電、英特爾、三星等大廠的領地，介於兩者之間的 14 奈米將成為中高階電子產品的主流生產節點。而中國半導體產業的目標應該是生態建設，當前的重點是在沒有外國裝置的情況下自主製造 55 奈米節點。如果不打好基礎，整個行業一頭栽進 7 奈米節點和高階 EUV 機器是不現實的。簡而言之，它需要一個全球供應鏈。這一觀點反映了業界逐漸意識到先進製造節點需要跨部門合作和漫長開發週期來規避已經掌握在外國手中的專有技術 —— 這是阻礙中國晶片自主的關鍵因素。歸根究柢，單純的資本是無法取得突破的，也需要人才和時間。

從行業組織的發展來看，是否可以在目前已有行業組織發展的基礎上，成立面向「半導體智造軟體」領域的專業子集，值得探討。如果有這樣的新賽道誕生，將有助於：

- 集中目標解決產業發展中的關鍵智慧軟體技術問題。將重點放在製造工藝和以 AI 為代表的新資訊技術的融合發展上，圍繞此重點再開展聯合研究。
- 堅持企業做主角唱主調。研究聯合體的管理完全由來自企業的技術專家和管理人員負責，政府從資金面、政策面給予一定支持，並發揮行政組織協調作用。其好處是將研究聯合體一直置身於市場壓力之下，研究目標與發揮市場競爭優勢不脫節。
- 集中研究減少重複投資的浪費。除了專利技術外，研究內容集中在各個成員公司共同面臨的技術問題上，而如何應用這些技術去開發具體的產品則是各個成員公司自己的事情。透過合作研究，各個公司可以取長補短，也避免了重複研究和重複投資的浪費。

- 研究聯合體可以加強相關行業之間的相互了解和彼此合作。透過製造企業與智造軟體企業的密切合作，提高這兩個相關產業的產品品質和技術水準。

2.3.3 中國行業大廠的跨界重塑

隨著中國半導體製造業的壓力愈來愈大，特別是中國電信和晶片設計大廠華為公司，在遭遇了歷年美國的制裁之後，近年採取了眾多積極的措施意圖建立自己的晶片製造能力。幾家不願透露個人姓名的台積電供應商曾透露，華為曾與他們接觸希望協助其建立晶圓代工廠。資訊顯示，這些台積電供應商包括光罩廠商和供應商古登精密工業公司、潔淨室和其他代工裝置綜合解決方案供應商 Marketech International，以及另一家參與代工建設的系統整合商 United Integrated Service。據業內人士猜想，該專案的初始投資將達到數十億美元。此外，華為精密製造有限公司的成立，驗證了華為希望在晶片產業擴大自給能力的部署。華為精密製造有限公司註冊資本為 9,400 萬美元，將生產光通訊、光電子和分立半導體產品的核心部件和模組。據一位華為內部人士稱，新成立的子公司能夠進行一定規模的批次生產和有限的試生產。但在現階段，華為精密製造有限公司的重點是滿足華為自己的系統整合需求，新子公司的半導體業務致力於分立裝置的測試和封裝，並沒有系統級晶片產品的製造板塊。華為精密製造有限公司未來會走什麼樣的道路還有待觀察，如果華為最終發展了自己的晶片製造能力，結合其晶片設計能力和多樣化的產品組合，這將使該公司成為潛在的強大的整合裝置廠商（IDM）。

事實上，華為已經邁出了垂直整合的步伐。自 2019 年以來，美國對中國半導體產業的制裁浪潮中，中芯國際和華為的晶片設計子公司海思，這一作為中國領先的半導體冠軍受到了嚴重打壓。制裁也促使中國認識到上游半導體裝置和材料的策略重要性。因此，人們猜測華為正在開發自己的光刻機。華為成立於 2019 年的投資工具 —— 哈勃科技投資，於 2021 年入股北京雷射光電（RSLaser），成為其第七大股東。RSLaser 開發了中國首個高能準分子雷射技術，並聲稱是世界上第三家行業公司。公司於 2016 年由中科院微電子研究所與經常與中國積體電路政策基金合作的國家投資機構北京亦莊資本共同創立。RSLaser 的成立是為了將中國國家氟化氬（ArF）雷射器的研究成果商業化，該雷射器在 193 奈米波長的深紫外線（DUV）中工作，並已廣泛用於浸沒式光刻機。ArF 雷射器的突破，使中國的晶片產業能夠移動到 28 奈米製造節點以下。2018 年，RSLaser 首次出貨，也成為上海微電子裝置有限公司（SMEE）的供應商。而 SMEE 是中國著名的光刻裝置廠商，但它只生產 90 奈米的光刻機。不過，SMEE 已宣布將在近期交付中國第一臺 28 奈米光刻機。從技術上講，DUV 機器可以啟用 7 奈米工藝節點，就像台積電透過多重圖案實現的那樣。

入局先進晶圓代工或晶圓製造裝置注定是一個基於全球產業鏈的長期艱苦過程。市場需求是另一個潛在的障礙：即使成功製造了自己的晶片裝置，有限的市場需求可能無法與投入到研發中的鉅額投資相提並論。例如，ASML 在 2020 年僅出貨了 31 臺極紫外線（EUV）機器，與 2019 年相比增加了 5 臺；再以 SMEE 為例，儘管其光刻機研發已有 20 年，但其目前的 90 奈米裝置仍比 ASML 的產品落後十年。晶片企業一般需要持續、大量的研發投入，營利能力和部分財務指標會弱於普通企業，建議放鬆對晶片企業的部分財務指標要求，對細分領域龍頭企業開闢專門上市通道，拓寬企業融資管道。晶片產業技術壁壘極高，技術迭代快，導致其研發週期極長，從開始研究到實現銷售可能要經歷數年甚至數十年，研發投入巨大，可能會拖累企業的經營。建議政府制定政策，加大對晶片產業的支持力度，特別是研發方面的補貼以及抵稅政策。

根據 PitchBook 數據，截至 2021 年年底，華為旗下的哈勃投資的註冊資本從最初的 7 億元增至 30 億元。成立近三年期間，哈勃投資積極出手，聚焦於硬科技，以半導體為主，涵蓋了半導體材料、射頻晶片、顯示器、模擬晶片、EDA、測試、CIS 影像感測器、雷射雷達、光刻機、第三代半導體、AI 等多個細分領域，以此來完善自己的供應鏈。據公開數據顯示，截至成書，哈勃投資一共投資了 65 家企業，如表 2-5 所示。而中芯國際於 2021 年實現營收 356.3 億元，同比成長 30%，全年盈利 107.33 億元，同比增加 148%，研發成本支出為 1.721 億美元，比去年同期減少了 11.5%。

表 2-5 華為哈勃投資 65 家企業名單 [055]

編號	被投公司名	核心業務簡介（準確介紹請參見官網）
1	恆星智能	智慧座艙系統開發、視覺辨識等
2	特思迪	半導體生產設備、精磨機等
3	開鴻數位	物聯網操作系統
4	天津瑞發科	高速模擬電路技術及創新 I/0 架構的晶片設計

[055] 除了本表格統計的正在融資中的企業之外，另外還有 6 家已經成功首次公開募股（截至 2022 年 2 月 14 日），它們分別為天嶽先進（碳化矽第一股）、東微半導體、思瑞浦、燦勤科技、東芯股份、炬光科技。

5	山口精工	研發、製造特微型軸承
6	先普氣體	研發生產各類終端氣體純化器與寬廣流量範圍的氣體純化設備
7	中藍電子	生產行動設備攝影鏡頭用超小型自動變焦馬達和手機鏡頭
8	晶拓半導體	研發半導體、LED 和平極顯示領域的臭氧系統解決方案
9	費勉儀器	高階精密儀器
10	賽美特	提供軟／硬體、設備自動化及系統集合解決方案
11	永動科技	AI 健身運動
12	傑馮測試	測試探針產品等高性能測試接觸解決方案
13	賽目科技	智慧聯網汽車測試與評價研究
14	知存科技	存算一體 AI 晶片以及智慧終端系統
15	德智新材料	研發、生產碳化矽奈米鏡面塗層及陶瓷基複合材料
16	竹雲科技	身分管理、訪問控制和雲端應用安全領域的資訊安全服務
17	勵頤拓	開發工業模擬軟體
18	深迪半導體	MEMS 陀螺儀晶片
19	博康資訊	光刻膠
20	聚芯微電子	模擬與混合訊號晶片設計
21	歐銖德	OLED 顯示驅動晶片研發
22	天仁微納	奈米壓印整體解決方案
23	海創光電	精密光學組建及方案
24	美芯晟	模擬電源晶片設計、LED 照明驅動 IC
25	天域半導體	SIC 第三代半導體外延片
26	阿卡思微	EDA 開發
27	強一半導體	垂直探針卡研究開發

28	科益虹源	高能準分子雷射器
29	上揚軟件	半導體、光伏和 LED 等高科技製造業提供軟體解決方案
30	雲英谷	顯示驅動 IC、電腦主機板研發商
31	晟芯網路	工業網路通訊以及物聯網邊緣運算等應用晶片 IP Core 設計、ASIC 流片及推廣
32	重慶鑫景	平板顯示觸控玻璃、直升機風擋特種材料
33	物奇微電子	AIoT 整合晶片方案
34	雲道智造	開發工業網路平臺，致力於模擬技術大眾化和模擬軟體國產化
35	唯捷創芯	射頻前端及高綻模擬晶片的研發設計
36	立芯軟體	EDA 開發
37	穎力土木	軟體技術推廣服務；建築工程、土木工程技術服務等
38	本諾電子	專業提供電子級黏合劑產品和解決方案
39	飛譜電子	EDA 開發
40	錦藝新材	高階無機非金屬粉體材料的進口替代及首創開發
41	粒界科技	電腦圖形學和視覺技術開發
42	九同方微	EDA 開發
43	鑫耀半導體	紳化鉉及磷化銦襯底材料
44	瀚天天成	碳化矽外延晶片
45	全芯微電子	半導體晶片生產設備、測試設備、機械配件及耗材的研發、製造
46	昂瑞微	射頻器件
47	源傑半導體	半導體晶片研發、設計和生產
48	芯視界	基於單光子探測的一維和三維 ToF 感測晶片
49	中科飛測	檢測和測量兩大類積體電路專用設備的研發生產
50	開源共識	開源軟體

51	思爾芯	EDA 解決方案
52	思特威	CMOS 圖像感測器晶片
53	富烯科技	石墨烯高導熱／強電子屏蔽材料研發
54	縱慧芯光	開發和銷售高功率和高透 VCSEL 和模塊解決方案
55	新港海岸	中高階企業級通訊晶片和顯示晶片設計
56	慶虹電子	生產各類儀用接插件、精沖模、精密型腔模、模具標準件及五金等
57	好達電子	生產聲表面波器件
58	鯤游光電	晶固級光晶片的研發與應用
59	裕太微	車載通訊晶片、有線通訊晶片
60	天科合達	SIC 晶片研發設計
61	深思考	類腦 AI 與深度學習
62	傑華特微	研發功率管理晶片
63	竹間智能	自然語言理解、語音辨識、電腦視覺、多模態情感運算等技術研發
64	銳石創芯	研發及銷售 4/5G 射頻前端晶片和 Wi-Fi RA
65	翌升光電	光通訊設備 OEM

資料來源：芯榜媒體整理

後制裁時代，摩爾定律依然被認為有至少 15 年的持續時間，中國晶片發展的策略基本鎖定在根據國情，藉助體制優勢，由市場引領、產業驅動，加速晶片產業垂直領域的創新，強化領域間的高度協同。

第 3 章

積體電路與新資訊技術交叉融合的智造機遇

3.1 智造工業軟體生逢其時

3.1.1 製造強國必強於工業軟體

數位化給全球製造業帶來新的機遇與挑戰。德國、美國和中國相繼提出了「工業 4.0」、「工業網際網路」和「中國製造 2025」等先進製造策略，其共同目標是實現智慧製造。AI 是新資訊技術的典型代表，資訊技術和製造融合的「智造」（Intelligent Manufacturing，IM），自 1980 年代以來一直被研究者使用。隨著 AI 逐漸更新到 2.0，物聯網、雲端運算、大數據、資訊物理系統（CPS）和數位對映（DT）等智慧技術逐漸在新一代智慧製造中占據愈來愈中心的位置。製造業正從基於知識轉向基於知識和數據的雙輪驅動，以不斷累積的數據智慧加上專家系統模式進行製造。21 世紀的智慧基於大數據的產生和使用，具有使用先進資訊和通訊技術以及先進數據分析的特點，整個產品生命週期中的數據實時傳輸和分析，以及基於模型的模擬和最佳化來創造智慧，可以對製造業的各個方面產生積極影響。資訊物理系統的融合是智慧製造的重要前提，作為首選手段，數位對映得到了學術界、工業界和政府的高度重視。

數位對映是一項綜合性的新資訊技術，美國的F-35戰機[056]就是數位對映技術應用最為典型的例子。F-35 戰機使用了普惠[057]公司的 F135 引擎，勞斯萊斯公司亦參與了引擎設計。F-35 戰機整體上由 1,600 家供應商製造的 20 萬個零件組成，是 ASML 最新 EUV 光刻機零部件數量的 2 倍之多，它擁有 3,500 個積體電路和 200 種不同的晶片，在第四次更新（Block 4）專案中的一項重大改進是配置了新型 CPU，其資訊接收／處理能力是此前的 25 倍，電子戰能力得到大幅提高。F-35 的操作和控制軟體系統擁有超過 2,000 萬行的軟體程式碼，因此，設計人員面臨橫跨多個領域（機械、電子、熱力等）的系統級的複雜硬體／軟體互動。

如圖 3-1 所示，作為美國廣泛的工業轉型的一部分，F-35 戰機專案從一開始就建立在數位主線的生產方法和基礎上，其中一個重要軟體是通用工具組數據管理器（Common Analysis Toolset Data Manager，CATDM）。CATDM 是製作飛機結構的數位對映的工具，它將物理資產的所有已知數據視覺化為一個數位的一站式服務平臺。精準的數位複製品包括了所有部隊管理需要的內容：材料資訊、測試數據、配置等。透過 CATDM，F-35 的數位對映得以用連續的、圖形化的方式在雲端託管起來。

圖 3-1 F-35 戰機在 CATDM 中的數位對映
資料來源：F-35 官網

[056] F-35 戰機是由洛克希德·馬丁公司設計及生產的單座單引擎多用途隱身戰機，屬於第五代戰機。
[057] 普萊特和惠特尼（Pratt & Whitney），簡稱普惠，是美國一家飛行器引擎製造商。

F-35 戰機漫長的研發、試飛、改進、更新週期，是一個基於大數據的智造過程。根據軍方客戶的要求，CATDM 可以以更快、更便捷和更經濟的方式向他們展示 F-35 完整的結構性數據，還為營運決策者提供了更高效和訂製的終端使用者體驗。該工具彙編了 F-35 的配置數據、分析及其結果，以及不同來源的每個部件尾號級水準的歷史檔案（包括型號版本的有效性、控制點位置、應力分析、現有損壞和維修的照片、檢查細節等）。然後，CATDM 使用增強的飛機結構的 3D 視覺化，以圖形的方式展示結構分析數據，這時使用者懸停並點選飛機的各個部分，就可以立即檢視所需的數據和分析結果。F-35 作戰決策者透過訪問 CATDM 的訂製版本，可以向軍方客戶回饋面向特定結構配置和作戰用途的訂製化管理解決方案。有了一個全面的、電子的、最新的、可按尾號和零件號搜尋的資料來源，就可以大量減少對產品支援問題進行研究的時間，並可以最佳化和訂製部隊的管理策略。CATDM 還能根據軍方要求，以更經濟的方式向客戶交付結構分析數據，這不僅適用於最初的數據產品交付，還有所有後續經常性的更新需求。這樣一來，系統就能完整且準確無誤地記錄所有數據類產品的交付和驗證，包括部隊結構維護計畫、單個飛機跟蹤報告。與之前的數據產品的資訊化管理方式相比，基於數位對映的新生產方式使對應的成本降低了 75%，這些增強效能降低了製造風險與成本，達到最佳性價比。

資訊物理系統與數位對映都強調在虛擬空間與物理世界對應的建模或映像，而實現虛擬世界的建構需要基於龐大的工業軟體。毫無疑問，工業軟體是工業品的結晶，是長期累積的工業知識（工業製造方法及流程等）和訣竅的結晶。透過多年的數據累積及技術發展，工業軟體在功能實現層面運算的準確性、正確性、相容性和安全性都在提升，模型和數據管理的可恢復性、容錯性和成熟性也在快速進步。產品的複雜度和環境的複雜度增加，市場對工業軟體運算能力的要求在提升，人們對產品圖形介面的要求也在提升，從 2D 到 3D、從靜態到動態、從歷史數據到實時數據處理，伴隨著工業軟體的發展，有望在數位世界中還原了一個完整的物理世界。

美國從 1995 年開始加速數位化建模和模擬策略。2005 年小布希總統在報告中提到運算科技（一項歸屬於數位類而非電腦類的專業），2010 年發展高效能運算進行數位建模和模擬，以及 2018 年的先進製造業夥伴計畫，都是圍繞著工具的模組化和開放式平臺展開。尤其在 2014 年美國總統科技顧問委員會（President's Council of Advisors，PCAST）確定的 11 個領域中，視覺化、資訊化和數位製造是三大領域，這些都是圍繞著數位化建模和模擬。模擬軟體很早就進入了中低端製造市場，如 Solidworks、Autodesk、AutoCAD 等 2D 模擬電腦輔助設計（Computer Aided Design，CAD）和電腦輔助功能（Computer Aided Engineering，CAE）軟體，後續才又推出了高階市場的產品，如達索的 CATIA、西門子的 Solid Edge 等 3D 模擬 CAD 和 CAE 軟體。例如一臺汽車透過 CAD 軟體設計完成後，就需要採用 CAE 軟體進行汽車製造的過程模擬，包括模擬幾千個零部件的運動過程，計算零部件之間的協同力度、安全係數及每一個零部件在空間中的位移，以確定設計的合理性。這無論是對縮短研發的週期，還是對降低量產的成本，都是至關重要的。數位化建模和模擬策略放到航天航空、深海遠洋的各種國家工程，就更為重要了，例如美國在研製六代原型機的過程中，透過 CAE 等軟體技術，綜合性地將建造週期從十年縮短到一年。那些遠超人類大腦運算容量的超級運算和模擬在虛擬的運算環境中得以快速地完成和最佳化，這樣最終真實的建造不過是依圖做樣。

據公開報導，在 CAD 研發設計領域，法國達索、德國西門子、美國引數技術公司以及美國歐特克在中國市場的市占率超過 90%。而在 CAE 模擬軟體領域，美國公司 ANSYS、ALTAIR、NASTRAN 占據的市占率超過 95%。生產管理領域，德國 SAP 與美國 Oracle 公司占有高階市場的 90%以上。德國 SAP 公司現今的營收水準達到 250 億歐元上下。生產控制領域，西門子、施耐德、GE、羅克韋爾也是優勢明顯。中國核電技術已經成熟，可業內人士透露：「如果德國西門子現在對中國民用核工業領域禁用 NX 軟體（西門子公司提供的產品工程解決方案），將是一場災難 —— 所有用 NX 軟體設計的模型、生產製造過程的管理，都將被中斷，整個產業將受到巨大影響，甚至無法正常運轉。」中國數控機床和積體電路已經有了不小的創新突破，唯獨中國工業軟體依然落後國際最高水準 30 年以上，尤其是 CAD、CAE、電腦輔助製造（CAM）、電子設計自動化（EDA）軟體。即便是華為，設計產品時也要用三家美國公司 Synopsys、Cadence、Mentor 提供的 EDA 工具。晶片設計極其複雜，其內部電晶體多達幾十億計，EDA 工具的極限設計精度是無可替代的。中國工業軟體原本起步不晚，1990 年代中期甚至占有國內市場 25%的市占率，可是現今急遽萎縮到 5%左右，技術和規模的優勢均不明顯。

2010 年，中國製造業增加值首次超過美國，成為全球製造業第一大國，之後連續多年保持世界第一，但與世界製造強國相比還有很大差距。業界認為，工業軟體發展緩慢是制約「從大到強」的重要原因，製造業高品質發展亟須加快發展自主可控的工業軟體產業。由於工業技術體系本身存在著資訊化難度大、成本費用高等特點，中國工業技術體系資訊化程式緩慢，工業企業資訊化水準參差不齊，整體水準不高。這使中國工業軟體產業始終處於追趕地位。工業軟體企業的發展瓶頸也會成為下游工業企業極大的掣肘因素。

2015 年釋出的《中國製造 2025》第一章即是新一代資訊技術產業，其中首先提出積體電路及專用裝置，其後就提出了作業系統與工業軟體。文中指出：作業系統與工業軟體是製造業數位化、網路化、智慧化的基石，是新一輪工業革命的核心要素。發展實時工業作業系統及高階製造業嵌入式系統，以工業大數據平臺與製造業核心軟體為代表的基礎工業軟體，面向先進軌道的交通裝備、電力裝備、農業裝備、上等數控機床與機器人、航空航天裝備、海洋工程裝備與高技術船舶等重點領域的工業應用軟體。

3.1.2 工業軟體支撐起全球最強工業企業

工業軟體發展需要長期累積的工業知識。即使是蘋果、Google、亞馬遜這些市值過兆美元的科技公司，也難以在工業軟體領域有所作為。另外，終端消費產品的創意是否能夠實現，取決於是否能夠跨過成熟工業軟體的時間門檻。時至今日，幾乎每一件工業品的生產、每一臺工業裝置的執行，都是先在工業軟體的數位世界中模擬，試行成功後再進入實體產品的製造。

從全球來看，世界上最大的軟體公司不是美國微軟或德國 SAP，而是軍火商洛克希德 · 馬丁公司（F-35 戰機軟體系統的開發商，後文簡稱洛馬公司），公司的核心技術就是工業軟體，涉及程式設計、數據分析、裝置驅動、程式更改、感測器應用等。洛馬公司擁有 17,500 名工程師，為陸、海、空和太空領域的軟體解決方案提供支援，幾十年來一直引領著關鍵的軟體開發。透過在策略上對資源和工具進行調整，實現了 DevSecOps[058]，從而極大地加快了軟體支援的任務能力的交付，其軟體工廠結合了安全的伺服器基礎設施、自動化工具包、現代軟體流程和訓練有素的專家，以滿足軍方任務的需要。

如圖 3-2 所示，洛馬公司的每個軟體工廠都要保障軟體工程的速度、效率和敏捷性。他們是透過如下的方法來實現這些目標的。

- **更快啟動**。任何新專案的最初階段對於快速推進和保持交付都是至關重要的。軟體工廠可以隨時部署開發環境，在幾天內建立伺服器、系統和應用程式。
- **更高敏捷**。透過靈活、開放和模組化的架構和容器，讓工程師快速開發和部署軟體變化和更新的規模。軟體工廠加快開發週期和流程，推動在幾週甚至幾天內交付。
- **內建安全**。軟體工廠將開發、安全和營運團隊連線到 DevSecOps 框架中，以確保從一開始就建立安全。
- **專才培訓**。一個由軟體工廠專家組成的全國性網路，確保公司的軟體工程師與整個行業的最新流程和技術保持同步，並將其應用於程式創新和快速支持軍方任務的需求。

[058] DevSecOps 是應用安全領域的一種趨勢性實踐，它涉及在軟體開發生命週期的早期引入安全，它還擴大了開發和經營團隊之間的合作，將安全團隊整合到軟體交付週期中。

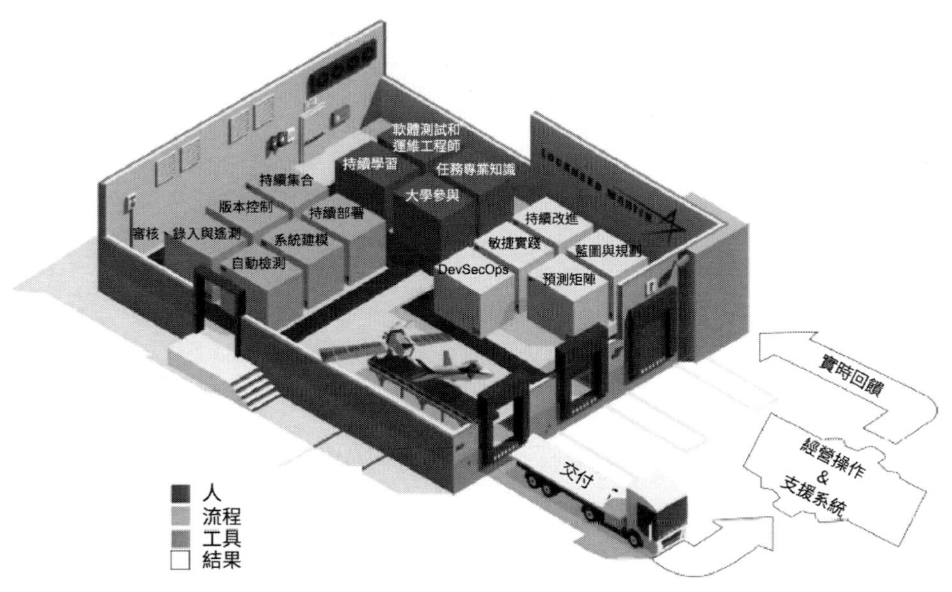

圖 3-2 洛馬公司的軟體工廠
資料來源：洛馬公司官網

基於龐大強悍的軟體開發能力，洛馬公司得以為美國研發最為先進的武器，包括 F-35 戰機、LMXT 空中加油機、SB>1 DEFIANT 遠端直升機等，當然也有跟英特爾合作的 5G 通訊專案，因為 5G 與軍事緊密結合，它不僅影響經濟民生，也影響未來國防軍工的競爭格局。所有先進武器的製造都需要透過複雜的工業軟體來實現，包括創意、模擬、樣機、成品到量產的全過程。

如圖 3-3 所示，工業軟體的巨大作用還展現在美軍推行的聯合全域作戰（Joint All-Domain Operations，JADO）。透過同步主要系統和關鍵資料來源，提供戰場的完整畫面，使作戰人員能夠快速做出推動行動的決策。洛馬公司聲稱可利用數據作為武器，讓作戰人員在幾秒鐘內破壞和壓倒對手，而這幾秒鐘極其重要。例如，當敵方反衛星武器即將發射時，美國可以使用跨域可用的所有資源快速協調和應對這種威脅。在啟用 JADO 的世界中，系統之間共享的數據將使指揮官能夠選擇正確的平臺，在正確的時間產生正確的結果。

近年，德國西門子、美國 GE、法國施耐德為了維持傳統壟斷地位，大量併購工業軟體公司。在所有的工業領域中，晶片製造業被譽為工業領域的「皇冠」。大多數人沒有意識到，全球晶片製造第一的台積電，其在工藝、裝置、材料等與三星和英特爾類同的情況下，實現超越領先的祕密武器是十多年來不斷完善的智造軟體體系，其 AI 團隊達千人規模。而光刻機對於晶片製造來說，被譽為「皇冠上的寶石」。世界第一的光刻機供應商 ASML 擁有全球最大的開放軟體社群，三十多年來一直致力於核心計算光刻的研發，直接僱傭的軟體工程師達三千人以上。

圖 3-3 洛馬公司設計的 JADO 示意圖
資料來源：SPOTLIGHT

縱觀全球，軟體產業在先進國家都占有非常重要的地位，是國家的主導產業。回顧電腦硬體和軟體發展歷史，軍工行業對大型工業軟體的孵育和推進無疑造成了決定性的作用。以美國為例，美國國防部幾十年如一日地持續推進軟體工程，並且不遺餘力將這些軟體推向民用市場，成就了如今美國在大型工業軟體上的霸主地位。典型的案例是美國 1957 年即投入試執行的大型防空系統 SAGE[059]，如圖 3-4 所示。SAGE 是當時全球最為複雜的軟體，作為最早網路戰思想的實現，它主要保護美國不受敵方遠端轟炸機的突襲。SAGE 系統整合了電腦、工業軟體、通訊和網路，可以將雷達站、空軍總部和作戰部協同起來，及時發現敵機並儘早攔截。當時系統軟體投入的預算高達 120 億美元（按可比價格算，投入規模相當於 2014 年的 1,000 億美元），揭開了全新現代資訊戰的序幕。

圖 3-4 SAGE 系統執行時的情況

資料來源：CHM（Computer History Museum）

[059] 1950 年代初美國軍方建立的 SAGE（Semi-Automatic Ground Environment，半自動地面防空系統）被看作是現代意義上的第一個電腦網路。SAGE 系統在全面部署時，由分布在美國各地的 100 多個雷達、24 個方向中心和 3 個作戰中心組成。方向中心與 100 多個機場和地對空導彈基地相連，提供多層次的交戰能力。每個指揮中心都有一臺雙冗餘的 AN/FSQ-7 電腦。這些電腦承載的程式由 50 多萬行程式碼組成，執行 25,000 多條指令。指揮中心自動處理來自多個遠端雷達的數據，向攔截飛機和地對空導彈基地提供控制資訊，並向每個中心的 100 多個操作員站提供指揮和控制以及態勢感知顯示。這是迄今為止最宏大的系統工程，也是有史以來最大的電子系統。

1940 年至今，美國軟體應用數量分布，顯示軍工是工業軟體重要的服務對象，美國的軍事和國防部門是工業軟體發展歷程中的最大使用者，直到 1970 年後其比例才逐漸縮小。這個比例的縮小並不是實際數量的減少，而是整體預算與應用數量的持續擴大。美國藉助不斷膨脹的商用市場獲取的收益，來發展軍事、國防和科學。在我們看來，這正是美國採取的「以民養商、以商養戰」的策略，即以民用來發展商用，以商用來發展軍用，從而維持軍事和國防軟體的鉅額開支。仍以 SAGE 專案為例，在 SAGE 試執行後，其高昂的費用使系統營運不堪重負，因此計畫並未完全實施。而後軍民合用的概念被提出，聯合監視系統啟用（聯合意味著例如軍用、民用雷達盡可能兼用，以減少雷達執行費用），並用 13 個空軍和聯邦防空局的聯合控制中心替代了 SAGE 系統的控制中心，這樣可減少 6,000 名工作人員，從而大大減輕了 SAGE 系統造成的沉重經濟負擔。

IBM 的品牌可謂家喻戶曉，我們大量使用的 ThinkPAD 筆記型電腦即是 IBM 出售給聯想集團的業務部門。要知道 IBM 的起家也是靠軍工，而且做得非常出色。IBM 成立於 1911 年，在第二次世界大戰中發揮了重要作用，生產了大名鼎鼎的 M1 卡賓槍和白朗寧自動步槍，盟軍廣泛使用 IBM 的裝置，做軍事運算、後勤和其他軍需之用。在曼哈頓計畫發展原子彈頭時，在洛斯阿拉莫斯，人們廣泛使用 IBM 穿孔卡片機做運算。IBM 在戰爭期間，還為海軍建了 Harvard Mark I，這是美國的第一個大規模自動數位電腦。可以說 IBM 的發展史就是一部美國的軍事史。還有一個關係略為複雜的案例是蘋果手機與美國國防。蘋果公司賺取了極大的利潤後，又把鉅額研發資金付給台積電（2021 年蘋果占台積電晶圓業務營收的 25.4%，台積電也被戲稱為「蘋積電」），台積電除了自己用，又將部分資金給了全球第一的光刻機廠商 ASML 用於新產品的研發。要知道無論是台積電還是 ASML，都是受美國控制的頂級工業廠商，台積電在廣泛為全球提供先進製程晶片的同時，也在為美國軍方生產晶片。

此外，美國國家航空航天局聯合美國奇異、普惠等公司在 20 年時間裡研發的 NPSS 軟體，內嵌大量引擎設計知識、方法和技術引數，一天之內就可以完成航空引擎的一輪方案設計。再例如，波音 787 的整個研製過程用了 8,000 多種工業軟體，其中 7,000 多種都是波音多年累積的私有軟體，不對外銷售，包含了波音公司核心的工程技術，只有不到 1,000 種是對市場開放的商業化軟體。美國部分基礎軟體與工業軟體如表 3-1 所示。

表 3-1 美國部分基礎軟體與工業軟體

類別	軟體名稱					
操作系統	Windows	Unix	Android	macOs	iOS	
資料庫	Oracle	IBM DB2	SQL Server	Adobe Illustrator	Maya	3d s Max
通用辦公	Microsoft Office	Adobe Acrobat/ Reader	Adobe Photoshop	Origin		
資料分析處理	Mathematica	MATLAB	Tecplot			
EDA 晶片設計軟體	Synopsys	Cadence	Mentor			
電腦輔助設計	AutoCAD	Solidworks				
電腦輔助工程	Ansys	Nastran	Fluent			

資料來源：根據先進製造業釋出內容彙編

法國是工業軟體強國之一。早在 2012 年 2 月，法國就釋出了《數位法國 2020》，其中包括三大主題：發展固定和行動寬頻、推廣數位化應用和服務以及扶持電子資訊企業的發展。在法國，軟體產業一直被認為是國家經濟的「火車頭」。2013 年 9 月，法國總統歐蘭德宣布了「新的工業法國」策略規劃，希望在未來十年，透過工業創新和成長促進就業，推動法國企業競爭力提升，使法國競爭力處於世界的最前列。「新的工業法國」規劃中包含 34 項計畫，涵蓋數位技術（包括嵌入式軟體和系統計畫、大數據計畫和雲端運算計畫）、能源、交通運輸、智慧電網、奈米科技、醫療健康和生物科技等多個領域。提到法國的軟體公司，就必須講一講達索系統（Dassault Systèmes）。達索系統是全球工業軟體大廠，擁有全套 PLM（Product Lifecycle Managerment，產品生命週期管理）軟體，為包括航空、汽車、機械電子在內的各個行業提供軟體系統服務和技術支援。達索系統一直是全球 3D 軟體的先驅，旗艦產品 CATIA 整合 2D 和 3D 功能，是全球領先的汽車設計及航空設計應用程式，就連波音公司也成為其穩定的客戶。達索系統公司的巨大成就並非來自白手起手或大眾創新，而是源自法國達索航空的工業軟體部門，要知道法國達索航空是生產幻影 2,000 和陣風戰鬥機的公司。達索系統公司除了擁有最為先進的軍工血脈，還積極向洛克希德 · 馬丁的軟體進行學習，並在 1989 年收購其飛機公司旗下的工業軟體子公司。法國達索系統繼承了法國達索航空和美國洛馬兩家頂級軍機廠商的傳統，成為當前航空工業軟體中必不可少的佼佼者。

作為工業 4.0 的倡議國，德國的軟體業是歐洲軟體業的領頭羊，一直位列世界軟體供應商和解決方案提供商前列。軟體業是德國資訊與通訊技術（ICT）產業的重要組成部分。德國專門從事軟體開發和銷售的基礎軟體企業有 30,000 多家，曾經占整個 ICT 產業企業數量的 46%左右。德國最大的工業軟體企業是 SAP。作為一家引領德國工業 4.0 國家策略的公司，SAP 是全球最大的企業管理和協同化電子商務解決方案供應商、全球第三大獨立軟體供應商，在全球企業應用軟體的市場占有率高達三成以上，財富世界 500 強中 80%的公司都是它的客戶。德國的 FAUSER 是全球頂尖的 APS（高級排產系統）軟體公司，其產品就定位在工業 4.0 中的智慧計畫排產。FAUSER 公司的產品被美國洛克希德．馬丁公司、英國宇航系統，以及空中巴士公司、BMW 汽車、戴姆勒．克萊斯勒公司、蒂森．克虜伯公司、科勒衛浴等數以千計的企業廣泛使用，成為這些企業「智慧製造」的指揮系統。西門子是一個耳熟能詳的品牌，它也是世界最大的工業軟體大廠之一，曾經製造世界首個 800KV 特高壓直流變壓器，成為特高壓輸電的核心裝置。西門子為世界最大粒子加速器 —— 歐洲大型強子對撞機提供自動化系統與 PVSS 建造解決方案，是歐洲大型強子對撞機專案中唯一的工業開發與贊助商。西門子的 PLM 工業軟體成為 NASA 開發與設計「好奇號」火星探測器的平臺軟體系統，同時最佳化了森精機（日本）的數控機床，從設計到製造的時間縮短一半，並且提高了釋出更多新產品的能力。西門子 NX 和 Teamcenter 軟體，對蘇 -27 戰鬥機的氣動布局與機動性進行了精密的整體最佳化，將機身、機翼甚至小小的螺紋都進行了數位化。西門子還為祕魯礦場提供世界最大的礦場自動化系統，實現採礦到運輸的一體化。數控系統是機床的核心，屬於機床的核心大腦，而德國西門子則代表了世界數控系統的最高水準。

加拿大是全球傳統軟體強國，基礎軟體和工業軟體總體的開發水準和實力僅次於美國、法國和德國。加拿大擁有很多著名的軟體公司，例如 OpenText 大型軟體公司、Corel 多媒體辦公套裝軟體公司（其開發的 CorelDRAW 是世界最早的 Windows 平臺下的大型向量圖形製作軟體）、Houdini3D 動畫軟體、Solido Design 半導體設計），以及 Fintech 等 ToB 軟體公司。值得一提的是，電力石油專業模擬軟體 CMG Suite、CYME、PSCAD 幾乎壟斷了全世界的軟體市場。多倫多 Sidefx 公司開發的 3D 電腦圖形軟體 Houdini 是世界上最強大的電影特效軟體。Maple 是世界上三大數學和工程運算軟體之一，僅次於美國的 Mathematica 和 MATLAB。CAE 公司是世界最大的飛機全動模擬機廠商。PCI Geomatica 是世界著名的遙感、數位攝影測量、影像分析、地圖製作系統。CYME 是非常複雜的電力工業軟體，是輸電、配電和工業電力系統中最先進的分析工具。CARIS 是全球唯一一家能提供一整套流程化地理資訊方案的公司。

日本幾乎占了全球軟體外包市場的十分之一，在軟體銷售方面曾經僅次於美國，有獨立研究機構對日本軟體品質與軟體生產率做出的排名甚至遠在美國之上。雖然日本的工業軟體體系被認為是畸形且其製造業呈現出明顯的下滑態勢，但其嵌入式軟體能力很強。尤其是機床、機器人和汽車，是日本世界級品質嵌入式軟體的三大載體。日本幾乎所有帶有數位介面的裝置，例如手錶、微波爐、手機、數位電視、汽車等都使用嵌入式系統，並且嵌入式軟體涉及的領域非常廣泛。所有這些足以讓日本在微小精尖的電子產品稱霸全球幾十年。

3.1.3 智造工業軟體是半導體發展的黑武器

本書的智造英文對應 Intelligent Manufacturing（IM）而非 Smart Manufacturing（SM），主要原因是後者提供了廣泛的定義，而前者是更為精準的以新一代資訊技術特別是 AI 為基礎的定義，具體包括：

- WoS 數據庫顯示了按區域劃分的出版品數量，主導 SM 出版品的國家是美國，其次是中國、德國、韓國和英國。中國在 IM 上的出版品數量領先，其次是美國、英國、加拿大和德國。所以優先採用中國出版品處於領先地位的 IM 的概念定義。
- 就 IM 而言，*Journal of Intelligent Manufacturing* 的出版品數量最多，是其競爭對手 *IFAC-Papers OnLine* 的兩倍以上。排名前十的期刊都有十篇以上的 IM 論文。
- IM 的概念最初來自 AI 和智慧製造領域，早期短語包括專家系統、模糊邏輯、神經網路、代理、柔性製造系統、電腦整合製造和電腦輔助設計（大約 2000 年），顯然這與我們強調的基於 AI 的半導體智造更為接近。而現代 SM 的早期階段是工業 4.0 和自動化（大約 2010 年），這拓展了 IM 的邊界，使其向更為廣泛的工業 4.0 邁進。

如圖 3-5 所示，列出了 IM 的標準體系結構圖，A 表示基本架構，B 表示關鍵技術，C 是行業應用。在 B 中我們看到其關鍵的技術都與 AI 的智慧相關。不過根據目前學術領域的定義發展趨勢，IM 與 SM 的區別可能會愈來愈小，它們都歸屬於工業 4.0 的範圍。使用哪種叫法也不完全取決於技術偏好，跟其推廣的商業價值也有特定的關係。

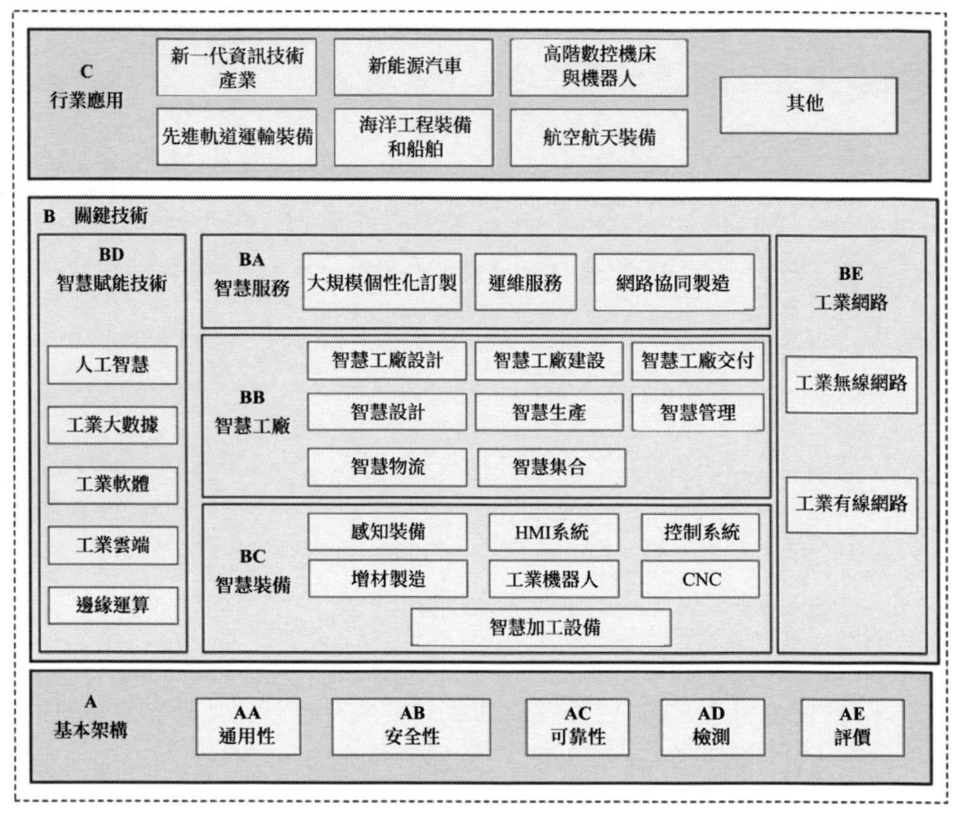

圖 3-5 IM 標準體系結構圖

資料來源：Smart Manufacturing and Intelligent Manufacturing：A Comparative Review

AI 和傳統工程領域曾經被看作是解決一般控制問題的方法。在 1950 年代和 60 年代初，這些領域並沒有明確的區分。例如，模式辨識（Pattern Recognition）曾經是 AI 的核心關注點，只是逐漸成為一個獨立的專業子領域。工程領域遵循嚴格的計量方法，而 AI 卻在黑暗中進行毫無邏輯的運算；工程領域的每一步都有清晰的因果，而 AI 卻只能告訴我們是相關，這種不可解釋性導致工程領域不輕易使用難以進行過程考證的

AI。基本思想的不同導致兩個標榜自我身分的陣營在相當長的一段時間裡完全沒有連繫。但隨著半導體發展帶來的算力激增，AI 的發展特別是深度學習的成效大放異彩。AI 程式運用了一種基本思想，即考慮一個以最終結果為終點的預測序列，用預測的變化或時間上的差異來代替標準學習過程中的錯誤，經過反覆的訓練，既能收斂到更好的預測，又能大大簡化實現，關鍵是花費的時間確實比人腦短。目前神經網路的巨大普及至少部分歸功於它似乎跨越了兩個領域 —— 嚴格的工程方法的應用潛力與 AI 的增強能力。智造軟體處於跨學科的領域，它需要在半導體製造的工程領域中融入 AI 的力量，從而實現的智慧控制也處於這個位置，而控制本身也應該是 AI 和機器學習研究的核心。

軟體、硬體與物理裝置有機結合，缺一不可。提倡「智造工業軟體」一方面可以挖掘和更新現有裝置的效能，另一方面還能在新裝置上發揮更大的潛力和價值。智造工業軟體就是要讓所有的工業裝置和與其配套的物理設施以更高的效能、更高的效率、更大的產能、更精準的操控來執行。在智慧製造的大背景下，要以推動先進製造業與網際網路融合發展為主線，以大數據為基礎、以工業網路平臺為紐帶、以工業應用為切入，把工業軟體的創新研發和推廣部署常態化，進一步強化和推廣「軟體定義製造」的理念和模式。半導體工業軟體是以提升半導體產業績效為目標，面向特定的應用場景，以半導體知識為核心、以資訊技術為支撐、以資訊物理系統形式執行，能夠為半導體產業鏈帶來創新價值的所有軟體的總稱。對半導體工業軟體來說，往往具有高度訂製化的特點，所以它有明確的需求來源。由於行業競爭的激烈，它又有清晰的績效目標。對於晶片製造來說，它面向兩個領域：生產自動化與工程自動化，前者保平衡，後者促研發，始終圍繞良率、產能、降耗、省時來進行。

半導體是軍工的核心之一，尤其是當軍事發展呈現出電子化、資訊化、智慧化、平臺化、聯合化之後，半導體儼然已經成為重中之重。而工業軟體發展的淵源又是軍工，所以半導體的工業軟體特別重要。如果說半導體產業的硬體制裁會讓我們無法生產更為先進的晶片，而軟體的制裁則可能讓我們的晶片生產很快就被終止，因為一切在半導體產業執行的自動化機臺，都是在「看不見」的軟體控制下執行的。產業發展過程中曾經存在過的「重基建，輕研發；重灌備，輕軟體」的現象，對於半導體產業來說是極為不利的，因此，是我們從政府到行業、企業必須深度關注工業軟體的時候了。

跟研發軍工武器只為國防所用不同，半導體除了具有策略性，還具有市場屬性，晶片的大規模量產是參與全球市場競爭的。例如，半導體製品在實驗階段允許投入的單位產出成本是百萬級的，那麼在量產中的成本可能需要控制在萬級，否則產品推向市場就沒有競爭力，而且隨著市場的競爭還有可能需要持續降低成本。這是一個由點及面的從技術突破到經濟適用的複雜過程，換句話說，晶片產業的整體使命，是需要用人類最尖端的科技造出最為廉價的數位產品，從而全面推動人類科技文明。

半導體產業的工業軟體，從其主要功能價值來說可以分為兩類：

- 以 CIMS[060] 為主的傳統生產自動化軟體體系，製造執行系統是核心。
- 以數據科技和運算科技為代表的 IPMS[061]，工藝數據與演算法是核心。

[060] CIMS（Computer Information Management System，電腦資訊管理系統）。
[061] IPMS（Intelligent Precision Manufacturing System，智慧精密製造系統），對標台積電在 Agile and Intelligent Operations 及智造路徑中的描述。

前者保障正常生產和穩健經營，後者實現良率爬坡與產能挖掘；前者是後者的基礎，後者是前者的高地，前者一定有，後者也必須有。只有前者是不夠的，擁有後者才有可能自給自足並縮短國際差距。全球產業的實踐證明，發展基於大數據與以 AI 演算法驅動為核心的智造軟體，是半導體製造業提高良率、提升產能和降低成本的有效途徑。不僅對於晶片製造廠商來說如此，對於晶片製造裝置廠商來說也是如此。

例如，CPC（Computational Process Control，運算製程控制）就是 IPMS 的組成部分，展現了 IPMS 在晶片製造賦能的落地過程中，從數據採集到智慧分析的基本邏輯。全球第一的半導體裝置供應商美國應用材料公司認為，中國正在新建更先進的半導體工廠，這些工廠有望從新的 CPC 解決方案中獲益。在 CPC 中數據分析不僅僅是演算法，它是從工具設計和工藝理解的角度出發，運用所累積的專業知識以及感測器在腔室環境中實際反應的數量引數來分析的。相對於傳統的 CIMS 來說，CPC 能夠以一種結構化和可重複使用的方式將演算法的優勢與行業專家的技巧結合起來，深度學習是其中的核心，其中神經網路透過標記和未標記的數據進行篩選以最佳化檢測模式。

應用材料的 CPC 抽成四個維度：一是裝置端，包括設計、材料、環境與元件；二是數位工程，包括感測器、量測與數據結構；三是分析，這涉及工業軟體、建模／演算法與機器學習；四是製程，對行業實現「知其所以然」的理解。這四者構成的扎實的知識網路對於提升晶片的良率是至關重要的。

IPMS 對晶片產業的發展有三大作用：

（1）解燃眉之急。根據目前巨量生產數據進行演算法最佳化，從而提升工藝的設計和控制能力，這方面 AI 的作用已極大地得到驗證，例如穩定性、客觀性、經濟性等。

（2）解研發困擾。基於研發生產一體化進行大數據分析，使生產可以往上游助推研發，基於 AI 演算法不斷模擬與試錯，從而找到研發與生產兩者最佳的突破點並進行擬合，當然如果是純實驗室的研發可能又不太一樣，那是偏基礎科學一類的。

（3）解規模之限。每個晶片廠商都是一個商業實體，它在一個工藝節點取得重大突破並實現量產後，別說把這種能力賦予行業，就是在集團內部要快速複製這種能力都很困難。例如 14 奈米節點量產後，再建一條 14 奈米產線依然需要漫長的良率爬坡週期，因為目前的能力還是非常依賴少數技術權威或保守派菁英團隊來解決，但隨著工藝愈來愈複雜，掌握知識的門檻又非常高，老師傅解決新問題的能力愈來愈局限。而實際上，成功量產的工業能力需要完整地歸屬到工廠，這種動態能力的遷移和克隆不再受制於個人或團隊的保留，更不受制於個人或團隊自身能力的局限，這種能力需要在集團內得到快速的複製，即使新廠地理位置不同、環境不同、機臺新舊不同、人員也不同，但依然可以藉助 AI 為代表的 IPMS，快速在新的場景下找到適配機理，以達到量產目標，這樣產業規模就可以快速攀升。這項重要工程是不可能透過任何一家國際領先的供應商來完成的，必須由廠商主動發起。

基於 AI 的工藝研發突破與生產控制，已成為半導體產業的兵家必爭之地。例如，ASML 製造最先進光刻機的三大支柱分別是優秀設計、精確感測器與巧妙演算法（a good design，very accurate sensors，clever algorithms）；台積電已開發智慧診斷引擎、先進數據分析等平臺，進而發展出一套獨有的製程精確控制系統。這套將大數據與機器學習應用在晶圓製程的體系，堪稱台積電近年持續拉開全球競爭者距離的終極武器。

研究是手段，應用是目的。IPMS 理論上在晶片產業的所有賽道都可賦能，本書將主要闡述 AI 在晶片製造領域的賦能，這有三個主要的原因：

(1) 產業集中性。晶片產業中製造是一個大基地，無論是 EDA、設計、材料、裝置都會匯聚到這個節點上，從而構成複雜的工程體系。大家都需要跟製造來銜接，不僅是業務對接和生產，也包括研發。

(2) 行業健康性。建設晶片製造廠商投資巨大，動輒百億元甚至千億元投入，透過 AI 解決好製造廠商的關鍵良率爬坡與穩定性問題，不僅可快速提升國有化晶片的替代能力，更可為國家節省大量投資，避免因無序化、碎片化、同質化競爭帶來的巨大浪費與風險。

(3) 實踐可用性。AI 實際能落地的賽道除了晶片製造還有很多領域，實際上 AI 應用在製造是相對落後的，例如 AI 在賦能 EDA 軟體開發或設計上，早在 2019 年，業界就出現兩個觀點：① AI Inside：如何在 EDA 工具中應用 AI 演算法以賦能晶片設計；② AI Outside：如何設計 EDA 工具助力 AI 晶片的高效設計。這是兩個非常有趣的觀點。無論如何，AI 已經成為 EDA 工業界和學術界關注的焦點。

從具體的技術創新上，分成三個方面：

- 晶圓製造的工業網路平臺建設，先建內聯網，再建外聯網，最後全部對接。
- 基於內聯網建立晶圓生產製造的大數據平臺。
- 研發基於 AI 的以良率為核心的工業機理應用。

如果說在晶片的製造上，終極挑戰是良率、基礎挑戰是光刻、核心挑戰是裝置與材料，那麼我們認為，IPMS 是面向一切挑戰的方案。透過 AI 提升良率的研究在業界已有近 10 年，實踐應用也超過 5 年，其中最具代表性的就是台積電的十年智慧製造之路。透過 AI 提升光刻的工藝控制已是 ASML 的關鍵能力，他們研究如何使用機器學習和 AI 的神經網路來分類和改進複雜的鏡片設計，將數據科技和機器學習的優勢應用於知識提取、知識表示和推理系統。裝置和材料的精確控制已不斷透過 AI 得到加強，成為領先廠商購買同樣裝置卻能遠遠甩開競爭對手的主要原因。

3.2 智慧 ^{2} —— 晶片與 AI 的交叉賦能

3.2.1 AI 晶片引燃半導體產業爆發

智慧 ^{2} 的概念，是指晶片與 AI 相互促進，推動了彼此的幾何級爆發成長。

（1）半導體晶片在 AI 的促進下急速發展

半導體產業的需求通常來自顛覆性的新技術推動，AI 處理器正在重振全球半導體產業。AI 隨著時間發展，將會應用到各個領域。未來 5 年 AI 晶片應用將成長三倍。HIS Markit 釋出的一項 AI 應用調查中預測，到 2025 年，AI 應用將從 2019 年的 428 億美元激增至 1,289 億美元。IHS 表示，AI 處理器市場將以可見的速度擴張，到 1920 年代中期將達到 685 億美元。用於深度學習和向量處理任務的 GPU、FPGAs 和 ASIC 的新興處理器架構正在推動蓬勃發展的 AI 晶片市場。此外，汽車、運算和醫療保健等領先的應用正在推動一股新的 AI 應用浪潮。

如圖 3-7 所示，根據微軟與德勤的分析，AI 晶片有三個層次的角色：

➤ 第一個層次是基礎設施。例如：軟硬體和網路構成的基礎平臺，包括獲取數據的感測器、進行數據運算的 AI 晶片等。

➤ 第二個層次是通用的技術應用。例如：將機器學習和深度學習應用於模擬人類的感覺功能，即影像辨識、語音辨識和生物特徵辨識等。

➤ 第三個層次是具體的商業應用。例如：智慧工廠中的機器人、通勤中的無人駕駛車輛、消費者的客服等。

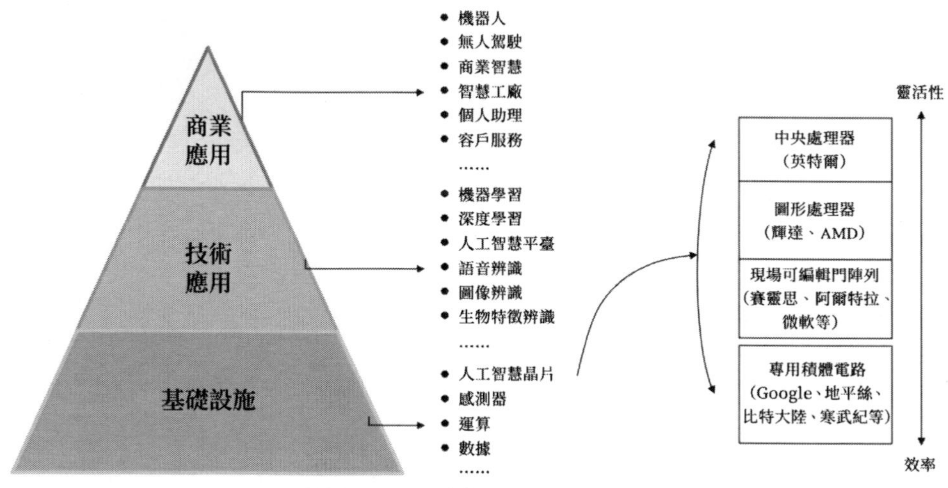

圖 3-7 AI 晶片在不同層次的角色
資料來源：微軟、德勤分析

上述雖然展現了三個層次，事實上它更應該是一個循環往復的螺旋式上升過程，因為只有應用端產生不斷的需求，才能夠推動基礎設施的進一步提升與完善。科學發現是第一步，技術發明是第二步，商業應用是第三步，技術的發明是否順應時代發展與市場需求是閉環的根本。

全球智慧化趨勢將會在 AI ＋ 5G ＋數據中心的協同作用下發展 [062]。

[062] 騰訊網，《全球智慧化程式推動半導體行業進入高速發展期》。

AI 晶片從技術路徑主要分為 GPU、FPGA；ASIC 分為雲端訓練晶片、雲端推理晶片和邊緣推理晶片。相關領域的市場規模成長預期如下：

- 雲端訓練晶片從 2017 年的 20.2 億美元，在 2022 年達到 172.1 億美元，複合成長 53.5%。
- 雲端推理晶片從 2017 年的 2.4 億美元，在 2022 年達到 71.9 億美元，複合成長 97.4%。
- 邊緣推理晶片從 2017 年的 39.1 億美元，在 2022 年達到 352.2 億美元，複合成長 55.2%。
- 網路加速運算晶片 DPU 從 2020 年的 20 億美元，在 2025 年的市場規模達到 29 億美元，複合成長 7.53%。
- 圖形、AI 加速運算晶片 CPU 由 2020 年的 235 億美元，在 2025 年達到 417 億美元，複合成長 14%，英特爾、AMD 占據霸主地位，分別為 84.4%和 15.6%。
- GPU 由 2020 年的 245 億美元，在 2025 年達到 1,737 億美元，複合成長 46.9%；GPU 主要由 Nvidia 主導。其中，AI 領域的龍頭廠商，如 Alphabet、蘋果、Meta、阿里巴巴等公司都在為能夠執行 AI 的處理器進行訂製設計。他們希望自己的晶片能夠幫助改善他們的智慧應用，同時又能降低成本，特別是現代 AI 應用所需的圖形處理器。

當今 AI 的大部分活動都集中在建構和訓練模型上，這主要發生在雲端中。但 AI 推理將在未來幾年帶來最激動人心的創新。推理是模型的部署，從感測器獲取實時數據，在本機處理數據，應用在雲端開發的訓練並實時進行微調。例如，要考慮一種最佳化汽車轉彎效能和安全性的演算法，模型採用摩擦力、路況、輪胎角度、輪胎磨損、輪胎壓力等數據進行輸入。模型建構者不斷測試和新增數據並迭代模型，直到它準備好部署。然後為這個模型加入推理引擎，這是一個基於推理的晶片執行軟體，從感測器獲取數據，並對轉向和制動等進行實時微調。數據保留時間很短，如果需要，軟體可以選擇儲存某些數據發送回雲端進一步訓練模型。這只是未來十年將進一步發展的數千個 AI 推理案例之一，AI 的價值正從建模轉向推理，如圖 3-8 所示。

除了 AI，雲服務商與消費電子公司也是重點需求領域。在雲服務領域，亞馬遜、微軟和 Google 等都在開發為特定功能設計的晶片，如數據探勘、網路服務，得以在提高效率的同時減少他們的營運費用。這些晶片消耗更少的電力，同時允許更高的數據吞吐量，並具有密集的系統和數據中心配置。這些發展對半導體公司的投資報酬率有重大影響。在消費電子領域，蘋果、三星等消費電子公司都在設計自己的晶片，一些較小的供應商也開始考慮這樣做。

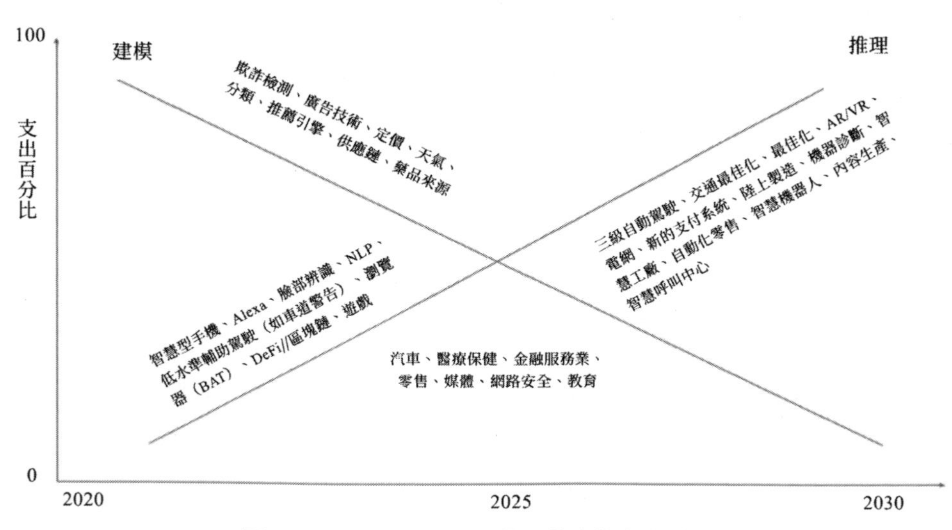

圖 3-8 隨著 AI 的成熟，推理將占據主導地位
資料來源：SiliconANGLE

在全球數據化、智慧化程式的推動下，半導體產業將迎來需求爆發期。

（2）AI 方向的半導體發展計畫受到重視

多國重視以 AI 為主要方向的半導體產業發展。以韓國為例，2020 年 10 月 12 日，韓國科學資訊通訊技術和未來規劃部（MSIT）宣布，計畫到 2030 年開發 50 種 AI 相關的半導體系統。此前，韓國政府已經做出了「將為下一代晶片企業提供支持」的承諾。2020 年早些時候，韓國政府宣布到 2029 年前，AI 晶片的製造和商業化投資約 1 兆韓元（約 8.47 億美元）。韓聯社指出，韓國希望本國半導體產業能夠更加「智慧」，並致力於到 2030 年占據全球 AI 晶片市場 20%的市占率，擁有 20 家創新公司和 3,000 名頂級工程師。目前，韓國三星和 SK 海力士等公司均已在 AI 晶片方面積極布局，投入人才和資金以促進研究。

韓國貿易、工業和能源部（MOTIE）把未來汽車、基於物聯網的家電、生物技術、機器人、公共領域確定為 5 個重點領域，計畫為每個領域開發出必需的半導體系統。在未來汽車領域，將開發用於自主駕駛汽車的 AI 半導體，如辨識和理解駕駛者的駕駛習慣並提供幫助的半導體，以及透過辨識周圍物體調整距離等安全駕駛輔助的半導體等 10 個專案。GAON CHIPS、Nextchip、韓國電子技術研究院等企業和研究機構將參與這一領域。在基於物聯網的家電領域，計畫開展應用於災害和事故監控裝置的低功耗 AI 半導體、透過聲音辨識操作的智慧家電半導體等共 8 個專案。在生物技術領域，將開發可應用於家庭使用的自我診斷試劑盒的系統半導體、可穿戴裝置和可測量個人生物訊號的家庭醫療半導體。除了這些半導體外，還將開發透過位置感測器控制機器人手臂的半導體、透過生物辨識技術和位置資訊預測犯罪跡象的半導體、能夠檢測埋在地下的煤氣管道洩漏的半導體等。

韓國政府瞄準的下一代半導體以 AI 為中心，預計成功商業化後將帶來巨大影響。由於智慧手機、電視、冰箱、汽車等各行業開始廣泛使用這類半導體，因此對專門處理 AI 所需的大量數據的半導體的需求一直在成長。為了應對這些變化，韓國政府計畫提高國家在系統半導體產業的競爭優勢。因為英特爾、AMD、高通、蘋果等跨國半導體公司已經開始加大對 AI 半導體領域的投入，因此技術的產業化將是專案的關鍵。韓國政府還宣布，將加強需求聯動。

臺灣科技部則啟動了「半導體登月計畫」[063]。該專案專注於以智慧邊緣運算為核心的新型半導體工藝和先進晶片系統的研發，總體目標是挑戰 AI 邊緣的關鍵技術極限，開發適用於各類邊緣裝置的 AI 晶片，增強產業競爭力，培養 AI 人才。該專案彙集了學術和研究機構，共同努力實現兩個目標。第一個目標聚焦 AI 邊緣運算的元件和系統整合研究，將利用六大領域為 AI 相關技術創造無可爭議的市場空間：創新的感測裝置、電路和系統；下一代記憶體設計；認知運算和 AI 晶片；智慧邊緣的物聯網系統和安全；無人車系統與 AR/VR 應用系統解決方案；新興的半導體工藝、材料和裝置技術。第二個目標聚焦建構合適的環境：整合半導體研究環境由台積電研究院支持，將為邊緣 AI 所需的積體電路、先進元件製造、半導體生產方法等領域搭建平臺和環境，從而建構自上而下的主題垂直整合。

[063] 臺灣科技部，2022，《AI Edge 專案的半導體製造與設計（Semiconductor Moonshot 專案）》。

3.2.2 AI 是半導體智造的軟核心

半導體積體電路行業與以 AI 代表的新型技術應用有著緊密的融合發展之處。到 2025 年，全球 AI 市場預計將成長到 3,909 億美元 [064]，在短期內複合年成長率為 55.6%。半導體積體電路行業將透過提供運算、記憶體和網路解決方案獲得最大的利潤。而同時，從半導體積體電路製造的角度來看，也將受益於 AI 技術的採用。AI 將會出現在所有製造的流程節點上，其被證明在減少材料損失、提高生產效率和縮短生產時間上具有巨大的應用價值。

麥肯錫的一項報告認為，半導體公司現在必須定義他們的 AI 策略 [065]。這將更有可能吸引和留住客戶和生態系統合作夥伴 —— 這可能會阻止後來進入者在市場上獲得領先地位。在制定強而有力的策略時，他們應該關注三個問題：

- 在哪裡競爭？建立重點策略的第一步是確定目標行業、細分領域和 AI 應用案例。這涉及對不同垂直領域機會大小的評估，以及 AI 解決方案可以消除的特定痛點。在技術方面，公司應該決定是專注於數據中心的硬體或是邊緣運算。
- 怎麼競爭？半導體公司應採用合作思維來推出新的解決方案，例如透過與特定行業的老牌企業合作獲得競爭優勢。另外還應採用與業務匹配的組織架構，因為可能需要建立為所有行業提供特定功能的研發小組。

[064] IRDS，*Semiconductors and Artificial Intelligence*。
[065] McKinsey & Company，2019，*Artificial Intelligence Is Opening the Best Opportunities for Semiconductor Companies In Decades. How Can They Capture This Value?*

➤ 何時競爭？為避免作為追隨者的後發劣勢，許多半導體公司都想盡快切入 AI 領域，尤其是在深度學習應用程式方面。此外，隨著行業採用特定的 AI 標準並期望所有參與者都遵守這些標準，進入壁壘將會上升。雖然快速進入可能是某些公司的最佳方法，但也有一些公司可能希望採取更加謹慎的方法，即隨著時間的推移逐步增加對選定的細分市場的投資。

IPMS（智慧精密製造系統）是製造型企業策略的重要組成部分，加快 IPMS 在晶片產業發展的應用和推廣，將有助於在中美晶片產業競爭與摩擦形勢下開創全新局面。一方面，在這一領域中，美國對中國制裁的空間並不大，中國在數據方面有天然的制度優勢；另一方面，演算法及框架雖然在原創方面比美國還是要差一些，但在應用的層面上並不落後，半導體製造業完全有能力自力更生。就目前投資動輒百億元甚至千億元規模的晶圓代工廠來說，投資數億元建設自己的算力中心以支撐智慧製造是完全可能的。當然，在智造實踐中，工業軟體涉及行業的專有知識，在 AI 應用於特定場景的運算控制邏輯上，可能存在行業對手專利保護的障礙。

IPMS 廣泛流行的背後還涉及軟體產業本身的發展趨勢，即智慧軟體的科技民主化。半導體積體電路行業對技術的極致要求及產業的全球化分布屬性，決定了技術官僚與經濟官僚是行不通的，雖然半導體積體電路行業並不適合沒有任何專業基礎的人員進行創新，但需要這個行業的人都能夠積極參與到技術的設計與決策中，這是為什麼很多半導體積體電路公司在內部採取了全員持股，在外部建立開放式創新平臺以融合產業智慧與資源的原因。半導體產業無論在商業謀略，還是在技術研發，都需要領軍人物來進行最終的決策，但決不倡導「一言堂」的武斷權威。當然，科技民主化也有其局限性，雖然它助於抑制技術霸權以及濫用技術，但卻是有條件的、相對的。推進科技民主化既面臨著諸多現實困難，也潛伏著一系列陷阱。只有在技術科學化、生態化、人性化、藝術化等多條路徑的協同推進中，在法律、道德、宗教、教育等多元文化力量的共同規約下，才可能達到現代技術的善治。另外，科技民主化在實踐中，對可實施的環境是有一定的要求的。科技民主化需要參與大眾的覺醒與認知，並在某種程度上呈現出一致性。在意識和知識存在巨大落差的群體中，民主從來都不是高效決策與行動的動因，反之可能產生嚴重的內耗。所以需要將科技民主化帶來的權利、自由與共同的目標緊密結合在一起，否則將有可能形成一盤散沙。

從半導體積體電路廠商的經營管理來看，在過去十年的大部分時間裡，半導體市場的大部分利潤都與智慧手機和移動裝置市場相關。隨著智慧手機市場趨於平穩，這個行業必須尋找其他成長機會，其中包括 AI 應用，特別是大數據、自動駕駛汽車和工業機器人行業。半導體積體電路行業的公司需要定義市場的 AI 發展潛力，將其整合進他們自己的策略管理中，才可能更好地定位自己，以充分利用不斷擴大的市場來發揮自己的競爭優勢並實現持續成長。

埃森哲於 2019 年釋出的一份調查報告 [066] 顯示，經過對 25 個國家、18 個行業的超過 6,300 名企業和 IT 主管訪談後，在每近 10 個半導體高級主管中，有 9 個（總體比例是 87%）已經在試驗一種或多種 DARQ 技術。DARQ 是埃森哲提出的一種應用技術組合，分別對應分散式帳本技術（Distributed Ledger Technology）、AI、擴展現實（Extended Reality）和量子運算（Quantum Computing），如圖 3-9 所示。DARQ 技術不僅將

[066] 埃森哲，2019，《2019 年半導體技術願景報告（*The Duality of Technology*，*Technology Vision 2019 Semiconductor*）》

改變半導體行業的應用，還將推動業務成長。區塊鏈 / 分散式帳本技術的核心是透過去中心化數據鏈實現更快的可追溯性和更高的安全性，以及高效能運算和 Al 的能力，將進一步改善業務決策和整體營運的效能；而 Al 和擴展現實都將需要訂製晶片；量子運算將引領行業進入全新的運算工程時代。調查報告顯示，半導體作為高科技產業之一，60%的半導體公司預計 DARQ 技術的組合將在相對較短的時間內對他們的組織產生變革性或廣泛的影響。這種影響將以不同的形式出現，因為每項技術都會以自己的方式產生影響。調查發現，在整合區塊鏈和利用 AI 方面，半導體產業走在了前列。88%的高級主管預計在三年內將區塊鏈整合到他們的企業系統。半導體產業對 AI 的採用也持樂觀態度，90%的半導體高級主管這麼認為，比其他行業都高。此外，超過一半的受訪者（54%）認為未來兩年內 AI 將成為他們的同事、合作者或顧問，這個指數也高於其他行業。半導體高級主管還認識到了擴展現實的巨大潛力，包括增強現實和虛擬實境技術。93%的受訪者認為這些技術將在未來五年內普及並影響每個行業。幾乎所有人（97%）都認為他們的企業可以利用擴展現實解決方案縮小物理距離，尤其是在與員工和客戶交流時。

埃森哲 2020 年釋出了一份類似報告，其經過對全球 6,000 多名企業和 IT 主管的調查發現，74%的半導體高級主管認同數位體驗必須變得更加以人為本；79%的半導體高級主管認為人類和機器之間的合作對未來的創新至關重要；85%的半導體高級主管認同技術已經成為人類經驗不可分割的一部分；87%的半導體公司報告在一個或多個業務部門試點或採用 AI- 光學＋ AI 分析平臺可以提高產能和良率，並最佳化半導體製造測試。69%的半導體高級主管表示，行業正朝著互聯產品所有權模式更加多樣化的方向發展；48%的半導體企業預計在未來兩年內將在不受控制的環境（Uncontrolled environments）中使用機器人。

在其 2021 年的報告中，70%的半導體高級主管認為他們組織的數位化轉型的步伐正在加快（其中，89%的人代表 Fabless 公司、50%的人代表 IDM 公司）；95%的半導體高級主管認為他們的組織在今年有了新的目標感；幾乎所有接受調查的半導體高級主管都認同技術架構正在成為其組織整體成功的關鍵。

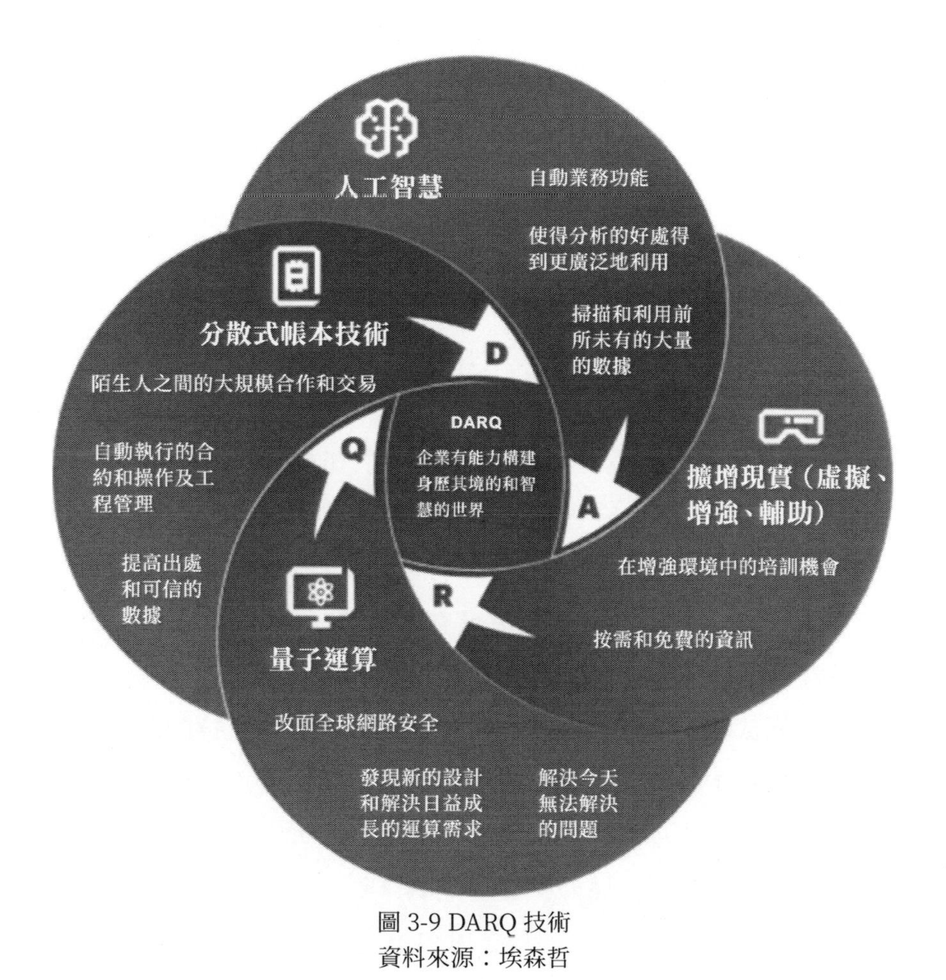

圖 3-9 DARQ 技術
資料來源：埃森哲

在其 2022 年的報告中，埃森哲聲稱其對 35 個國家 23 個行業的 4,600 多名商業和技術領導者進行了調查。71%的高級主管認為元宇宙將對他們的組織產生積極影響，42%的高級主管認為這將是突破性的或變革性的。這包含了第四次工業革命中典型的資訊物理系統和數位對映，也包括在 2019 年報告中就提出的量子運算在各行業的進一步發展。量子運算作為受生物啟發的全新運算方式，其應用工具可以幫助企業解決傳統運算過於昂貴、效率低下或透過傳統方式完全不可能進行運算的問題。

3.2.3 積體電路與 AI 的互促成就

積體電路與 AI 是兩個相輔相成、相互促進的高階技術領域。以積體電路為基礎的晶片技術為 AI 技術的發展奠定基礎，而 AI 技術也會反作用於積體電路技術發展。AI 的發展離不開積體電路的支撐，積體電路的更新也對 AI 的發展造成了積極的促進作用，在兩者的良性互動下，AI 與積體電路一定會走得更遠、走得更好。

在積體電路製造行業，智慧軟體可能是繼目前硬性卡脖子風險後面更大的軟肋和風險。作為晶片的基礎生產設施，在中美貿易摩擦背景下，一邊需要鉅額資金向國際廠商採購先進的生產裝置，一邊出於提升自主可控降低依賴的考量，需要投入資源來發展自主可控的晶片智造軟體。出於穩定生產與降低波動的角度，晶圓工廠的智造軟體不一定要從 MES 或 ERP 這些大系統開始，而是可以因地制宜地從數據科技開始自研應用，從第 2 章中大部分海外廠商的經驗來看，這是一個由點及面的過程，並且可以在這一過程中，將科技民主化的創新文化建立起來。

積體電路產業的國際硬體禁運會影響後發國的擴產，而智造軟體的缺失可能令今天的生產都成問題（例如良率爬坡和超額量產的挑戰）。在晶片裝置廠商提供的產品中，部分不同售價的中高級裝置的硬體配置可能完全一樣，區別只是控制軟體版本不同。事實上電子及機械硬體系統難以輕易更新，通常 2 ～ 3 年推出一個新版本已是很快，而智造軟體卻可以透過頻繁迭代來提升裝置本身的穩定性、精密度甚至產能。在業界這並非機密，就如同一個普通的個人電腦使用者透過超級軟體來實現超效能的使用一樣，先進裝置更是如此，這在後面章節關於 ASML 的計算光刻中會進一步說明。

3.3
AI 應用於積體電路的投資報酬分析

AI 和機器學習的產業應用已經存在多年。早在 1990 年代，IBM 即發表了一篇關於如何使用檢測系統和早期機器學習形式發現晶片製造過程中產生缺陷的論文。但當時系統執行緩慢且準確性低，所以當年相關的應用根本無法廣泛使用，也得不到業界的關注和響應，其中有兩個原因：一個是算力有限，僅僅支持一個複雜的機器學習系統對於產生高效準確的應用結果是遠遠不夠的；另一個原因是當時的機器學習技術還處於起步階段。時至今日，半導體產業的運算能力有了巨大的提高，這使業界可能在該領域應用機器學習和 AI。可以且必須應用 AI 的另一個主要原因是環境所迫，無論是材料的純淨度、對生產環境的苛刻要求或生產工藝本身的複雜程度，都是前所未有的，半導體製造裝置已成為 3D 作業的工具，其複雜性更是呈指數級成長，在這樣的情況下，僅僅使用物理學來模擬製造就顯得捉襟見肘，往往需要數年的時間才能完成，機器學習使這一切變得更快更準。最後就是低成本演算法庫的發展，例如 2015 年推出的 TensorFlow（Google）和 2016 年推動的 PyTorch（Facebook）。

2021 年 6 月 9 日，中國毛軍發院士在 WSCE 世界半導體大會上表示，晶片現有兩條主要發展路線：一是延續摩爾定律，二是繞道摩爾定律。

如今摩爾定律正面臨各種挑戰，而繞道摩爾定律有很多途徑，異質積體電路就是其中之一。針對異質積體電路面臨的問題，毛軍發院士提出總體研究思路：打破積體電路傳統「路」的思路，向「場」演變，進行多學科交叉，包括電子科學與技術、物理學，特別是 AI 對電路的設計，需要力學、化學、材料等多學科交叉開展研究。

利用 AI 技術對於晶片設計的影響展現在兩個方面：一方面是 EDA 工具，近幾年 EDA 公司做了很多工作，它們有大量的數據累積，在引入 AI 技術後，能提取出設計過程中的「關鍵特徵」，並對後續的設計工作造成非常直接的作用，可以縮短設計週期；另一方面是 AI 技術使工作方式變得可持續累積。相信按照現有的方式，不用特別長時間，AI 就能在很多方面超過有經驗的工程師。以後的晶片設計過程更多是需要大量的數據和工具，這樣整個設計端都會降低門檻。兩大 EDA 公司 Mentor 和 Synopsys 認為，加入 AI 的晶片設計工具可能縮短晶片的設計時間為原來的十分之一，同時將晶片 PPA 提升 20%。Mentor 的 Joseph 曾介紹以輝達為例，透過使用 AI 工具，可以把生產效率提高近兩倍，驗證成本下降了 80%。Google 團隊將 AI 強化學習方法應用於晶片設計複雜的「布局」中，獲得了顯著的效果提升。對於晶片設計進行了足夠長時間的學習之後，它可以在不到 24 小時內完成 Google Tensor 處理單元的設計，並且在功耗、效能、面積都超過了人類專家數週的設計成果。另外以 Graphcor 為例，透過使用 AI 技術，它的診斷式功能測試（DFT）生產率提高了 4 倍，測試調通的速度大幅提高，基於實際的數據證明它的設計時間週期縮短到了 3 天。在積體電路設計過程中，如果出現失誤，半導體公司必需根據製造回饋進行多次昂貴且複雜的迭代。因此半導體公司可以透過部署 ML 演算法來辨識元件故障模式，預測新設計中可能出現的故障，並提出最佳布局以提高良率，從而避免這個問題。在此過程中，在基於AI的分析支持下，晶片設計被分解為關鍵元件，然後演算法將這些元件結構與現有設計進行比較，以辨識單個微晶片布局中的問題位置並改進設計，這樣可以顯著降低COGS、提高終端良率並縮短新產品的上市時間。它還可以減少維持終端良率所需的努力。因此，從半導體產業鏈來看，晶片設計和驗證的自動化將從AI技術的應用中受益頗豐。

AI賦能的領域不僅是設計，它在半導體積體電路各個領域的潛力都非常巨大。5G科技創新帶來了物聯網、工業網際網路、AI、大數據等新興資訊化產業的發展，若能將這些技術應用在半導體產業鏈，減少產業鏈上下游資訊差，一定程度上指導企業生產、備貨，或將有利於維護供應鏈穩定。在半導體的製造過程中，AI的應用價值比比皆是。在光刻工藝中，利用AI技術可以大幅提高良率，降低數倍生產的執行時間。不僅能辨識出生產過程中產品的缺陷，還能進行預測缺陷。半導體生產製造，通常需要4,000個CPU執行1天才能產出1個掩膜（Mask），但如果使用機器學習演算法後，能夠將執行時間縮短到之前的1/3～1/4天。儲存器廠美光公司（Micron）認為，AI的實施幫助美光減少了30%的裝置計畫外停機時間，低產品良率減少了40%，良率學習曲線提高了20%。目前半導體公司在大數據分析上，最關注的是良率診斷分析，也就是出現問題後可以透過系統的方法快速追蹤問題源頭，從而進行診斷分析，改善良率。下一步要做的事情就是預測，透過AI、機器學習等手段，從數據裡面提出價值，來預測可能發生的風險或問題。台積電於2019年表示，在AI的幫助下，能夠在不增加裝置的情況下多生產20%～30%的矽片，例如在某些關鍵工序上，使用AI對機臺保養時間動態地做出調整，提高生產效率。另外，AI還可以將很多專家的經驗和專業技能整合在一起，讓一個專家的經驗在本人不在場的情況下就能大面積推廣使用，從而實現更好的經驗傳承。由於先進晶片製造對於水、電等能源產生鉅額的消耗，作為能源緊缺的臺灣來說，台積電早將 AI 應用於能耗管理以實現綠色製造，獲得了內部的創新獎項。綠色製造有三個關鍵點：第一，能耗要最小；第二，廢氣排放量最低，使用水資源最少；第三，排放出來的廢棄物數量要降到最低。台積電在臺灣的工廠中，在單位面積上其使用能源最小、排出氣體最少、用水量也是最小的，即使與其他先進國家和地區相比，台積電工廠排出的廢棄物要少很多。隨著 2030 全球碳達峰、碳中和目標的逐步臨近，晶片廠目前除了最為重要的良率、產能和研發生產週期外，節能降排將會是最為重要的考核指標及迫切任務。

一項來自麥肯錫的報告[067]也驗證了 AI/ML（Machine Learning）對於半導體製造的巨大投資價值（如圖 3-10 所示）。在半導體製造中，製造業是半導體產業最大的成本驅動因素，而 AI/ML 將在這裡提供最大的價值 - 約占總價值的 38%。它們可以降低成本、提高良率或增加晶圓工廠的產能。從長遠來看，我們猜想它們將使製造成本（銷售成本和折舊成本）降低多達 17%。AI/ML 可以幫助半導體公司在研究和晶片設計階段最佳化其產品組合並提高效率。透過消除缺陷和超出公差的工藝步驟，公司可以避免耗時的迭代，加速良率提升，並降低維持產能所需的成本。儘管 AI/ML 還不足以應用在晶片設計的所有階段，但隨著時間的推移將成為現實。因此，AI/ML 最終可能會將當前的研發成本基數降低 28%～ 32%，這甚至高於製造業預期的收益。

[067] 麥肯錫，2021，*Scaling AI in the Sector That Enables It: Lessons for Semiconductor-device Makers*。

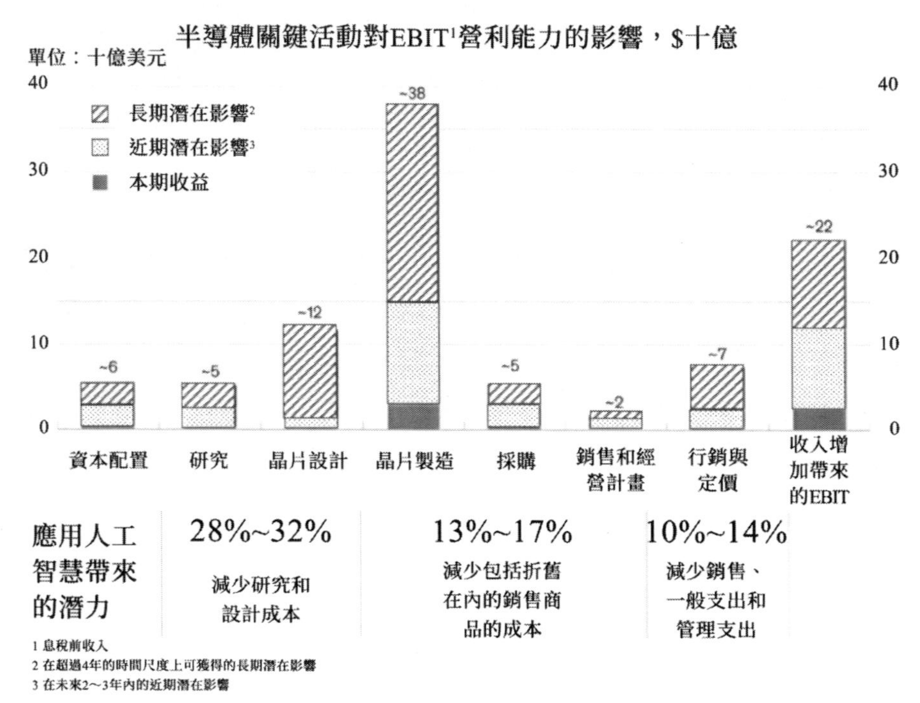

圖 3-10 AI 將降低半導體製造成本，並極大減少研發投入
資料來源：麥肯錫

AI/ML 在製造中實現的場景，至少可以從如下兩個生產的細節中加以說明：

- 關於工具引數的調整。在定義工藝配方的步驟時，半導體公司通常為每個步驟指定一個恆定的時間框架。但某些單個晶圓所需的時間範圍可能會出現統計或系統波動，因此工藝可以在產生所需結果（例如特定蝕刻深度）後繼續執行。這可能會增加時間並浪費甚至損壞晶片。為了獲得更高的精度，半導體公司可以使用來自先前工藝步驟的實時工具感測器數據、計量讀數和工具感測器讀數，從而允許機器學習模型捕捉工藝時間和結果之間的非線性關係。收集的數據可能包括蝕刻過程中的電流、光刻中的光強度和烘烤中的溫度。使用這些模型，可以在每個晶圓或每個批次的基礎上實施最佳工藝時間，以縮短加工時間、提高良率或兩者兼而有之，從而降低銷售成本並提高產能。

➤ 關於晶圓的目視檢查。這一步驟透過在前端和後端生產過程的早期檢測缺陷來幫助確保品質，在生產過程中經常進行（例如使用相機、顯微鏡或掃描電子顯微鏡）。然而，這些影像仍然通常由操作員手動評估潛在缺陷，從而容易出錯和積壓並增加成本。機器視覺深度學習的進步使現代晶圓檢測系統成為可能，它可以被訓練辨識自動檢測和分類晶圓上的缺陷，其準確度與人類檢測員相當甚至更好。專用硬體（例如張量處理單元）和雲端產品支援機器視覺演算法的自動訓練。這反過來又允許更快的試驗、實時推理和可擴展的部署。透過這種方法，公司可以及早了解潛在的工藝或工具偏差，從而更早地發現問題並提高良率，同時降低成本。

而對於造成晶片荒的主要原因 —— 設計能力大幅提升而量產產能嚴重不足來說，AI 賦能製造就更為重要了。雖然專業人士認為製造只不過是一個集中點，其產能不足的原因可能是裝置少、材料缺、工藝得不到改進等，但不可否認的是，作為產業鏈全球化分布的半導體積體電路行業，IDM 或 Foundry 依舊是解決產能不足問題的集中性突破口，在 IDM 或 Foundry 這個站點來解決問題不僅是最現實的，也是最有效的，所以我們聚焦在 AI 賦能製造這個維度，試圖在特定工藝、裝置、材料的約束環境下，能夠生產出更多的晶片來擴大產能並節省成本，這已在台積電得到了驗證。

麥肯錫的一項報告指出[068]：隨著晶片廠商試圖提高研究、設計和製造方面的生產力，同時加快上市時間，AI/ML 正成為整個價值鏈中愈來愈重要的工具。AI/ML 現在每年為半導體公司的息稅前利潤貢獻 50 億～ 80 億美元，但它僅反映了 AI/ML 在行業內全部潛力的 10%左右。在接下來的兩到三年內，AI/ML 每年可能產生 350 億～ 400 億美元的價值。在更長的時間範圍內 —— 在未來四年或更長時間內 —— 這個數字可能會上升到每年 850 億～ 950 億美元。這一數額相當於該行業 2020 年收入 5,000 億美元的 20%左右，幾乎相當於其 2019 年 1,100 億美元的資本支出。特別是對於先行者而言，是不可忽視的降本增收環節。

在第四次工業革命中，AI 晶片的誕生和發展代表著機器智慧的大幅提升。AI 在半導體製造及積體電路故障診斷方面表現出諸多的優勢：AI 技術利用其在運算量、運算速度和運算精度方面的超人優勢，抽象出人腦神經網路，透過人工神經網路學習建立模型，然後進行模式辨識，判斷故障的原因和類型。同樣，AI 對電路設計最佳化中的傳統模擬最佳化過程進行改進，利用機器學習技術對取樣結果建立模型。這不僅提高了設計最佳化的效率，縮短了模擬的生命週期，而且提高了引數的符合性和準確性。這都再次驗證了 AI 與積體電路互補協調發展的關係和方向。可以預見，隨著 AI 技術的深入和積體電路硬體的不斷完善和最佳化，未來積體電路將更加智慧化。如上述所言，AI 與積體電路的結合發展，也將更多展現其協同效應和溢位價值。

半導體製造的 AI ＋，將對於實時分析、精準控制、提升良率以及進行預測性維護等方面有極大提升。2022 年 5 月，在由 SEMI 組織的先進

[068] 麥肯錫，2021，*Scaling AI in the Sector That Enables It: Lessons for Semiconductor-device Makers*。

半導體製造會議的圓桌論壇中，與會者指出了涉及全球晶圓工廠和 AI/ML 的 10 個趨勢或建議：

- 到 2025 年，AI/ML 在半導體領域的應用規模將達到 1,000 億美元。
- 工程師們可以更輕鬆地完成高效排程和缺陷分類。
- 數位對映和分析賦能預測性維護。
- 無價值的步驟將被跳過或縮短。
- 晶圓工廠正在應徵數據工程師，這是數據科學家與製程工程師的結合體。
- 大數據的優勢顯而易見，但正確的數據才是更重要的。
- 工具狀態的標準（SEMI E10）提升了透明度。
- 深度學習將應用於在良率、缺陷和成本之間取得最佳平衡。
- 由於 AI/DL（Deep Learning）應用可觀的投資報酬，行業內可有可無的心態將得以扭轉。
- AI/DL 應內建安全機制。

可以預見，半導體和 AI 作為重要的技術利器，將重塑各國之間的競爭態勢和各自的全球地位。

第 2 篇

技術篇：積體電路與 New IT 的跨界融合與智造技術

第 4 章

智造軟體持續加碼全球半導體製造

4.1
開啟先進半導體智造之窗

4.1.1
臺灣的 AI 智造與競爭基礎：工業 3.5

工業 4.0 的範疇不僅是指對現有生產方式的改善或技術更新，它還專注於廣泛的連線，例如整合供應鏈。在產業鏈中即使競爭激烈的公司之間也有共同成長的機會，在同一個賽道並不意味著一定會在博弈中你死我活，競爭是一種客觀需求和存在，在某種程度上促進了產業的發展。在四次工業革命中，第一次和第三次工業革命偏向於集中在蒸汽機、電晶體和數位等更為顛覆性的技術上，而第二次工業革命的內燃機和第四次工業革命的虛實結合，則更多地集中在各種商業模式的快速更替、平臺和行業生態系統之間的競合關係上。大多數傳統產業可能還沒有準備好直接遷移到工業 4.0，臺灣也不例外。臺灣的晶圓生產面臨著大規模訂製的全球競爭，以滿足客戶的動態需求。為了應對從大規模生產到按需生產、小批次和多樣化產品組合的挑戰，需要一個新的方案來支持晶圓製造業採用智慧製造數位化轉型，它需要遵循一個框架，作為收集、辨識和分析組織的相關步驟和決策的系統方法，這個新的決策支持系統，可以打破已有的資訊孤島並增強智慧製造，這時候臺灣小步快跑版的工業 4.0 出現了 —— 工業革命 3.5[069]。

2017 年 5 月 23 日 -5 月 27 日，被稱為「人類最後的希望」的柯潔與 AlphaGo 鏖戰三輪，最終總比分 0 ： 3，柯潔敗於 AlphaGo。深度學習幫助 AI 克服了「波拉尼的悖論」，算是另闢蹊徑，繞過這個理論限制，也就是只要輸入巨量的標記過的數據，電腦就可從這些數據中，自己找出細微的模式，學會人類最精巧的技藝。因此，很多國家和地區都將 2017 年定為「AI 元年」[070]。正是這一年，臺灣公布了「AI 推動策略」方案，提出五大策略：建構 AI 研發基礎設施，設立 AI 創新研究中心，打造智慧機器人創新基地，開發智慧終端半導體核心技術（半導體射月計畫），以及設立吸引國際人才的「科技大擂臺」。針對臺灣發展 AI 的評估，在優勢方面，臺灣在晶圓代工及 IC 封測領域位居全球第一，IC 設計為全球第二，具備重要的硬體製造能力。另外，臺灣學研界長期投入在類神經網路、專家系統等理論，機器學習與大數據趨勢預測分析的相關應用也具備一定研發能量。和其他國家相比，雖然臺灣並沒有提前幾年定出 AI 元年，但其 AI 在工業領域的實踐是迅速而超前的。

2018 年，來自 Micronix、Advantech、Nvidia 和 MOST 的專家在 SEMI Taiwan[071] 主辦的 AI 和半導體智慧製造論壇上，分享了他們對深度學習、數據分析和邊緣運算將如何塑造未來半導體製造的見解。時至今日，中國的半導體製造行業已開始意識到智造軟體的重要性，而不只是偏重 EDA 軟體。從產業鏈來說，工業軟體特別是智造軟體，和 EDA 軟

[069] 簡禎富，2019，《工業 3.5》。
[070] HKTDC 經貿研究，2018，《臺灣迎頭趕上全球 AI 研發應用潮流》。
[071] Emmy Yi，2018，*AI to Revolutionize Semiconductor Manufacturing – 4 Takeaways From SEMI Taiwan Forum*。

體一樣都是「卡脖子」的領域。智造軟體的重要性還在於，它所發揮的共性價值是對於整體產業鏈而言的，智造軟體所依賴的 AI 在 EDA 設計上已發揮的巨大價值就是例證，目前是需要把智慧技術充分地應用在製造和封測上。對於晶片製造廠商來說，由於創新試錯的成本極高，為保障穩健經營，在新資訊技術應用方面比較保守，這導致中國在晶片製造領域的智慧應用滯後於能源、汽車等行業，現在到了必須加以重視和應用的時候了。

其實早在 2001 年，臺灣在晶圓代工行業就開始採集和管理製造流程數據，並運用 AI 神經網路進行製程工藝和良率的分析。如圖 4-1 所示，半導體製造業的數據探勘和數據價值開發總共分三個層次，從上往下分別是流程、數據和分析。流程是從晶片投入到晶圓測試的 20 多個主要的工序，對應這個製造過程，相應的資訊化系統存貯的相關製造數據主要是 MES、WAT[072] 和 SORT[073]。MES 中的數據又分為 4 個維度，分別是批次資訊（過程歷史數據、量測數據、備註數據）、工具資訊（PM[074] 數據、備註及狀態數據）、缺陷資訊（缺陷數量及類型）和基本數據（路徑、產品、引數和規格）。WAT 數據可以按照站點或批次等方式採集，包括引數名稱、測試數據、特殊限定與有數限定的資訊。SORT 中的數據可以按照批次的 Die[075] 來分，包括 Bin[076] 的名稱、數值和 Die 的位置等資訊。這些數據統一匯聚到線下的工程數據庫，這些數據整體上可以用

[072] WAT（Wafer Acceptance Test）是對 Wafer 劃片槽測試鍵的測試，透過電性引數來監控各步工藝是否正常和穩定，在晶圓製造過程中進行。

[073] SORT 指晶片分選，是在製造完成後對整片 Wafer 的每個 Die 的基本裝置引數進行測試。

[074] PM 是 Process Manufacturing 的縮寫，PM 數據是指流程製造產生的數據。

[075] 晶片中的 Die 指裸片、裸晶片，包括了設計完整的單個晶片以及晶片鄰近水平和垂直方向上的部分劃片槽區域，晶圓上每一個方格切割後就是一塊 Die。

[076] Bin 是一個測試的分組，簡單的形式是測試通過或失敗，測試內容包括靈敏度、速度或其他引數。

於 SPC[077] 和監控管理，更重要可以進行數據相關性的分析，比如按站點或批次就量測數據和 WAT 數據進行關聯分析，或是 WAT 和 SORT 的關聯分析。檢測統計分析可使用綜合的方法，比如 T- 測試、方差分析、克魯斯考爾 - 瓦利斯法和決策樹。透過流程工具和 WAT 引數可以對 SOM 的特徵進行提取，也可以透過神經網路基於 Bin 與 Die 的資訊提取模型。

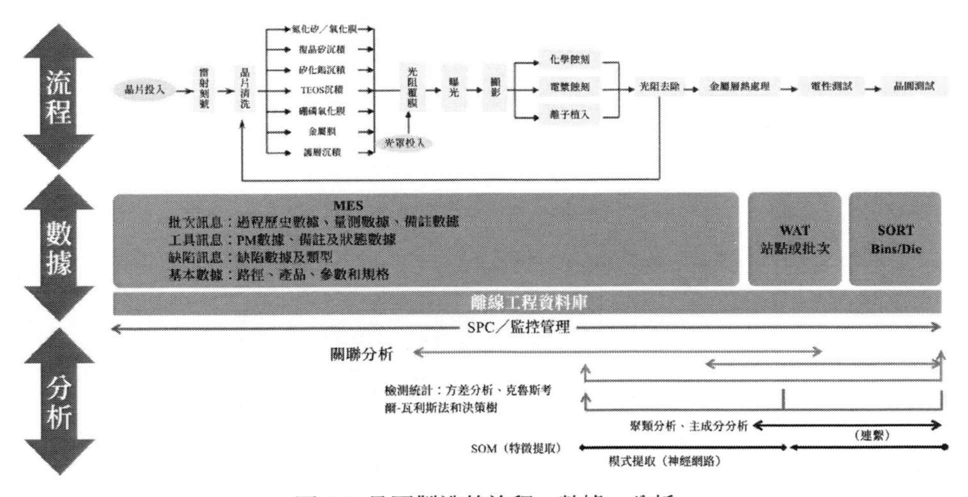

圖 4-1 晶圓製造的流程、數據、分析

資料來源：《半導體製造業的數據探勘和數據價值開發》[078]

臺灣各個產業的標準化、系統化、自動化的程度不一，大多數企業只是工業 4.0 軟硬體系統的使用者，並沒有在企業內部建構系統性的架構，這意味著解決了生產製造過程中的一些控制問題，並沒有形成智慧的策略決策能力，所以基於大數據系統分析來建構彈性的決策能力被提上了日程。企業透過盤點自身擁有的資源和優劣勢，建立專屬自己的數

[077] SPC（Statistical Process Control，統計製程控制）是一種成熟的技術，它使用統計方法來分析過程或產品指標，以採取適當的措施來實現並維持統計控制的狀態，並不斷提高過程能力。

[078] 彭誠湧、簡禎富，2001，Data Mining and Data Value Development for Semiconductor Manufacturing。

位化轉型策略和智慧製造技術藍圖。以「系統化程度」和「彈性決策能力」為衡量指標，可以將企業分為圖 4-2 中的四個象限。臺灣大部分的企業是決策彈性不錯，但系統化程度不高，位置處在圖中的右下角。若沒有好的策略藍圖而只是匯入軟硬體系統，很多時候是徒勞無功。工業 3.5 的策略主張用 AI 將內在的管理知識應用於分散式決策支持，逐步提升系統化程度。工業 3.5 策略一方面強化自己的數位能力，縮小了與先進廠商的差距，另一方面先從市場上收割部分工業 4.0 產業的紅利，在實力強化後再進入工業 4.0，成功的機率則大幅提升。

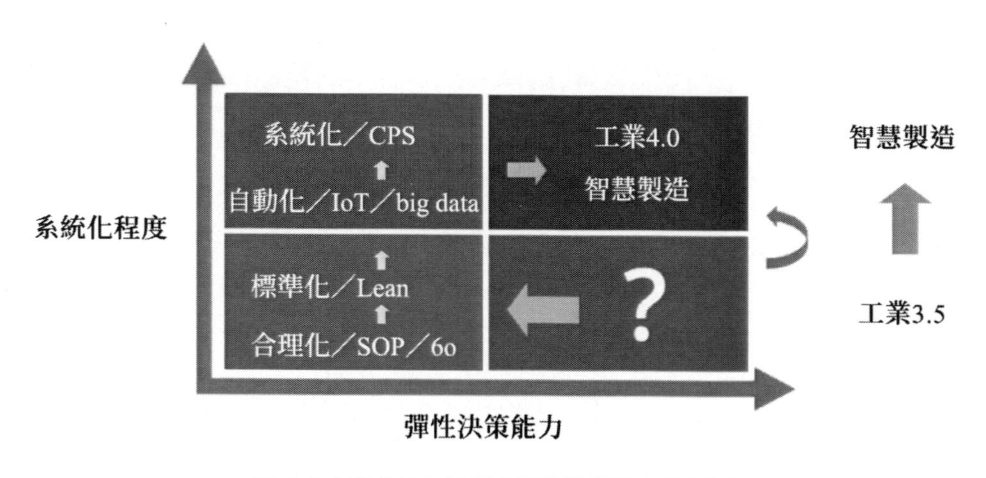

圖 4-2 企業系統化程度及彈性決策能力分析圖
資料來源：簡禎富，2017、2019

工業 3.5 概念架構協助臺灣企業進行智造能力的評估，量身訂製了「工業 3.0—工業 3.5—工業 4.0」的策略路徑。企業以工業 3.5 混合策略和破壞性創新為核心策略，首先建立全面資源管理、智慧生產、數位決策、智慧供應鏈與智慧工廠等營運核心能力（Operational Core Competence）。然後，藉助支持的基礎環境，包括「物聯網」、「大數據」、

「跨領域虛實整合」與「基礎工業能力」等，推動產業生態系統的四個關鍵，包括製造優勢與管理經驗系統化與數位化、產品生命週期與營收管理、軟硬體裝置和分析能力垂直整合，以及永續發展和綠色供應鏈。臺灣科技部 AI 製造系統研究中心主任簡禎富[079]二十多年深入產學合作第一線，與臺灣各產業龍頭合作，深耕智慧製造和大數據分析的研究結果，指出工業 4.0 革命的三大願景中，大數據與虛實整合系統只是基礎架構和工具目標，其根本目標在於掌握彈性決策的核心能力。對於一家企業來說，這種描述更為落地。

工業 3.5 藉助 AI、大數據及數位決策系統，結合產學資源，為企業解決需求個人化、產品週期愈來愈短、人力短缺、企業接班等經營難題，並從經營決策、資源管理、人才培育與藍湖策略這四個大方向上，協助企業有效管理資源，改善經營。

- **數位決策轉型**：採用 PDCCCR 製造策略架構（如圖 4-3 所示），搭配龍捲風圖找出關鍵變因，以協助企業建立數位大腦，不斷學習並改善決策，帶領企業搶先進入智慧製造。
- **全面資源管理**：將原本蘊藏在老師傅、資深高級主管的管理與決策智慧數位化，以解決人才斷層、企業接班問題。培養人機合作人才：以書院、學堂、微課程協助人才持續精進，培養出善於人機合作的「鋼鐵人」，提升員工戰鬥力和決策力。
- **量身打造智慧製造策略**：企業應該如同大戶人家一樣，都有自己的家庭醫生。透過產學合作，為企業量身打造智慧製造解決方案，用有限資源創造最大效益。

[079] 簡禎富出生於 1966 年，在美國威斯康辛大學麥迪遜分校獲決策科學與作業研究博士學位，後擔任臺灣清華大學工業工程與工程管理學系教授。他於 2003 年起擔任台積電的顧問，2005-2008 年擔任工業工程處副處長，成為國內首位借調台積電擔任高級主管的學者。

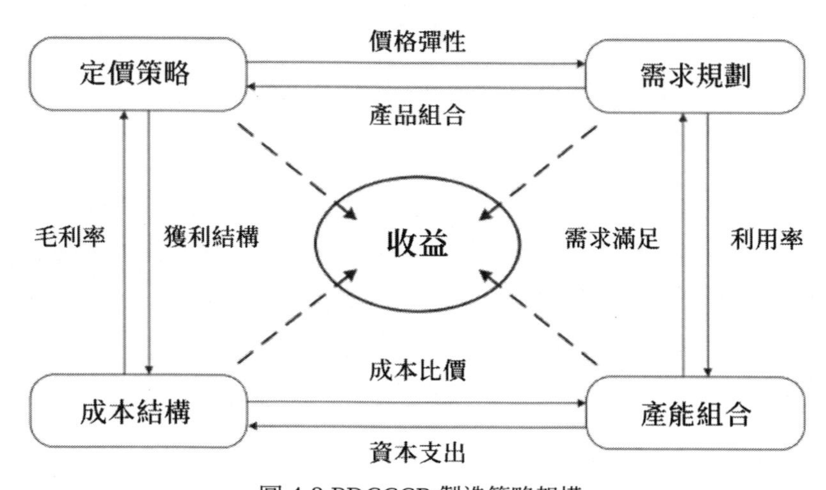

圖 4-3 PDCCCR 製造策略架構
資料來源：簡禎富，2019，《工業 3.5》

4.1.2 從生產自動化邁向工程自動化

半導體製造擁有最複雜的製造環境。其原因包括嚴格限制的生產過程、重複的工藝流程、昂貴的精密裝置、多樣化批次的需求、高水準的自動化和數據的龐雜。然而，儘管困難重重，半導體製造業是許多工業化國家的一個關鍵產業，並直接和間接（例如透過商業服務）對全球經濟做出了巨大貢獻。隨著高度自動化的晶圓製造設施（Fab）的出現，帶動了一個引人注目的趨勢，即擴大傳統的自動化範圍，與先進的決策技術（如運籌學、AI 和排隊理論）相結合。這就推動了從生產自動化向工程自動化的過渡。

半導體行業是最早接受 MES 理念的行業之一，採用者早在 1970 年代甚至在 MES 這個術語還沒有出現之前就開始應用了，其中一些系統今天仍然在執行，但問題是這些早期系統已達到執行的極限，因此使用者不斷新增了各種輔助性小型應用程式，以滿足現代製造需求。即便如此，這些系統將無法再透過修補式的迭代來滿足需求，工廠必須重新換代更新才能生存。以工業 4.0 為發展方向的智慧製造，提供的巨大潛在利益很可能是推動高品質轉型的變革催化劑，也是為企業未來制定合理策略規劃的基礎。

英特爾在數據化轉型中的重要一環，便是利用物聯網技術進行廣泛的感測部署，以獲得過去未曾觸及的重要數據，再透過數據技術從巨量的資訊中獲得知識與經驗的洞見或業務的創新。幾十年以來的生產自動化正朝向工程自動化發展。如表 4-1 所示，在晶圓廠諸多的系統中，傳統運算製造管理系統占了半壁江山，即以 MES 為核心的軟體系統，包括 ERP、EAP、R2R、FDC 等。而根據英特爾特別是台積電過去十多年以來的智慧製造路徑，數據科技與運算科技甚至是工業 4.0 的虛擬實境與增強現實都已粉墨登場，早已掀開了智慧製造新紀元。

表 4-1 軟體體系從支持傳統的生產自動化邁向支持智慧的工程自動化

傳統電腦製造管理系統（Traditional CIM）			物聯網（IoT）	智慧精密製造（Intelligent Precision Manufacturing）		
ERP（SAP）\DB（CORACLE）CRM	MES（主計畫、排程、實時排工等）	自動化（EAP）／品質控制系統	工業內部互聯，數據採集	數據層（實時連接所有感測器的數據湖，對多元數據進行統一處理）	與傳統 CIM 整合一體化的智慧控制與決策支援介面	引入智慧分析引擎（大數據擬真，機器學習、數位對映）

統籌生產自動化管理 透過高級分析以實現生產改進	統籌工程管理 全方位改進關鍵 KPI（良率、產能、成本）
必需的	增強的
使半導體廠商活下來	使半導體廠商活得更好
舊系統打補丁升級，新系統全新架構，總體方向是工業 4.0	

資料來源：作者編輯

工業 4.0 在半導體工程自動化方面的 [080] 六個場景 [081] 如下所示。

（1）產品開發。工業 4.0 中的智慧經營和高級分析可以最佳化流程並實現更明智的決策。它有助於保障品質，一致可靠地、更快地建立、測試和推出新產品。根據 IEEE 的一份報告，良率損失在晶片生產週期中高達生產成本的 30%。不過，有一種方法可以最佳化操作流程。廠商可以透過使用 AI 應用程式來監控生產週期，從而系統地分析整個生產階段的損失。在使用下一代半導體材料時，這種能力變得更加重要，因為新材料比傳統矽材料更昂貴且更易揮發。

（2）製造業務。為了保持競爭力和效率，晶片廠商正在快速將其製造業務數位化。這個過程包括垂直整合製造系統和水平整合整個企業和價值鏈的物聯網，並得到下一代技術的有力支持。工業 4.0 工具可顯著縮短週期、提高生產力，而無須擴大工廠占地面積或增加產能、提高自動化程度並降低能源成本。同時，客戶還可以透過節省成本和時間而受益。硬體是工業 4.0 技術的核心驅動力。

（3）供應鏈管理。半導體產業需要透過高級分析來採用認知感測和

[080] Madan Mewari，Birlasoft，*How is Industry 4.0 Transforming the Semiconductor Industry: Applications and Benefits*。

[081] Madan Mewari，Birlasoft，*How is Industry 4.0 Transforming the Semiconductor Industry: Applications and Benefits*。

數位規劃，以克服未來的任何供需失衡。此類技術取代了全球價值鏈中主要的基於電子表格的 NPI 和 SFGI（半成品）實踐。它們還協助行業快速決定任何可預見的區域性中斷的情況。

（4）現場服務。由於物聯網和 AI 在半導體產業的日益普及，半導體的範圍已大大拓寬。半導體公司需要響應客戶從生產到檢測及系統化評估的需求。半導體公司的物聯網在對執行狀態進行實時監控並作出及時維護方面發揮著巨大作用。物聯網數據還可以改善客戶體驗，透過建立新的售後服務產品來增加收入，透過提前的實時干預降低服務成本。跨頻譜連線物聯網數據可以為整個生態系統帶來相當大的優勢，而現場服務是價值鏈的關鍵組成部分。

（5）過程自動化。智慧工廠好比是一個自組織的機器，可提高營運盈利能力並提高流程生產力。嵌入式系統的發展催生了 CPS 的新時代。CPS 融合了現實世界和虛擬世界，具有高度的靈活性、自組織性、自適應性、巨大的容錯能力和風險管理能力。這些屬性不斷提高傳統生產的實時品質、發揮資源、上市時間和成本優勢。這種智慧系統最佳化了內部生產流程，使其不再局限於生產單一產品，而是可以透過多個遠端操作員生產多個產品。

（6）營運效率。在部署工業 4.0 時，機器配備感測器以記錄影響 OEE 的重要事件，包括生產放緩或裝置故障。操作人員基於新一代人機介面進行裝置控制，從而縮短了手動輸入數據的時間，智慧回饋機制同時為操作人員和工程師提供了細緻的資訊和深刻洞見。未來，工業 4.0 解決方案將透過使用套件工具來檢查機器日誌數據，使自動化更進一步。這些工具首先評估歷史資訊並進行自動數據分析，以確定問題的根本原因，然後提出解決方案或自動執行。

麥肯錫認為，半導體領域迎來了一系列的新機遇，這包括對客戶群體進行細分以提高銷售業績。例如：對客戶市場進行實時的微觀細分，以便制定有針對性的推廣策略；用自動化演算法取代／支持決策；在商業模式、產品服務方面進行創新（利用產品感測器數據來建立售後服務產品）；最佳化資產利用（使用預測性維護來提高機器的可用性等）。

世界先進的晶圓製造廠商已普遍搭建了強大的數據環境，大數據基礎推動了晶圓工廠從生產自動化向工程化邁進，這包括多個維度：

（1）透過先進的規劃來支持工程與工具的對接，在專案管理上也便於制定總體計畫並推動實施。

（2）數位主線由強大的數據湖和雲端運算驅動，確保所有功能之間的實時連線和分析。

（3）生產的實時分析和控制進行，包括透過自動化的 AMHS/MCS 提高交付系統的自動化程度，透過實時排程來最佳化工具利用率，透過智慧 FDC 最佳化工具條件和匹配，基於下一代的 APC/R2R 控制來最佳化晶圓加工。

（4）設計和製程開發中心在設計時充分考慮到製造的穩健與柔性需求，從而確保產能和良率；與客戶共創的過程還可讓客戶提前參與研發，確保設計的價值交付；透過遠端控制中心對生產線控制／排程進行最佳化，加強產線的流動性、平衡性和靈活性；透過實時產能模擬，還可以挖潛工廠的產能；預測性維護可避免故障和非計畫性停機。

根據麥肯錫的一項研究報告，透過一系列的智造方案的落地，基於數據基礎、先進的分析和實時的工控，晶圓工廠的生產僅在光刻環節就有望提高 3%～ 5%的良率，將定義和追溯 Root-Cause 的時間從 1 天縮短到 1 個小時之內，還減少了 30%的物料傳送時間，生產週期也可從 6 個月縮短到 3 ～ 4 個月，並可減少多達 90%的手工勞動。

4.2 半導體智造軟體的極致力量

4.2.1 半導體製造三大極致挑戰

晶片製造具有資本密集型和技術密集型的雙重特徵，處在晶片整個產業鏈的中間位置，是整個產業鏈中重要的一環。半導體製造，無論是先進製程還是成熟製程，都朝著愈來愈極致的方向發展。所有頭部的半導體公司都有著共同的目標 —— 把晶片做得更小、更快、更便宜、更低能耗與高能效。在製造過程中，這種極致可表現為三個方面，即極致的精度、極致的效能、極致的能耗。這三大極致挑戰將進一步拉大全球晶片廠商在發展上的差距。極致精度表現為晶片製程已接近奈米的終點，即將邁入埃米的世界；極致效能是既要小巧快速，又要低功耗，還要穩定可靠；這些極致的要點帶來了愈來愈大的能耗，即需要耗費巨量的電力和水資源，是名副其實的能耗大戶。台積電 2021 年用電 203 億度，約相當於同年中國三峽電站發電量的 1/5，其中 EUV 光刻機一天就要耗電 3 萬度。

極致製造透過不斷提升高科技含量而持續產生高附加值，而高科技含量的提升意味著持續的投資。例如台積電在 2020 年的資本投入即上升至 200 億美元。隨著巨量資本投入和技術能力的提升，台積電的競爭優勢也愈來愈明顯，訂單不斷增加，甚至英特爾都開始把部分訂單交給台積電。隨著摩爾定律的延續，預期 2025 年量產的 2 奈米晶片將需要運用相當於 8 倍原子大小的製程工藝，是人類對物理極限的挑戰。晶片技術密集和資本密集這兩大特性使得製造玩家愈來愈少，導致先進製程晶片製造行業出現一種贏家通吃（Winners Take All）的局面。

晶片的核心製造裝置是光刻機，世界第一的光刻機廠商是位於荷蘭的 ASML，該公司於 2017 年推出世界上第一臺量產的極紫外光刻機，已經被用於製造 iPhone 手機晶片以及 AI 處理器等最先進的晶片。ASML 最新的光刻機體積如公共汽車一般大小，整個機器包含 10 萬個部件和 2 千公尺的電纜。每臺機器在發貨時需要 40 個貨櫃、3 架貨機或者 20 輛卡車。一臺的售價要超過 50 億台幣，差不多是一架 F-35 戰鬥機的售價，所以也只有諸如台積電、三星和英特爾等少數公司能買得起，事實上它們也是研發的投資者與參與者。行業認為，由於 ASML 在光刻機上的技術突破，有望讓晶片製造行業沿著摩爾定律至少再走上 10 年時間。

ASML 透過投資和入股等方式，獲取光刻系統的核心技術，而光刻機 90% 的其他部件都是合作和外購的世界頂級技術產品，例如美國 Cymer 的光源、德國通快的雷射器、德國蔡司的光學系統、英國愛德華的真空系統、德國柏林格拉斯的靜電吸盤等。同時引入英特爾、台積電和三星等電子大廠的注資，形成了無法複製和超越的產業策略利益共同體。晶片製造廠商在採購光刻機後，其投入產出要確保產品推向市場後售價在客戶可以接受的範圍之內，這是大眾消費產品與軍工產品的不同之處，前者需要大規模量產和市場接受，後者只需定量生產和政府接受。終端消費者的價格預期決定了晶片製造成本只能控制在一個特定的價格區間，即使是高階消費也不例外，光刻機的使用成本最終會透過產業鏈傳導給電子產品的消費者，這就決定了生產晶片的廠商必須把晶圓生產成本控制在特定的範圍內。

極紫外光工藝是在漫長的科技發展過程中逐步成熟的（圖 4-4）。它並不是行業原先最優的技術路徑，它比原計畫晚了 20 年，預算超出了 10 倍，研發過程是令人驚嘆的。20 年前，ASML 的主要競爭對手是尼康和佳能，當對手選擇深紫外光刻機的技術路徑時，ASML 孤注一擲與台積電聯合突破瓶頸浸潤式光刻技術，經過三年艱苦卓絕的努力，將一個異想天開的創意變成事實終獲成功，從而改寫了後續十年半導體的發展藍圖，將晶片加工的技術節點從 65 奈米持續下降。光刻關鍵技術的重大突破使 ASML 的市場占有率由 25%攀升至 80%。下一個關鍵技術即是極紫外光刻機，其原理是 1980 年代由日本人先提出並驗證的，但由於成本巨大無力實施。美國政府和業界專門成立 EUV 聯盟，由英特爾、AMD、摩托羅拉和 IBM 等參與，再加上隸屬於美國能源部的桑迪亞國家實驗室和勞倫斯利弗莫爾國家實驗室，共同攻克生產裝置的難題。同時歐洲 30 餘個國家也緊跟潮流，集中了科學研究院所的研究力量，參與 EUV 光刻技術的開發，這才有了摩爾定律的延續。

圖 4-4 ASML 的工程師在除錯 EUV 極紫外光刻機
資料來源：ASML 官網

從 10 微米到 2 奈米，電晶體數量從幾千個到幾百億個甚至更多，半導體技術的發展，全都濃縮在了這塊薄小的晶片上。IBM 採用 2 奈米工藝製造的測試晶片，每平方毫米面積上的電晶體數量平均是 3.3 億個，在指甲大小的晶片中，一共容納了 500 億個電晶體。IBM 公司成為首個製造出 2 奈米製程晶片的公司，但從實驗室試產到量產，要走的道路是非常漫長且艱難的。

除了光刻環節，為了進一步了解晶片製造的全過程，圖 4-5 展示了晶片從拉單晶矽到終測的主要工藝步驟，當然實際的生產過程要比圖示覆雜得多。晶片生產的主要工藝流程包括氧化、清洗、塗膠、烘乾、光刻、顯影洗膠、刻蝕、去膠、離子注入、薄膜沉積、化學機械打磨、測試、檢測等，其中部分工序需要循環進行數次至數十次，生產工序可多達幾千道，每一道都必須達到極其苛刻的物理特性要求。但是，即使是最成熟的工藝製程，也存在不同位置之間、不同晶圓之間、不同工藝執行之間以及不同時段之間的變異。有時，這種變異會使工藝製程超出它的控制邊界而導致殘次廢品。例如，在極其苛刻的潔淨空間內，不到0.5平方英寸晶片範圍裡，需要製作出數百萬個微米量級的元裝置平面構造和立體層次。因此，必須更加注重在具有挑戰性的工作條件下，保持元裝置製造的可靠性。在半導體製造過程中，元件可能會受到高溫高壓、高腐蝕或有毒環境的影響，當暴露在高熱環境中時，氣體輸送元件可能因為堵塞導致效能下降，最終，這可能會導致元件的更換，甚至造成停工。隨著系統變得更加複雜和苛刻，廠商必須採用更高級別的元件和製程控制方法。

成熟製程的12英寸晶片月產1萬片所需的主要裝置數量約為：高溫、氧化、退火裝置22臺，CVD 42臺，塗膠/去膠裝置15臺，光刻機8臺，刻蝕裝置25臺，離子注入裝置13臺，物理氣相沉積裝置24臺，研磨拋光裝置12臺，清洗裝置17臺，檢測裝置50臺，測試裝置33臺，其他裝置17臺。共計需要278臺。而在台積電目前生產14奈米到10奈米裝置的廠房中，全部都是裝置，有3,000多臺，完全沒有人，是完全智慧的生產線。

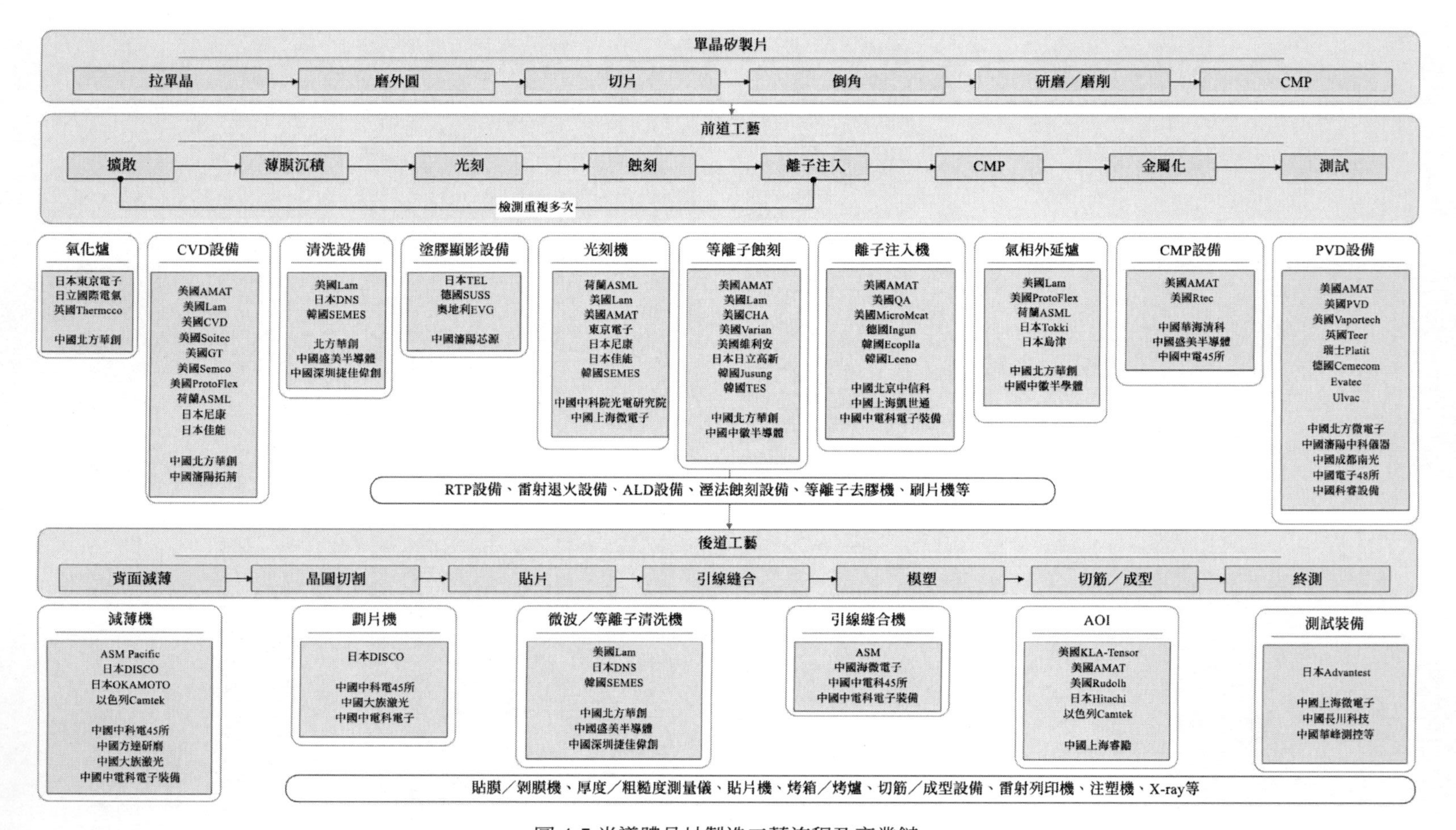

圖 4-5 半導體晶片製造工藝流程及產業鏈

資料來源：ITTBANK@ 芯語

從極致效能上講，半導體製造的精密不僅表現在速度、尺寸與功耗，還表現為極致的穩定。如圖 4-6 所示，無論是車規級晶片，還是消費電子晶片，都有其不同的苛刻之處。消費電子晶片通常的考慮維度主要是效能、功耗和成本，到了智慧時代，晶片的效能強弱成為最重要的指標，我們看到包括蘋果在內的手機廠商，最為炫耀的是其使用了多麼先進的晶片，以實現對手難以企及的超凡脫俗的應用功能。先進製程確保了晶片在獲得更高效能的同時降低其功耗，在避免了機身發熱的同時使待機時間延長，充分提升了使用者體驗。相反，若功耗不加以控制，則會產生大量的動態功耗、短路功耗和漏電功耗，不僅會出現運算錯誤的結果，甚至能將電路的一些部分熔接在一起，使晶片不可修復。例如，蘋果於 2022 年 3 月釋出 Mac Studio 中使用的 M1 Ultra 晶片，由台積電代工，採用了 5 奈米製程工藝，整合了 1,140 億個電晶體，擁有 20 個 CPU 核心和 64 個 GPU 核心。在最新的 PassMark 天梯榜上，M1 Ultra 處理器的綜合測試得分超越了英特爾 12 代酷睿全系產品，要知道 M1 Ultra 的設計功耗只有 65W，比酷睿 i9-12900KF 的 125W 幾乎低了一半，而效能只是低了 8%。即使不是那麼先進的消費電子產品，我們對於平常使用的電腦或手機的偶爾當機還能容忍，但如果是用在汽車的自動駕駛或飛機的自動巡航下，就要求晶片必須 100%準確可靠了。

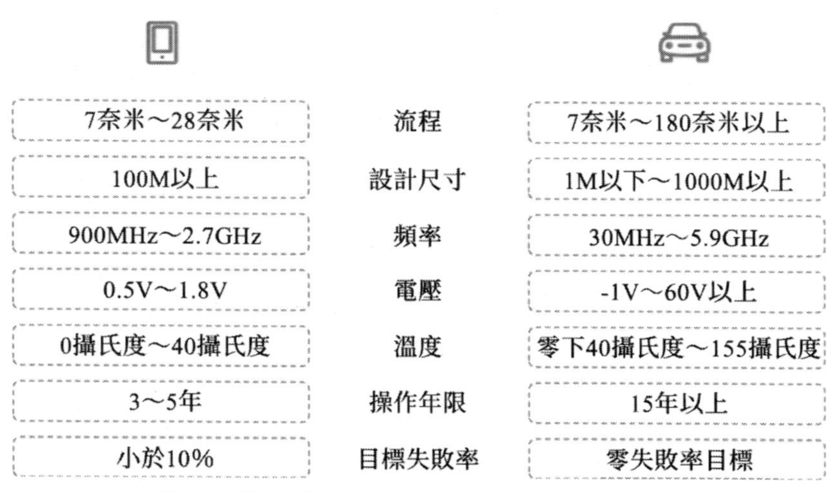

手機		汽車
7奈米～28奈米	流程	7奈米～180奈米以上
100M以上	設計尺寸	1M以下～1000M以上
900MHz～2.7GHz	頻率	30MHz～5.9GHz
0.5V～1.8V	電壓	-1V～60V以上
0攝氏度～40攝氏度	溫度	零下40攝氏度～155攝氏度
3～5年	操作年限	15年以上
小於10%	目標失敗率	零失敗率目標

圖 4-6 手機與汽車積體電路對晶片效能的要求對比
資料來源：Synopsys, Deloitte Analysis

汽車作為每家每戶必備的出行工具，其智控晶片非常看重可靠性、安全性和長效性。首先，相對於消費電子晶片更適合人機操作的介面環境而言，汽車於戶外的執行環境要惡劣得多，引擎艙的溫度範圍在 -40℃～ 150℃，汽車晶片需要滿足這種大範圍溫度工作範圍，而消費晶片只需滿足 0℃～ 70℃工作環境。另外，汽車在行進過程中會遭遇更多的震動和衝擊，汽車上的環境溼度、粉塵、侵蝕都遠遠大於消費晶片的要求。還有，相對於手機 3 ～ 5 年的生命週期，汽車設計壽命普遍都在 15 年或 20 萬公里左右。因此，汽車晶片的產品生命週期要求在 15 年以上，而供貨週期可能長達 30 年。在這樣的情況下，如何保持晶片的一致性、可靠性，是車規晶片首先要考慮的問題。汽車晶片安全性包括功能安全和資訊安全兩部分。手機晶片當機了可以關機重啟，但是汽車晶片如果當機了可能會造成嚴重的安全事故，對消費者來講是完全沒有辦法接受的。所以，汽車晶片在的時候，從架構開始就要把功能安全作為車規晶片非常重要的一部分，採用獨立的安全島設計，在關鍵模組、運算模組、匯流排、記憶體等都有 ECC、CRC 的數據校驗，包括整個生產過程都採用車規晶片的工藝，以確保車規晶片的功能安全。

我們知道，晶片也廣泛應用於國防軍工上，那麼除了準確可靠，還要考慮在超出設計標準甚至極端的軍事環境下，能盡可能長時間地保持正常工作。換句話說，越是極端的環境越是考驗晶片執行系統的魯棒性 [082]，這也是晶片產業反覆強調良率是生命線的原因所在，因為只有高良率才意味著高品質，高品質意味著高可用，沒有人願意看到在國防工業和軍事上，由於晶片品質問題而發生不可控制的意外，所以在軍工和車規上，穩定耐用是壓倒一切的品質要求。

所以說，消費級電子晶片追求製程工藝先進性，而車規級晶片往往優先考慮製程工藝的成熟性，而軍用級晶片是先進與成熟兼而有之。晶片製造在一定時期表現出先進與成熟兩種特性，主要是市場需求和廠商商業模式驅動的原因，其結果主要展現為終端產品可接受的性價比。其實對於晶片製造本身來說，最終目標是既要先進性又要成熟性。半導體製造在愈來愈精密和苛刻的路上正勇往直前。台積電的研發負責人、技術研究副總經理黃漢森（Philip Wong）認為，電晶體在 2050 年將有可能被做到氫原子的大小，即 0.1 奈米，而台積電預計將在 2026-2027 年量產 1.2 奈米的晶片。

從極致效能上講，晶片製造對於水電能源的消耗是巨大的。其中電力的使用大戶就是光刻機，EUV 光刻機的大量使用將會對臺灣的供電能力提出巨大挑戰。EUV 的能源轉換效率只有 0.02%左右，而造成轉換率

[082] 魯棒是 Robust 的音譯，也就是健壯和強壯的意思。它也表述在異常和危險情況下系統生存的能力。

低的一大原因是極紫外光本身的損耗過大。極紫外光物理特性與一般常見的紫外光差異極大，這種光非常容易被吸收，連空氣都無法通過，所以整個生產環境必須抽成真空。同時，極紫外光無法以玻璃透鏡折射，必須以矽與鉬製成的特殊鍍膜反射鏡，來修正光的前進方向，而且每一次反射仍會損失三成能量，一臺 EUV 機臺得經過十幾面反射鏡，將光從光源一路導到晶圓，最後大概只能剩下不到 2%的光線。一臺輸出功率 250W 的 EUV 機器工作一天，將會消耗 3 萬度電。如此大的耗電量也不可避免地帶來了很大的發熱量，因此需要部署相應的冷卻系統，同樣非常耗電。

根據 2020 年《台積電年度氣候相關財務揭露報告》，台積電的用電量為 169 億度，比 2019 年成長了 18%，超過整個臺北市的用電量。而臺灣全年的用電量為 2,710 億度，相當於台積電一家就消耗了臺灣近 6%的電力。目前，台積電有不到 20%的電力來自可再生能源和核能，由於可再生能源的不穩定性，加上臺灣明確在 2025 年前棄核，臺灣未來的選擇只剩下煤電和氣電。在臺灣整體於 2030 年減少 20%的碳排放、2050 年減排 50%的總體目標下，台積電於 2021 年 9 月承諾，到 2050 年實現淨零排放，100%使用可再生能源。台積電發言人高孟華表示，能源消耗產生的碳排放占台積電總排放量的 62%。可再生能源的廣泛使用或許可以幫助半導體產業減少碳排放。台積電於 2020 年與丹麥能源公司沃旭能源（Ørsted）簽署了一項為期 20 年的協定，由 Ørsted 專門為其在臺灣海峽建造 920 兆瓦的海上風電場，如圖 4-7 所示。這筆交易被稱為全球最大的企業可再生能源採購協定，除了保證清潔電力的供應外，台積電還能以批發價格支付電力成本，避免電價波動帶來的衝擊。

圖 4-7 為台積電供電的沃旭能源海上風電場
資料來源：沃旭能源官網

台積電除了大量消耗電力，還有水資源，因為晶片清洗必須使用超純水。根據台積電《2020 年度企業社會責任報告》，新竹、中部、南部三個廠區每日用水量分別為 5.7 萬噸、5.4 萬噸和 8.2 萬噸。儘管台積電已實現 86%的廢水回收利用率，平均每升水可重複利用 3～4 次，但仍然消耗巨大。2020 年台積電消耗了約 7,000 萬噸水，2021 年臺灣又遭遇了半個世紀以來最嚴重的乾旱，台積電的用水問題成為一個有爭議的話題 —— 晶片廠商與農民爭奪水資源（為了保住「用水大戶」半導體產業，臺灣當局採取多種措施，如抽取地下水、休耕停灌大量農田等）。

積體電路今天這種能夠容納充分的複雜性，且複雜性還持續疊加的體系，一是得益於在物理和化學科學方面不斷的探索與進步，這造就了工藝、裝置、材料的突飛猛進；二是得益於計量科學的加持，以萬分精確的邏輯進行推演和進化。但有趣的是由科學家創造的複雜性在不斷混雜迭代的今天，它似乎已超出了人類可以透過傳統方法得以控制的邊界。全球所有先進的半導體公司都在透過智造軟體，特別是以數據科技、AI 為代表的智造軟體來推動半導體產業沿著摩爾定律繼續前行。有趣的是，在數據科技、AI 為代表的智造軟體，特別是在深度學習取得重大突破之前，摩爾定律應該是終止了，但 AI 不僅創造了半導體未來發展的巨大市場，同時又在推動半導體自身的工業革命。

所有這一切都表明，人類需要透過整合人類的智慧以及人類創造出的機器智慧來應對各種挑戰，以 AI 為代表的智造軟體不僅內嵌於各種生產裝置之中，也在晶片生產的各個流程中發揮作用：出於對品質和核心競爭優勢的追求，首先要提升良率；出於市場規模成長的需求，主要是產能擴張；出於成本的控制，涉及人、機、料、法、環各個維度的降本增效；出於可持續的發展，涉及生態圈的建構與碳中和、碳達峰的要求。在數智化的時代，數據成為新生產數據，運算成為新生產力，人機合一成為新生產關係與模式，演算法框架和最佳化模型成為新生產要素，當人類開始為已取得的偉大創造歡欣鼓舞的時候，總會遇到新的更為艱鉅的挑戰，因此更宏偉的創新就會接踵而來，壓力與動力是相輔相成的。

4.2.2
工業互聯數據匯聚的平臺化

半導體製造產線數據收集、分析、管理和排產等能力的不斷提升，需要依賴一套統一的規範與標準，這在諸多的裝置製造廠商之間應獲得認同與遵循。SEMI（國際半導體產業協會）為半導體製造裝置提供了完整的 SECS/GEM 協定標準，它定義了資訊傳遞、狀態變數和應用場景，基於此，軟體與軟體可以實現通訊並對生產裝置進行控制和監督。協定適用於所有的製造裝置，從而降低了裝置的整合成本，並支援日益增加的應用程式，獲得業界的大力支持。多年來，SECS/GEM 一直是半導體產業工廠／裝置通訊和控制系統的支柱。自 1990 年代末以來，300mm 半導體工廠一直基於 SECS/GEM 協定進行通訊，而台積電、三星、美光、英特爾、東芝等大廠，在其 7×24 小時的全自動化執行中都是基於 SECS/GEM 協定。平板顯示器、高亮度 LED 和太陽能等其他行業也正式開始使用 SECS/GEM，因為它們認識到 SECS/GEM 可以應用於任何製造裝置之間的互聯，以支援對關鍵任務的執行。

基於 SECS/GEM 協定的數據共享如圖 4-8 所示。

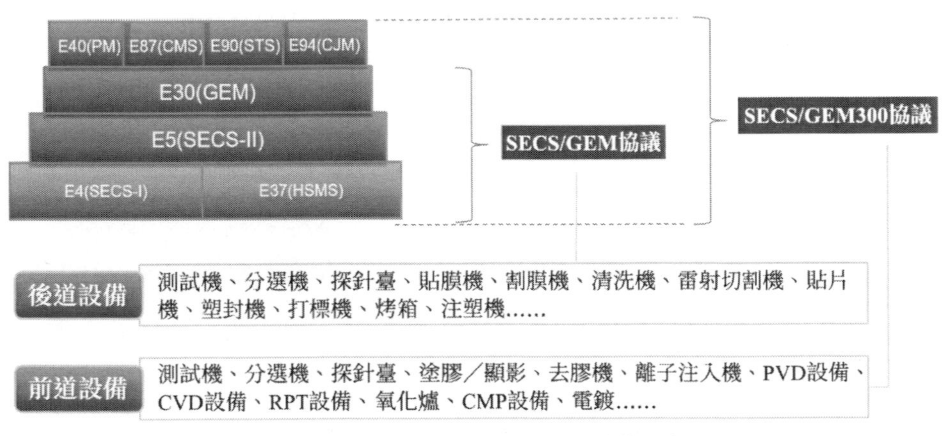

圖 4-8 基於 SECS/GEM 協定的數據共享
資料來源：SECS/GEM 相關網站

具體來說，SECS/GEM 指的是一組用於管理製造裝置和工廠主機系統之間通訊的半導體產業標準。資訊層標準 SEMI E5 SECS-II 定義了一個通用的資訊結構和一個包含許多標準化資訊的庫。協定層標準 SEMI E37 高速資訊服務定義了使用 TCP/IP 傳輸 SECS-II 資訊的二進位制結構。

SEMI E30 GEM 則定義了一組最低要求、附加（可選）功能、案例和部分 SECS-II 資訊的使用者場景，具體如下：

- SECS/GEM 是在裝置上實現的，工廠透過它來實現命令和控制功能。任何符合 SECS/GEM 的主機軟體都可以與任何符合 SECS/GEM 的裝置進行通訊。該標準在裝置上全面實施後，工廠軟體可透過其 SECS/GEM 介面對裝置進行全面監控。
- SECS/GEM 降低了裝置整合成本。儘管半導體廠商每種裝置的控制軟體都不一樣，但要求工廠對裝置進行整合，使裝置協調執行。對於訂製化軟體，無論是由裝置廠商還是工廠開發的，研發創新和維護都很昂貴，而且往往品質低於預期。相比之下，SECS/GEM 標準定義了如何在任何製造裝置上建立標準化介面。裝置廠商受益於為所有客戶開發一個介面，工廠透過為它們購買的所有裝置採用相同的整合軟體而獲益。工廠和裝置廠商對該軟體和技術的重用提高了軟體品質，降低了成本，並允許研發和迭代更多的功能。裝置廠商和工廠不僅可以在所需的最低需求功能上投資，還可以實現在其他方面的高級功能。如果它們只需要支援 SECS/GEM，那麼裝置廠商就可以釋出更多的數據，支援更先進的控制。反過來，工廠可以利用這些額外的數據來提高產品品質和生產率。
- SECS/GEM 適用於所有製造裝置。SECS/GEM 被劃分為基本需求和附加功能，可以在任何製造裝置上實現，而不考慮其大小和複雜性。SECS/GEM 也可以很好地根據裝置數據的大小進行規模的縮放。例如，一個非常簡單的裝置可能會釋出 10 個不同的採集事件，而一個複雜的裝置可能會釋出 5,000 個不同的採集事件；然而，兩者都可以使用相同的 SECS/GEM 技術。

- 使用 SECS/GEM 介面可以支援無數的應用程式。SECS/GEM 使得裝置上發生的一切都可以被追蹤，並支援任何遠端控制功能和系統配置。裝置釋出的數據越多，工廠可以實現的軟體應用程式就越多。SECS/GEM 介面使統計工藝控制、故障排除、預測性維護、前饋 / 回饋工藝控制、裝置利用率、材料跟蹤、配方驗證以及更多應用程式的實現成為可能。這些應用程式通常減少了裝置人機操作介面的需要，從而減少了工廠中操作員的數量。工藝配方管理允許工廠最小化報廢材料。例如，使用 SECS/GEM 介面將黃金配方儲存在工廠的中央儲存器，並確保在材料上使用正確的配方。
- SECS/GEM 非常有效地使用網路頻寬。每個 SECS/GEM 介面都充當資訊代理。由於代理在裝置上執行，未訂閱的數據不會在網路上釋出。如果主機軟體要接收警報、收集事件或跟蹤數據資訊，必須先訂閱。由於每個對警報、收集事件和跟蹤數據的訂閱都是單獨管理的，因此裝置可以實現單個 SECS/GEM 介面，該介面釋出所有工廠應用程式的請求警報、收集事件和跟蹤數據，而不會因為不必要的數據浪費網路頻寬。此外，當主機訂閱跟蹤數據時，它可以指定數據收集速率，這使得 SECS/GEM 比以硬編碼速率釋出數據的協定更有效。另外，所有 SECS/GEM 資訊總是以高效率的二進位制格式傳輸，這比 ASCII 格式的協定使用更少的頻寬。儘管使用二進位制格式，SECS/GEM 資訊也很容易和標準的 XML 符號進行互轉。
- SECS/GEM 是自描述的。雖然該標準要求 GEM 檔案隨裝置一起提供，但是 SECS/GEM 仍支援多種方法讓主機軟體自動適應裝置的 SECS/GEM 介面。主機軟體可以透過一些資訊請求可用報警、狀態變數以及裝置常量的列表，對於較新的 SECS/GEM 實現，主機軟體還可以請求可用採集事件和數據變數的列表。這些資訊使得 SECS/GEM 介面即插即用。此外，裝置廠商還可以提供一個標準化的 SECS/GEM 介面及完整描述其特性的 XML 檔案。

數據標準介面是數據匯聚的第一步，半導體製造業的數據採集與匯聚的挑戰還有很多。首先是產生的數據量太大。在工藝執行過程中發生的交易可能有數百個甚至數千個數據收集點。即使是來自標準介面的數據也可能產生成千上萬的數據點。高階製造業的一個典型例子是介面 A（SEMI 300 標準），它超出了任何正常 / 傳統的 MES 部署所能處理的範圍。傳統上，工藝工程師會預先定義一些要測量的引數，然後用於分析，往往結果卻不理想，因為完整的數據集群從來沒有被捕捉到，也沒有被場景化和關聯化以發現可能的缺陷和問題。第二個挑戰是數據的結構化方式。雖然來自 SECS/GEM 和其他標準介面的數據可能是結構化的，但來自手工收集、電子表格、第三方和低階機器的非結構化數據需要標準的格式才能被處理。第三，在整個過程中，裝置每秒產生數千個數據點。即過程中的控制和監督應用發出報警數據和其他狀態指示的範圍，可能涉及裝置中的數千個點。所以半導體製造工廠仍然需要一個類似物聯網數據平臺來捕捉生產過程發生的一切有價值的資訊，其中包括來自所有生成源的數據。獨立的數據平臺消除了對任何第三方應用程式的需求，因為它與自動化和裝置整合，允許在數據收集的基礎上進行複雜分析，無論是疊加分析還是疊加對映，都是實時的，以有效地保障良率和品質管制的需要。

4.2.3 數據科技在半導體製造中嶄露頭角

隨著半導體製造工藝變得愈來愈複雜和精密，生產缺陷變得愈來愈普遍，預測的難度也隨之加大。傳統的過程控制技術，如統計製程控制（SPC）如今在應用中明顯受到限制，無法可靠地預測缺陷。此外，由於製造過程固有的波動性，生產數據通常分散且不平衡。不同的產品、機器甚至是同一臺機器上的漂移都會產生異構和不一致的數據。在半導體製造中，操作的規模和複雜性使良率殺手 —— 缺陷很常見，而且在最終測試之前很難捕捉到，所以在晶圓代工中，晶圓報廢率達到 15%～20% 的情況屢見不鮮。

曾擔任台積電良率專家的簡禎富教授參與執行的半導體智慧製造專案包括：建構半導體製程改善之失效模式與效應分析架構及其應用研究、建構半導體製程數據探勘架構及其實證研究、抽樣策略之統計決策與其在半導體應用之實證研究、最佳化晶圓曝光的反覆切割程式法、半導體晶圓圖分類及其實證研究等。他對於台積電在數據科技方面的進展和經驗，大致可總結如下：

- **自主研發大數據分析平臺**。對於是否可採用成功的商業軟體來做晶圓製造的大數據分析，他說：商業軟體可以支援大數據分析沒有錯，但是並不是把數據匯入進去就會自動產生結果，匯入大數據分析，不是買一些軟體、把員工送去教育訓練就好。
- **大數據分析賦能工程師決策**。高科技產業在自動化製造和檢測過程中，隨時累積巨量的數據，以往工程師要花很多時間蒐集資訊、向上傳遞，最後才能做出決策，現在透過大數據分析不僅工時縮短，且不影響先進製程進度，最重要的是，讓每個工程師能迅速做出決策，這是提高效率的關鍵。

- **透過大數據歸納法改進製程**。每一個先進製程技術的開發都是無人區的探索，需要挑戰它的物理極限，因此傳統或原有知識的局限性就暴露出來。像是原來 20 奈米製程技術，現在縮小為 10 奈米，這個製造過程中會出現很多原本沒有的限制。例如 20 奈米原來的誤差可能為 2 奈米，只占 10%，但製程當縮小到 10 奈米時，若誤差範圍還是維持在 2 奈米就會發生問題。以晶圓生產機臺來說，通常會歷經千道製程工序，中間經過製程站點很多，而且會產生迴流，迴流過程還不一定走同樣的機臺，因此容易造成很多「噪聲」發生，甚至過程中也會出現複雜的互動作用，進而產生共線性問題。大數據分析對半導體發展先進製程的重要性，就展現在靠著在探索過程中不斷累積大量數據，從中不斷歸納找到潛在有用的正規化（Pattern）。很多時候，大數據分析並不是要直接挖到寶，反而是要用來縮小範圍。
- **大數據分析加速產品研發與生產**。半導體製造應用大數據分析也可提升製程效率，即使兩家半導體廠最後都能做出百分之百合格的產品，但較快做到的一方和較慢做到的一方，這中間就會有一個差距，畢竟市場價格是隨時間在下降，越快做到的半導體廠，其產品溢價也就越高。另外，大數據有時也會解決半導體製程上的盲點，即便是半導體專家或工程師，在尋找問題時也會遇到新的問題，而大數據分析則協助專家們找到並解決這些盲點，從而產生額外的效益。

這些理念對於今天後發國的半導體製造廠商來說，依然是行之有效的寶貴經驗，當大家的意識逐步加強，再加上有更多資金和人才投入，行業必然會進一步發展。

早在 2014 年，台積電即使用 HBase 數據庫作為大數據分析底層的數據基礎設施，並匯入平行處理系統的 Hadoop 平臺，透過 SPSS、SAS 及 R 語言等統計分析工具，將所有機臺製程數據，透過數據預處理、過濾、特徵提取等步驟，進行數據探勘並找到關鍵因子，最後將分析結果透過數據視覺化工具展現出來。就當時的成果來看，台積電運用數據分析來提升製程效率、最佳化良率，平均一年的回報可達 4.25 億元。張忠謀表示：台積電在工時縮短的同時提升了效率的原因，就是利用最新的大數據分析技術，讓工程師把時間花在較具附加價值的分析、判斷，而不是知識金字塔中最低階的數據蒐集工作。行業認為，台積電過去曾和三星電子纏鬥，但現在台積電已經遙遙領先三星，良率是台積電勝出的關鍵，而簡禎富的研究在台積電改善良率過程中發揮著相當重要的作用。

在獲取數據後，領先的晶圓代工廠使用 AI 工具將裝置專業知識和製造統計數據結合起來，管理大量故障檢測（Fault Detection，FD）數據，就像汽車的輪胎壓力監測系統有助於保持車輛安全行駛的充氣水準和防止事故一樣。AI 能夠實時收集和監控大量處理數據，然後向系統管理員發出任何硬體故障或其他製造異常的警報。AI 還可以對可提高處理效率的方法進行回饋，採用 Run-to-Run（R2R）控制來對製造過程進行調整和校正。此外，虛擬量測還可以取代人工抽樣檢測，實現全面品質控制，使代工廠提高良率，降低成本並增強競爭優勢。

如表 4-2 所示，透過數據建立知識分為七個步驟。

表 4-2 KDD[083] 的七個步驟

序號	管理層面	管理內容	含義
1	數據整合	收集和整合來自不同來源的數據	將來自幾個不同來源的異質數據合併到一個共同的來源，也就是數據倉庫
2	數據選擇	分成相關的集合	根據品質、重要性、可及性和便利性，對這些數據進行選擇並將其分成相關的集合。這些標準對數據挖掘的過程非常重要，因為這些標準負責為其創造基礎。此外，它也會影響到所形成的數據模型
3	數據清洗	透過清洗確定數據正確有效	在數據清洗過程中，有幾種策略參與其中，如尋找缺失的數據、去除噪音、去除多餘的和低品質的數據。這些策略的應用是為了提高數據的可靠性和有效性。在數據清洗中，一些特定的算法也被用於尋找和刪除不相關或不必要的數據
4	數據轉換	數據被放在一起，以便將其交給各種數據挖掘算法	將數據轉換為進一步挖掘程序所需的適當形式的過程。數據轉換的過程有兩個步驟 • 數據映射：元素從源基地被分配到目的地，以便捕獲轉換 • 程式碼生成：實際的轉換程式被製作出來
5	數據挖掘	算法被用來從轉換後的數據中提取相關和有用的模式，從而有助於預測模型的建立	分析工具被用來從一組數據中找到各種模式和趨勢。簡單地說，AI、先進的數位和統計方法以及專門的算法被應用於數據，以提取不同的模式和趨勢。聚類和關聯分析是這個過程中存在的兩種不同技術它是整個資料庫中知識發現的主要過程或核心過程

[083] KDD（Knowledge Discovery in Database，數據庫中的知識發現），被定義為一種從原始數據庫中尋找、轉換和完善有意義的數據和模式的方法，以便在不同領域或應用中加以利用。

6	模式評估	從生成的模式中挑選有效的模式和方法	從前面的步驟中獲得趨勢和模式後，這些趨勢和模式需要被表示出來，為此，使用了諸如餅狀圖、條形圖、直條圖、時間圖等圖表。這些圖形的可視化使用者更容易研究和理解數據的影響
7	知識呈現	從前面的步驟中提取的「知識」以可視化的形式應用於某個應用或領域，可以是表格、報告等形式	它是數據工程的最後一步，從數據產生知識，作為指導特定應用的整體決策過程，這一步至關重要

資料來源：根據 KDD 有關知識整理

總而言之，數據產生於各種不同類型和不同格式的來源，如交易、收入、生物辨識、科學、圖片、影片、文字等。因此，在每秒交換大量資訊的情況下，從這些大型數據集中提取相關和重要的資訊，從而提供真實和富有成效的數據，這樣就可以用來做出更好的決策，這就是 KDD 的作用。KDD 提供了從數據中獲得知識的辦法，它是一種技術手段，當我們真正需要使用這種技術的時候，並不能只關注於技術過程的實現，而是需要以終為始，即透過數據呈現來關注決策的內容是什麼，透過決策需要達成何種商業目標，就如同台積電在 2014 年建立大數據平臺框架的頂部是需要追求商業價值並在競爭中獲勝一樣。利用數據產生商業價值的步驟通常是這樣：首先，透過製造執行系統（MES）收集和整合來自各種裝置的大量數據；然後，透過軟體分析生成實時工廠生產狀態，透過系統平臺和人機介面的組合將生產數據視覺化；最後，數據在雲端中進行實時分析，預測和預防故障，以幫助增加容量和降低成本。該方法甚至能夠進行物料清單（BOM）預測，從而允許上游和下游供應商之間更好地合作。當然，這是業界 2017 年左右的做法，目前僅依靠 MES 來處理這些數據實踐證明是遠遠不夠的，MES 不能承擔巨量數據分析的工作，作為「生產自動化」的重要核心，它的任務是保障工廠以 365 天 ×24 小時不間斷地穩健執行，保證產能的飽和，而不是強行植入所有「工程自動化」的工作。當數據變得愈來愈多，半導體製造廠商需要建立單獨的大數據平臺，這個平臺與底下的物聯網平臺相連，且一定不是原先某個工業軟體的子集或附屬。

隨著人們愈來愈認識到智慧工廠必須超越自動化以專注於智慧，物聯網的發展正在引發行業正規化轉變。所有資訊 —— 從裝置狀態和製造過程統計到現場環境數據 —— 都需要透過感測器收集。在時間緊迫的場景中，將所有感測器數據返回到雲端進行處理既耗時又不切實際。這就是邊緣運算能充分發揮價值的地方。半導體廠商正在透過實施邊緣運算解決方案來克服各種挑戰。邊緣運算將傳統半導體製造流程轉變為自動化和智慧操作的範例包括 [084]：

- **高精度自動化**。雷射切割：隨著晶片組愈來愈小，廠商面臨著雷射切割精度提高、雷射功率調整以及無法提供實時觸發控制回饋的挑戰。智慧邊緣運算方案是解決雷射切割挑戰的關鍵，它可實現視覺對準和運動控制以及快速定位、雷射功率調整。封裝測試過程中的一個步驟是分揀，廠商需要將合格模具與有缺陷模具分開，然後進一步進行品質控制以確保它們符合規格。然而，由於速度和準確性不足導致的瓶頸始終存在，利用智慧方案可以提供高吞吐量所需的快速回饋和精度。

[084] Ray Lin，ADLINK，2022，*How Edge Computing Is Transforming the Semiconductor Industry*。

- **機器狀態監控**。乾泵監控：如果低壓化學氣相沉積（LPCVD）的乾泵出現故障，它會產生背壓，將不純空氣和外來顆粒推入工藝製程並汙染整個晶圓執行的空間。邊緣端的智慧乾泵監控解決方案可以持續監控該裝置並提供實時數據，確保操作不會出現意外故障和浪費。邊緣數據採集使半導體廠商能夠更好地了解工藝和裝置健康狀況，並建立生產數據歷史記錄，有助於改善整體營運，更輕鬆地滿足客戶要求。
- **透過 AI 支援人員安全和 SOP 合規性**。貨艙危險品：半導體工藝涉及多種危險化學品，包括金屬、有機溶劑、光敏物質和有毒氣體。傳統的解除安裝流程使員工必須靠近這些化學品，儘管程式通常是安全的，但可能會威脅到工人的健康安全。基於機器人和邊緣計算的解決方案可以使流程自動化，以便員工可以保持安全距離進行操作。再者就是操作員標準操作程式（SOP）分析：機器人、合作機器人、AI 和其他自動化技術比人工操作員更容易跟上生產速度並始終遵守 SOP。

如圖 4-9 所示，除了良率提升外，半導體產業也開始逐漸將大數據分析提升到預測的層面。過去廠內大多將大數據分析運用在故障排除上，像是在發生晶圓變異時，用來查出變異原因或是底層數據的問題。而現在，台積電也開始將大數據分析提升到預測分析（Predictive Analytics）或機器學習（Machine Learning）應用，例如，提前預測機臺的變異或對可能產生異常的機臺提前修復，甚至是透過與自動控制系統或工具結合，向自我診斷（Self-Diagnostis）及自動控制（Automatic Control）的目標邁進。

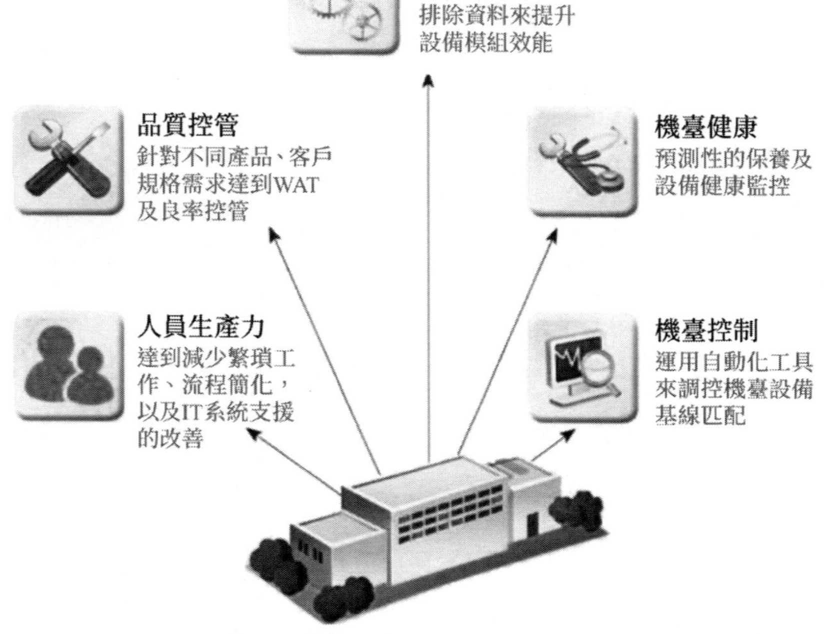

圖 4-9 台積電大數據分析應用的五個場景
資料來源：台積電 iThome 2014 年整理

簡禎富基於之前與台積電的合作基礎，於 2010 年啟動了產學合作計畫——「透過製造智慧與數據探勘協助先進奈米製程提升良率」，這一年也是台積電啟動大數據架構之年，設計了多變數事故分析、晶圓圖診斷等分析功能模組。簡禎富以「蒐集人體健檢數據」作為參照，蒐集晶圓工廠內機臺產生的幾萬種即時監控數據、電性測試引數，透過交叉分析比對，開發出警示系統，預先告訴現場工作人員哪些機臺可能快要發生故障，並提前進行檢修。即使機臺真的發生故障，工程師也不用花費大量時間去恢復數據，而可以把心力放在分析數據、判斷問題、尋求解決方案上。

台積電是全球最早建立晶圓工藝與 AI 跨界合作團隊的晶圓工廠之一，為了建立更多統計分析模型來改善製程或良率的問題，台積電在 2014 年就將數十位成員投入大數據分析的開發，這些數據科學家來自不同的科系，包括統計、化工、材料、心理、經濟等碩博士，而研究背景除了半導體產業也涵蓋了不同類別，比如癌症分析、農業病蟲害分析、財務分析及花卉交易分析等，研究領域可以說是五花八門。儘管是來自不同領域，但過去他們所學的內容其實都跟數據探勘相關，只是運用的領域不一樣。事實證明這種嘗試不僅是必要的，也是成功的，因為要提高良率，涉及的問題會十分複雜，這些問題的解決方案可能來自工業界本身，也可能需要跨界的聯結與想像。

4.3
智慧學習倉庫與數位對映

在過去 30 年中，智慧製造更新的一個重要的里程碑是網路物理系統（CPS）或數位對映（DT）的誕生，這也是工業 4.0 的象徵性突破。數位對映正朝著更細緻、更徹底和高保真的方向發展，成為未來智慧工廠的標配，數位對映體的保真度將在未來 20 年內逐步提高。數位對映並非只需要建立一個數據平臺，它的大數據基礎通常需要考慮兩個維度：運算元據庫和良率數據庫，這可以理解為前者歸屬於生產自動化的範疇，而後者則歸屬於工程自動化的範疇；前者側重於穩健生產，後者側重於品質提升。這兩個維度對數據提出了不同的要求，包括數據的類型、數據產生的頻率和儲存效率等，甚至包括用於分析數據的 AI/ML 技術。同時，這兩類數據庫又需要進行同步與整合，共同建構完整的數位對映體以作為工廠實體的虛擬對映。如圖 4-10 所示，右邊在良率數據庫中收集了大量的生產性資訊，並提供了流程所需的深度學習模型，但在左邊，即由運算元據庫驅動的工廠排程控制需要整合來自良率數據庫的統計數據，才能在下一刻或未來 24 小時內執行完整的智慧控制。國際裝置和系統路線圖（IRDS）已將數位對映願景定義為「所有工廠營運的實時模擬作為現有系統的延伸，動態更新的模擬模型」。各個層面的應用 —— 從裝置到 MES 和 ERP —— 將利用大數據能力，以及高水準的縱向和橫向整合，提供對虛擬領域的擴展，以支援預測、假設分析和規範性操作等能力。

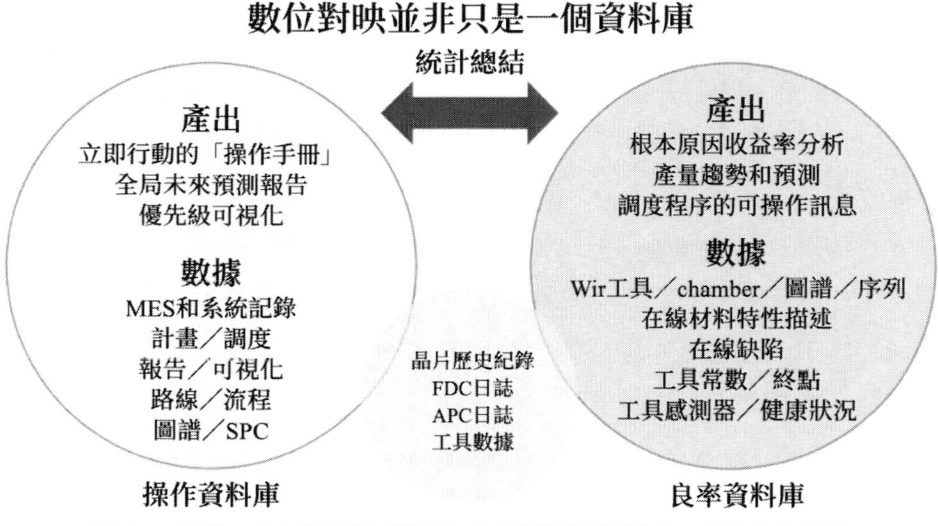

圖 4-10 智慧工廠中的運算元據庫和良率數據庫需要交換、彙總統計數據
資料來源：john.behnke@inficon

儘管這些數據庫在智慧工廠中通常是相互通訊的，但它們仍然沒有充分地連線起來，以發揮智慧工廠在分析和控制方面的全部潛力，因為這涉及多方面的管理與數據技術。為解決這個問題，一些供應商已經提出了「智慧學習倉庫」（「數據庫」在這裡已經成為一個過於局限的術語）的概念，這個倉庫用於收集、分析和學習工廠產生的大量資訊，當這些資訊能夠以更為豐富的方式連線起來並產生全新洞見時，改變遊戲規則的應用就有可能產生。事實證明：左右兩套資料來源缺一不可，不同工廠領域的使用者需要從這些共同的資料來源中提取不同的資訊，並基於特定開發的應用程式和門戶 —— 換句話說就是「檢視」 —— 進行

調整和控制。雖然 12 英寸晶圓工廠已經比較智慧了，但目前的 12 英寸廠尚且沒有達到未來十年面向工業 4.0 智慧工廠的預期目標，只有當工廠最終整合了所有不同的資料來源時，才能夠將所有這些不同的數據作為一個共同的運算基礎。此時，智慧工廠才有能力自我改善其未來的行動並對實時事件做出快速反應。

最大的半導體廠商傾向於自行開發這些智慧應用，其餘的半導體工廠需要與其他工廠及其解決方案供應商合作，共同開發這些智慧應用。半導體行業在為全球提供數位化動力的時候，同時也為自身的智慧改造創造了所有的數位化技術：運算能力、網路和網路標準，也出現了具備獨特能力的供應商。物聯網的成熟允許廠商從廣泛的感測器網路中收集生產製造數據以及裝置工具的健康數據，然後就可以對數據進行儲存、清洗……從中挖掘知識和經驗，以便將其應用於更智慧的決策。隨著大量感測器的出現，物聯網將更為密集地將物理空間連線起來，向倉庫提供大量的數據。那麼所有這些數據都將進入數位對映體中。所有這些可訪問的數據將對高級排程產生重大影響。儘管在過去二十多年中取得了突破性的自動化進展，包括機器人處理，但仍然很難決定工廠中每一個批次的「地點、內容和時間」。今天，世界上沒有任何工廠比半導體工廠更複雜，最佳化半導體製造過程是世界上最複雜的製造最佳化任務，這使在製產品的譜系更全面、詳細、實時。

如圖 4-11 所示，這是由一系列工藝步驟組成的製造工藝流程。在每個步驟中，可能有來自多個裝置感測器的跟蹤數據。例如，力度和溫度感測器讀數將在整個工藝步驟的過程中不斷變化，並且可以透過感測器對軌跡進行視覺化。

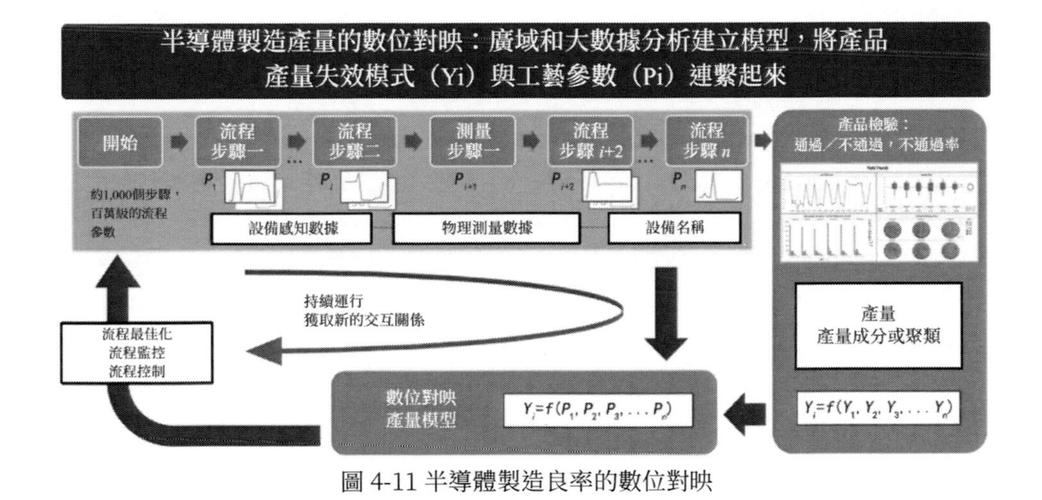

圖 4-11 半導體製造良率的數位對映
資料來源：Vinoth Manamala

數位對映代表著企業生產營運方式的變革與啟動新的科學研究投資，企業可以把投資報酬率作為衡量專案成敗的關鍵指標。一旦真正智慧的、整體的工廠營運計畫得到確定 —— 而不是一個排程或基於規則的排程清單 —— 那麼你就能建立一個基於「營運預期」的智慧工廠。目前，基於排程系統的規則主要關注生產裝置、以裝置為中心的相關資源，儘管它們結合了來自當前晶圓在製品和製程專業經驗，其根本問題並沒有得到解決。智慧工廠數位對映的優勢是它並不僅僅是關於生產裝置和在製品，而是利用工廠中每臺裝置和批次的狀態，進行以工廠為中心的最佳化。例如，可以挖掘產線潛能並對縮短生產週期提前交貨做出分析。當我們確切地看到在晶圓工廠內，每個生產週期內的每一個批次、每一片晶圓載體以及工廠的每一個裝置的每一個出入埠所發生的細節，那麼自然就可以發現和充分利用工廠的閒置時間，包括利用這段時間進行最佳的預防性維護，也會知道如何最好地重新安排材料或人力資源從而最大限度地提高產量。可以為工廠裡的每個維護人員制定一個明確的時間表，了解每位員工的技能和裝置的停機時間，這樣就不會對工廠的生產力產生負面影響。因此，向智慧工廠的過渡並不是簡單的技術改進，它代表了巨大的系統性工程的配套實施。

圖 4-12 的儀表板顯示了關於半導體製造良率的大數據分析，它將一種故障模式的良率損失與所有不同過程的感測器讀數進行比較。它的每一行代表一個感測器和處理時間組合，而條形圖顯示了我們應該檢查哪些感測器和處理時間，以了解導致集群良率損失的根本原因。

圖 4-12 基於數位對映的半導體製造良率管理系統
資料來源：Vinoth Manamala

4.4
智造軟體提升晶片製造的 KPI

4.4.1
良率是晶圓生產的生命線與終極挑戰

吳漢明 [085] 院士表示：晶片製造工藝中有三大挑戰，其終極挑戰就是良率，如表 4-3 所示。在這三大挑戰之中，智造軟體對良率的提升最為重要，而在實踐中也是最為明顯的。

表 4-3 吳漢明院士提出晶片製造工藝中的三大挑戰

基礎挑戰 Fundamental Challenge	核心挑戰 Core Challenge	終極挑戰 Final Challenge
精密圖形 Patterning	新材料 New Material	提升良率 Yield

[085] 吳漢明，1952 年出生，微電子工藝技術專家、博士生導師。浙江大學微電子學院（微納電子學院）院長、中國工程院院士。主要從事高密度等離子體深亞微米刻蝕研究，研發了世界上第一套等離子體工藝模擬的商業軟體並得到廣泛使用。2001 年進入中芯國際積體電路製造有限公司後，曾擔任技術研發副總裁，組建了先進刻蝕技術工藝部，在中國實現了用於大生產的雙鑲嵌法製備工藝，為中國首次實現銅互連提供了工藝基礎。

193 奈米光源曝光出幾十奈米圖形（130 奈米、90 奈米，65 奈米）	64 種材料（銅、鐐……）每種材料需要數千次工藝實驗新材料支撐性能提升	工藝流程中累積大量統計誤差

資料來源：根據吳漢明院士公開演講整理

我們對良率重要性的理解有三個層面：

一是關乎國家策略。台積電 5 奈米從量產開始，蘋果首批包攬了其三分之二的晶片產能，隨後輪到華為，意味著中國智慧總差一截；台積電正積極考慮在美建廠生產 2 奈米晶片，「美國製造」將長期無法再為中國企業代工，意味著中國智慧產品在裝置效能上的差距將進一步拉大；還有，受全球最大可程式設計晶片（FPGA）廠商賽靈思委託，台積電在為美軍 F-35 戰機生產軍用晶片，F-35 戰機屬於第五代戰鬥機，獲得先進製程、高良率晶片的國家在軍工上也將獲得裝置效能上的絕對優勢。

二是良率關乎晶片廠商的生死。良率達不到一定要求會引發客戶退單（如低於 85%）。2018 年，三星及海力士先後於 5 月起傳出 18 奈米製程出現品質疑慮，並遭到數據中心客戶退貨，所有相關投資血本無歸。反之，若達到量產標準良率（如 92%），對 3D NAND 晶圓工廠而言，每提升 1% 的良率意味著每年額外獲得約 1.1 億美元的淨利潤；而對於龍頭的邏輯晶片代工廠商，每提升 1%的良率意味著產生額外約 1.5 億美元的淨利潤。

三是良率關乎社會生命。低良率代表工藝穩定性或健壯性不足。缺陷不僅影響良率，還會影響執行的可靠性，低可靠意味著系統執行的安全隱患。例如現在廣泛使用的自動駕駛／飛行控制晶片涉及航天科技、深海工程與軍工國防，更是不容絲毫閃失。目前的折衷方案是為了穩定和安全而損失一部分的效能，當然，這種損失會控制在應用場景可接受的範圍內。

4.4.2 數據科技應用於製程良率管理

全球對各種半導體晶片的需求出現爆發性成長，半導體工廠正在努力釋放產能。同時，由於終端市場多樣化需求的產生，比如更多與新的運算應用（如 AI 和自動駕駛）場景層出不窮，這使得半導體工廠一邊需要擴大產能，同時又要面對小批次、多批次、訂製化晶片的製造競爭壓力 [086]。擴產至少需要幾個月的時間來購買新的裝置工具，並且需要更長的時間進行安裝除錯以達到量產的要求。在這種建廠擴產的重投資沒有發生之前，更好的選擇是提高良率，即提升每塊晶圓上的「好」晶片量與總晶片數量的比例，從現有產能中獲得更多好的晶片。這可以增加工廠的利潤，即使小幅提高也會受益匪淺。

在半導體製造的數週到數月的週期中 [087]，產品因缺陷而需要返工或報廢的良率損失，對生產週期和盈利能力都有重大影響。常見問題包括：從晶圓的第一次加工到成品晶片的生產週期包括一系列中間品質控制測試、良率損失和測試成本可能占到總生產成本的 20%～ 30%。即使數據高度可用，但由於這些跨工具組的資料來源沒有進行連結和整合，而無法應用於系統的分析。正確的做法是，透過先進的生產裝置獲得數年的詳細生產數據，然後使用 AI 引擎將品質控制、良率數據和過程控制數據連繫起來分析，為辨識良率損失以及找出其根本原因奠定基礎，這種能力使工廠可以調整生產流程和晶片設計以避免出現問題。例如，Qualicent Analytics 正在建構 AI 引擎，該引擎可以確定最佳工藝或產品操作條

[086] Brian Mattis，2021，*Data Science in Semiconductor Process Yield - Using Machine Learning to Improve Fab Throughput and Profitability*。

[087] Micha Dyzma， 2018，*How AI Helps in Semiconductor Manufacturing?*

件，從而大幅減少製造缺陷。Motivo 提供的系統可以基於有監督和無監督機器學習預測良率降低關鍵因素所處的位置，從而最佳化晶片設計。基於 AI 的演算法用於將已知問題分解為關鍵元件，透過機器學習，可以在新設計和現有設計中自動辨識出這些問題，甚至以此類推，發現之前未被偵測到的類似問題。使用基於 AI 的演算法對降低測試成本非常顯著，它的優勢涵蓋了多個領域：AI 辨識根本原因的能力可以降低廢品率，從而提高良率和產能；AI 可以透過減少對裝置和維護的要求來提高裝置的整體效率；當測試程式經過 AI 最佳化時，它們的成本就會降低。透過此類應用達成的綜合效果表明，良率在爬坡過程中最多可以提升 30%。

在數據科技興起之前，半導體製造裝置工程師們會透過人工的方法，有條不紊地在現有的數據中尋找與良率有關的任何線索或關聯性。人類思維的局限性是無法分析過多繁雜的數據，通常習慣性地將結果歸結為單一因素，因此會預測良率與一個特定的工藝引數的強相關性，可能是薄膜沉積率、蝕刻率、光刻尺寸公差等，或是任何數量達到數千的工藝引數。生產實踐中的情況並沒有那麼簡單，由於製造先進半導體晶片的工藝不斷地相互複合，需要新的裝置和良率工程師來處理不斷增加的工藝複雜性和大量的計量數據，對裝置的物理性分析和工藝的深刻理解必須與數據科技工具包相結合，才能更快找到提升良率或缺陷產生的觸發因素。

1. 處理重疊的變數問題（Variables Overlapping）

為了幫助理解這個問題，可以用一個鋁製布線層來舉例。在這個簡單的過程中，有一個鋁的沉積步驟，透過光刻形成圖案，再進行等離子體蝕刻來定義特徵，最後是清洗。如果我們有一個簡單的良率故障，例如相鄰的線路被短路，最為可能的原因是鋁沉積得比預期的厚（防止蝕刻完全分離線路），或者蝕刻的速度比預期的慢。然而，在大多數過程控制中，最常見的答案是這兩個過程都在統計製程控制（SPC）系統的範圍內，因此是在可接受的範圍內執行的。那麼到底是什麼原因造成了晶片缺陷呢？在這種情況下，沉積比正常情況下厚一點，蝕刻比正常情況下慢一點，這兩種情況的交織成了良率殺手。提取哪些變數的組合來分析導致失敗的原因，這是一個非常適合機器學習來解決的問題。實際上，如果我們的問題像這個鋁製路線案例一樣簡單就好了，實際的晶圓生產要複雜很多，問題也嚴重更多。

再如，一個在先進節點（16 奈米或更低）工藝上執行的晶片設計中，像電氣短路或電氣開路這樣的物理故障是很簡單的。然而，裝置可能會因為電路時序路徑阻止晶片執行它所期望的功能而無法工作。也許電晶體的開啟電壓偏離了目標，或節點電容很高引入了延遲。在一個包含數百個工藝步驟的半導體工藝流程中，我們將如何去尋找根本原因呢？這樣的複合性問題也適合透過機器學習來解決。

2. 突破計畫（Plan of attack）

藉助大數據和 AI 的好處是能夠同時評估多個變數的影響，通常可以納入四種主要類型的變數。

- 線上測量（Inline metrology）。在加工過程中對晶圓進行的物理測量，包括薄膜厚度和密度、光刻尺寸精度和校準、汙染物顆粒缺陷等。
- 線末電測（End-of-line electrical test）。來自分立劃線裝置（印在晶片之間的裝置）的數據，在切割之前，在生產線的末端進行測試。劃線中的單個裝置被設計用來找出某些工藝依賴性，並提供獨特的工藝洞察（如開爾文接觸電阻）。

- 工具工藝鑑定執行（Tool process qualification runs）。是指工具定期在可直接測量的測試晶圓上執行的一套工藝（與生產過程相同或非常相似）。沉積率、蝕刻率或不均勻性等結果在統計製程控制（SPC）系統中被跟蹤，並注有相關的日期戳。
- 產品電路效能（Product circuit performance）。根據晶片和所需的測試裝置的類型，產品模具在生產線末端（切割前）、切割後或封裝後進行測試。無論怎樣，這種效能或良率是工廠試圖最佳化的因變數。這可以是一個合格／不合格的標準（分類）、效能分級（也是分類），或原始效能（回歸）。

將所有四種變數類型結合起來使用，使工程師有能力將結果（測量的效能）深入到物理根本原因，透過工藝工具進行調整。

3. 游移與最佳化（Excursion versus Optimization）

當特定的晶圓或批次的晶片良率出現急遽下降的情況，就需要及時尋找晶圓級的製程變數變化，這時可以對所有四種變數類型進行平均取值。例如，使用 Caret（R）中的 varImp() 或 Scikit-learn（Python）中的 feature_importances() 等函式進行簡單檢查，就能迅速了解哪些變數對良率有直接影響。相反，如果我們有一個相當穩定的工藝，即使每個晶圓上只有 70%的裸片是有效的（或有足夠高的效能可供銷售），晶圓良率也還有進一步最佳化的空間。我們要分析，失敗的晶片是隨機分布在晶圓上，還是都集中在晶圓的一個物理區域？僅僅這一點就可以告訴我們，故障是基於缺陷的（如顆粒在加工過程中掉落在晶圓上），還是基於工藝的不均勻性，這可以使我們過濾許多潛在的變數。值得注意的是，晶圓級工藝往往具有獨特的非均勻性特徵，比如許多是徑向形的，但梯度形更為常見，偶爾也會出現索貝羅形剖面（圖 4-13），當多個工藝重疊在一起，它超出了人眼進行挑選分析的範疇，因此是數據科技應用的典型價值。

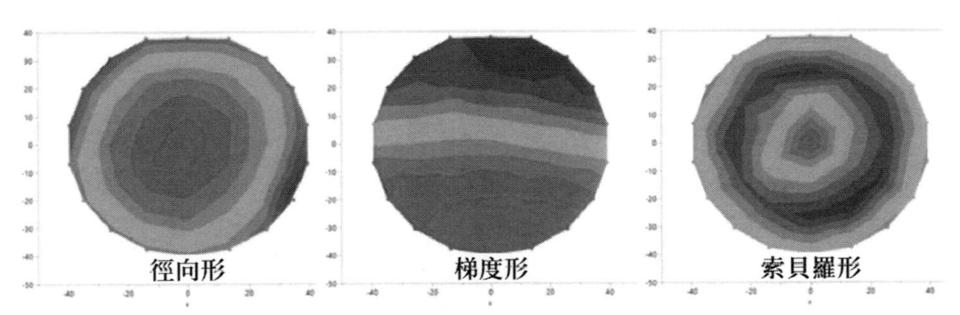

圖 4-13 常見的晶圓級工藝概況

為了進行精確的分析，首先要為晶圓級良率工程最佳化做好數據準備。雖然我們可能有生產線末端劃線測試數據和計量數據與每個產品模具相關聯，但要找到與工具合格性數據的類似關聯是很困難的，因為這些數據通常是在無圖案的晶圓上測量的，比如具有均勻分布的 9、13 或 39 點徑向座標圖。對於數據，需要將每個裸片映像到物理上最接近的測量，這通常包括以下步驟。

- 在定性數據中，將（半徑，θ）座標翻譯成（x，y）笛卡兒座標，並確保數據收集是正確的日期與時間格式。
- 根據日期與時間來填充產品數據集，完成該批產品在每個流程中相關的品質數據。
- 對於一個給定的批次／晶圓，我們將迭代品質數據，以過濾到最接近日期的執行數據，並找到最接近產品模具座標的測量值。
- 一旦數據以這種方式組合起來，我們就有了一個內容豐富的變數數據集，可以自動尋找任何變數和因變數（產品模具效能）之間的簡單的相關性過程。當然，要真正深入到變數之間的相互連繫，需要建立機器學習模型來分析。

4. 建立模型（Modeling）

我們的目標並不是在起始階段就建立最高精度的良率預測模型，而是建立一個能夠合理應用的模型，即它能被良率工程師輕鬆使用和解讀。通常建議使用決策樹、線性／邏輯回歸、拉索回歸或奈何貝葉斯等演算法。一旦找到一個合適的演算法，就可以深入了解模型的「思考」邏輯，從而驅動工廠採取行動來提高良率。

5. 預測良率（Predictive Yield）

如果能在晶圓加工完成之前就預測其良率，會怎麼樣？這種資訊可以推動工廠做出重要的批次決策，例如：

- 觸發一個返工過程（恢復和重複某個步驟）。
- 向客戶提供一份里程碑式的報告，說明某批產品的健康狀況良好。
- 報廢一個批次，以減少損失，防止今後在一個「死」批次上花費工具和時間。
- 補充批次，以取代一個低良率的批次，盡量減少對客戶的交貨延遲。

因此，在製造過程中可以探索更廣泛的模型，一旦模型選定，就可以根據變數重要性，運用遞迴特徵消除等工具來檢查哪些數據推動了良率的檢測能力。有了這些數據，就可以消除一些現有的計量數據收集，以進一步降低成本和工藝週期時間。有了足夠好的模型，還可以實現虛擬過程的視窗模擬，透過改變過程可接受的 SPC 範圍，看看擴大或收緊控制限制會如何影響良率。透過反覆操作的嘗試，工廠中每個過程的控制限制可以直接與晶圓良率連繫起來，這將影響如何進行預防性維護，如何將新工具引入生產線，甚至是合格程式的頻率。因此，利用數據科技的力量，可以重塑我們分析良率偏差的方式，改善整體生產線的良率，並在晶圓完成加工之前預測其良率。在了解製造物理學的半導體裝置工程師手中，這些預測建模能力對晶圓工藝良率和工廠利潤有巨大的影響。

4.4.3 AI 模糊神經網路賦能良率預測與生產排程

半導體晶圓製造系統（SWFS）是最複雜的製造系統之一。這種製造系統的特點是管理不同類型的晶圓工藝（批次和單一工藝）、數百個工藝步驟、大型和昂貴的裝置，生產不可預見的情況和重疊流程。自 1990 年代以來，半導體製造訂單通常是全球性的、動態的和客戶驅動的。因此，半導體廠商努力使用先進的製造技術（如工藝規劃和排程以及數位化指標的預測技術）來實現高品質的產品。近年來，生產排程和良率預測始終是複雜 SWFS 中的兩個關鍵問題 [088]。

這兩個關鍵問題可以透過兩種模糊神經網路來最佳化解決。首先，基於模糊神經網路（FNN）[089] 的再排程決策模型，可以根據當前系統波動快速選擇再排程策略來最佳化半導體晶圓生產線。FNN 方法具有適應

[088] Jie Zhang，Junliang Wang and Wei Qin，2015，《人工神經網路在半導體晶圓製造系統的生產排程和產量預測中的應用》（*Artificial Neural Networks in Production Scheduling and Yield Prediction of Semiconductor Wafer Fabrication System*）。

[089] 一種模糊邏輯和神經網路的巧妙結合，繼承了模糊系統和神經網路的優點，具有以模糊演算法處理模糊資訊和以高速並行結構學習的特點。

性和魯棒性，非常適合 SMS 重新排程問題。其次，為了提高晶片良率的預測精度，建立一種新的基於模糊神經網路的良率預測模型，該模型同時考慮良率的影響因素和關鍵電氣測試引數，並將其作為自變數。比較實驗驗證了所提出的良率預測方法，在預測準確性方面比三種傳統的良率預測方法有所提高。

晶圓工廠的競爭優勢，愈來愈依賴於它對市場變化和機遇的反應，以及對不可預見的情況（如機器故障、緊急訂單）的反應，因此除了良率之外，減少庫存和週期時間，提高資源利用率也非常重要。因此，需要生產排程來最佳化 SWFS 的執行。重新排產被視為應對外部環境和內部生產條件帶來的不確定性的有效方法。在作業工廠和流水工廠，啟發式演算法和離散事件模擬方法主要應用於解決排產問題。近十年來，在 SWFS 中提出並應用了許多改進傳統作業工廠重新排程方法的策略。這些使用單一重新排程策略的方法對於實時動態製造環境來說是不夠的，因為每天都可能有破壞性事件的發生，環境變得更加複雜。為此，需要一個分層的重排程框架來根據當前系統狀態選擇 SWFS 中的最佳方法。

為了對不穩定環境下的 SWFS 進行重新安排，圖 4-14 給出了一個分層的重排框架。在重排框架的過程中使用了三層重排策略。這三層是機器層、機器組層和系統層。重新安排的策略實現了全域性排程、動態排程和機器排程。

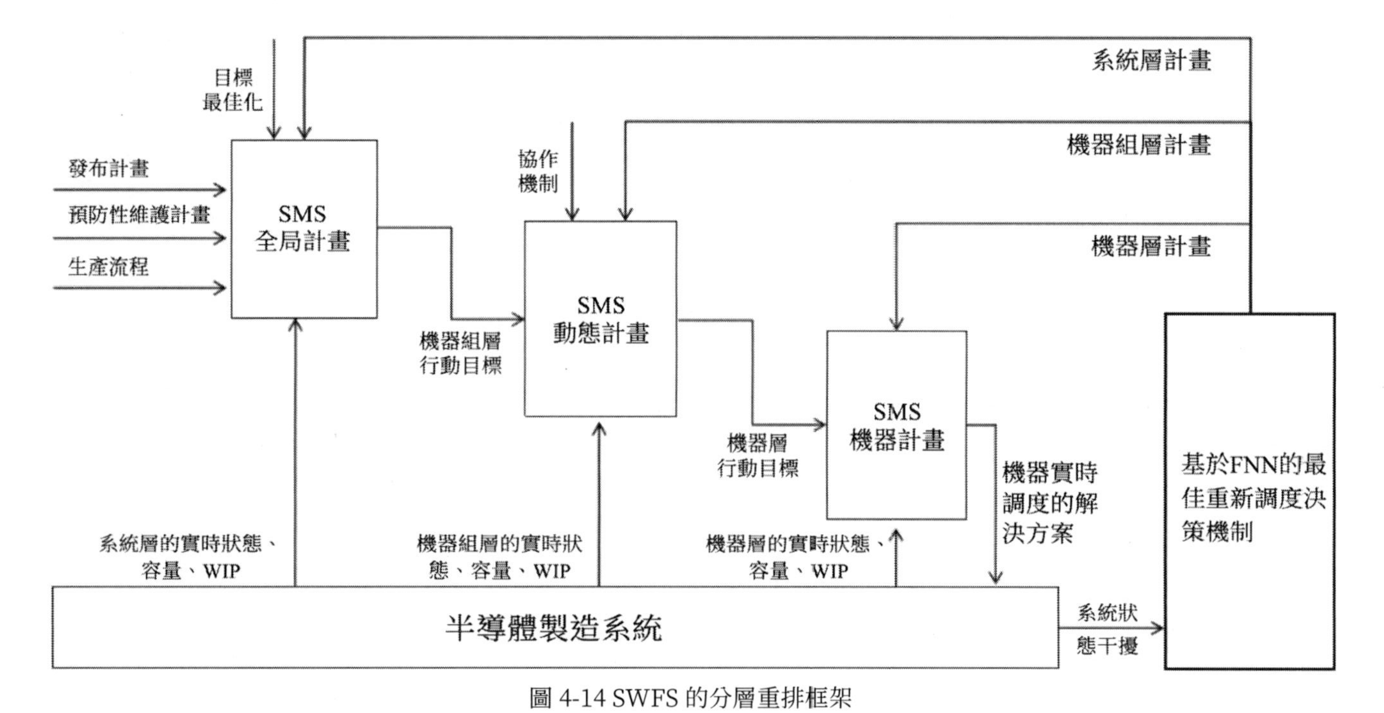

圖 4-14 SWFS 的分層重排框架

資料來源：人工神經網路在半導體晶圓製造系統的生產排程和良率預測中的應用

- SWFS 的全域性排程。如果大規模的 SWFS 有一些變化或干擾，就需要進行重新排程，在機器組層調整後的排程目標下，在機器組層應用區域性動態排程演算法進行排程。最後，隨著機器組層調整後的排程目標，機器排程被實時處理，並實現最佳的機器實時排程方案。
- SWFS 的動態排程。如果中等規模的 SWFS 有一些變化或干擾，就需要在機器組層進行重新排程，對 SWFS 的區域性動態排程進行管理。為了調整機器組的本機排程，採用了本機動態排程演算法。考慮到機器層的調整後的排程目標，SWFS 的機器排程被處理。
- SWFS 的機器排程。如果大規模的 SWFS 有一些變化或干擾，重新排程就會完成，同時，機器排程也被處理。雖然它們在批次的操作順序上是相同的，但它們在延遲批次的操作開始時間上是不同的。

為提高 SWFS 的總良率，需要透過準確的良率預測模型，在故障被檢測到之前給出警示，幫助工廠提前採取主動措施，減少缺陷晶圓的數量。對良率的準確預測對於釋出生產計畫和最佳化生產過程同樣具有重要作用，這將縮短週期時間並降低平均單元的製造成本，提供合理和可接受的價格並讓客戶滿意，如果產品仍在開發中，則有必要對產品的製造成本進行預測。為了與客戶保持良好的關係，應保證訂單的到期數據，準確預測良率在這方面也很有用。位於晶圓上的一些隨機問題，如微觀顆粒、簇缺陷、光刻膠、關鍵工藝引數等，將成為影響半導體晶圓良率的因素。但使用統計分析模型和傳統的人工神經網路（ANN）模型，則難以預測半導體製造系統的良率。基於 FNN 的半導體製造系統良率預測的良率模型可以提高良率預測的精度。在該系統中，應同時考慮成簇缺陷、缺陷關鍵屬性引數、關鍵電氣測試引數等影響因素。基於

FNN 的良率預測模型由輸入層、輸出層和若干隱藏層組成。這三部分分別專注於各自不同的工作。

- 輸入層用於接收與良率相關的輸入引數。
- 輸出層負責獲得預測模型的良率響應。
- 隱藏層用於運算和轉換基於模糊邏輯理論的輸入引數。

FNN 預測模型中的輸入變數包括以下引數：關鍵工藝引數、晶圓物理引數和晶圓缺陷關鍵引數。

- 關鍵工藝引數是指通常在晶圓加工結束時測試的電性測試引數，它們對良率有顯著影響。
- 晶圓物理引數主要指晶片的尺寸。
- 晶圓缺陷關鍵引數包含缺陷數量、聚類引數、每個晶片的平均缺陷數量和單位面積的平均缺陷數量。

機器學習（ML）在輔助自動化和最佳化半導體製造過程及相關的數據分析領域具有強大的潛力。一方面，隨著 AI 應用的深入，各式各樣的 ML 演算法和模型已經被開發出來 [090]。根據是否為訓練數據提供標籤，ML 演算法可以簡單地分為監督學習和無監督學習。另一方面，存在判別模型和生成模型。鑑於從現有的製造過程中收集到的大量有良好標籤的歷史數據，有監督的判別模型通常從經驗中獲得，以加速未來的製造和設計效率。例如，為避免在模具印製過程中的人為干預，可以開發一個多層感知器分類模型，透過細緻的後處理程式來自動辨識故障圖中的著墨點。此外，監督生成模型通常被用來進一步探索設計空間，並促進甚至取代人工設計，以提高可製造性。鑑於其出色的效能和巨大的廣泛

[090] Chen He，Hanbin Hu，Peng Li，2021，*Applications for Machine Learning in Semiconductor Manufacturing and Test*。

性，生成對抗網路（GAN）引起了廣泛的關注。在布局設計方面可以使用基於條件 AN 的 WellGAN（CGAN），這是一個有監督的 GAN 版本，可以為模擬和有源訊號（AMS）電路自動生成良好的布局，這在以前是完全依賴人工設計的。

無監督學習模型被用來描述和學習正常的晶圓數據分布，以進行有效的異常檢測。相關的研究包括多種無監督的多變數異常點建模方法，包括基於生成協方差的建模和判別性單類支持向量機（SVM），以捕捉和分析罕見的使用者故障。此外，無監督學習有助於發現未知的生產問題，這些問題很難事先被標記。例如，透過一個無監督的生成模型——變異自動編碼器（VAE）來辨識和聚類晶圓圖模式。智慧軟體透過實時預測每個處理單元的品質測試結果來解決問題，其技術依賴於深度學習和遷移學習，使我們能夠在稀疏的生產數據上達到高預測效能，並在流程發生變化的情況下保持這種效能。深度學習和遷移學習相結合，可以在有限和不平衡的數據上部署神經網路（可用的最先進的建模技術），其作為一種受人腦功能啟發的建模技術，在建模非線性系統（如機器）方面的表現無與倫比，它尤其能夠提取特徵並進行概括，以便在多個引數之間建立複雜的關係。遷移學習是一組用於最佳化深度學習模型訓練的技術，它使類似的資料來源能夠對目標數據集進行建模，這意味著如果需要預測特定機器處理過程中特定的產品缺陷，就可以使用與其他產品和其他機器相關的數據來完成這項任務。基於深度學習／遷移學習的可靠的多功能品質預測軟體 [091]，可在生產環境中提供最佳和穩定的預測效能，對機器等複雜系統進行建模。在數據有限的情況下，儘管生產

[091] Serena Brischetto，2020，*Neural Networks and Transfer Learning Empowering Semiconductor Manufacturing*。

過程發生變化，軟體仍會利用類似的資料來源來保持效能。這些智慧軟體還能用於預測等離子蝕刻、化學氣相沉積（CVD）和化學機械拋光（CMP）工藝的品質。例如，對等離子蝕刻工藝進行建模，以準確預測 c.1k 晶圓初始數據集上的關鍵尺寸，即使輸入數據變化很大，系統也可以保持良好的效能。

當然，AI 並不會解決所有的問題，在有些領域，AI 還有很長的路要走。在 2020 年 IEEE 國際電子裝置會議（IEDM）上，專家們認為隨著行業努力應對物聯網、大數據和 AI 所帶來的挑戰和機遇，半導體產業正處於重塑期。2018 年是機器生成的數據超過人類的第一年，其中大部分數據從邊緣遷移到雲端。AI 和大數據支援的應用程式已使電子行業開闢了新的道路，EUV 的出現從裝置擴展的角度來看是有益的，但它未能解決在電晶體效能、互連電阻和電容以及可靠性等其他領域仍然存在的關鍵挑戰。

第 5 章

智造軟體為半導體產業提供全程價值

5.1
龍頭半導體廠商對 AI 應用的洞察

AI 的發展經歷了從量變到質變的過程，實現質變的一個重要支撐就是半導體算力的大幅提升。最初電腦被用來處理單一類型的數字或文字數據，例如透過 Word 處理文字、透過 Excel 或計量經濟模型處理數字及搜尋引擎等。如今需要處理的數據格式層出不窮 —— 文字、影像、影音 —— 它們並不能統一地放入單一的軟體中進行運算，那麼這些數據應如何更好地處理呢？以影像檔案為例，如何把成千上萬張數位照片進行分類，只辨識那些顯示特定內容的照片呢？這個問題是 ImageNet 的焦點。數百萬幅影像的數據庫，這給學者們建立模型來正確分類影像提出了挑戰。2010 年，機器和軟體演算法的準確率為 72%，而人類能夠以 95%的平均準確率對影像進行分類。2012 年，由多倫多大學的傑夫・辛頓領導的一個團隊使用深度學習，使他們能夠將影像辨識的準確率提高到 85%。如今，基於深度學習的面部辨識演算法的準確率已經超過了 99%。

儘管 AI 的運算邏輯與真正的人腦相去甚遠，但 AI 從人腦的運算機制中借鑑了精髓。人類大腦平均有 1,000 億個神經元，每個神經元與 10,000 多個其他神經元相連，使其能夠快速傳輸資訊。當一個神經元接收到一個訊號時，它會發出一個電脈衝來觸發其他神經元，這些神經元又會將資訊傳播給與之相連的神經元。每個神經元的輸出訊號取決於一組「權重」和一個「啟用函式」。利用這種類比和大量數據，研究人員透過調整權重和啟用函式來訓練人工神經網路，以獲得期望的輸出。人工神經網路已經存在了幾十年，但突破來自一種叫做「卷積神經網路」的新方法。實際上，這種方法表明，使用網路的單個層只能辨識簡單的模式，但是使用多個層可以找到模式的模式。例如，網路的第一層可能會將照片中的物體與天空區分開；第二層可能會將圓形與矩形分開；第三層可能會將圓形辨識為面，以此類推。就好像隨著每一個連續的層，影像愈來愈聚焦。現在通常使用 20 ～ 30 層的網路。這種被稱為深度學習的抽象水準是機器學習和 AI 進步背後的原因，而這種進步明顯給 AI 在半導體產業的應用展示了新的曙光。

就 AI 如何應於半導體產業的企業實踐方面，作為一種內部的核心競爭技術，很少有廠商主動展示其應用細節，因為大家都不會把基於大量投資和實踐產出的核心技術和關鍵經驗拱手相讓。另外由於其特殊的專業性，以及跨界應用創新帶來的某種不確定性，大眾化媒體也極少對其進行報導。還有，從整個龐大的產業鏈來說，AI 應用嶄露頭角，尚且沒有遍地開花，對於諸多廠商來說還處於觀望階段。所以獲得這些數據並不容易，不過，緊跟行業內部頂級會議，閱讀知名行業媒體對專業人士的訪談，依然可以獲得不錯的資訊作為參照對標。本章基於多篇 *Semiconductor Engineering* 上關於 AI 在半導體產業特別是半導體製造中的應用文章做了摘要。對於中國的半導體產業來說，可以充分借鑑並找到大致的發展方向，然後運用 AI 技術嘗試對產線製程進行最佳化，透過在各種工藝製程中發現提升智造能力的關鍵線索，分析、提煉、總結成自己的策略，然後逐步推廣應用於更為豐富的場景。

5.1.1 輝達

輝達（Nvidia）是一家 AI 運算公司。公司創立於 1993 年，總部位於美國加州聖克拉拉市。美籍華人黃仁勳是創始人兼 CEO。1999 年，輝達定義了 GPU，這極大地推動了 PC 遊戲市場的發展，重新定義了現代電腦圖形技術，並徹底改變了平行運算。2017 年 6 月，輝達入選《麻省理工科技評論》「2017 年度全球 50 大最聰明公司」榜單。2020 年 7 月 8 日美股收盤後，輝達首次在市值上超越英特爾，成為美國市值最高的晶片廠商，這也是 2014 年後再次有新面孔站上美國晶片企業市值第一的位置。

輝達的製造業和工業全球業務發展主管 Jerry Chen 在接受訪談時表達了如下觀點：

- AI 的作用令人驚訝，今天的事在不到 10 年前還被認為是不可能完成的。歸根究柢，AI 是另一個高效能運算（HPC）的執行載體，與其他執行載體一樣具有獨特的運算特性和工具。就像我們知道如何為圖形和 HPC 建立偉大的架構一樣，我們也學會了如何為 AI 訓練和推理建立偉大的架構。事實證明，所有這些工作都有很多架構上的優勢。
- 基於第一原理的物理學方法始終是基礎性的。但有時物理學沒有被完全理解，或者模擬它們的運算成本不可能或不實際。在這些情況下，研究人員開始使用混合方法將基於物理學的模型與 AI 模型注入，以獲得兩個環境下的最佳效果。這種混合方法將物理學與測量所捕獲的物理行為的數據相結合，在製造操作中，這種方法可以幫助縮小基於物理學的模型預測與感測器實際感知之間的差距。

- 光刻（Lithography）是一個很好的例子，這種方法變得非常有價值，因為過程視窗對建模錯誤非常敏感。物理驅動的方法和資料驅動的方法在 GPU 上似乎都非常好用。
- 對於透過 AI 來提升準確度的要求，顯然是毋庸置疑的。最好的 AI 模型之所以有效，是因為它們善於從嘈雜的數據中提取真正的資訊。半導體產業有大量的數據，也有大量的技術人才，但最大挑戰是如何將這些較新的資料驅動方法整合到生產工具和工作流程中。
- 輝達開始應用這些技術來幫助最佳化設計，以提高效能和可用性，這對於輝達和代工製造夥伴都是有利的。無論是在設計方面，還是在製造方面的成果也開始顯現出來。行業中的領導者顯然正在積極投資於機器學習和 AI，而落後者也會意識到這一趨勢是不可避免的。

5.1.2 科磊

科磊（KLA）是一家美國公司，提供半導體製造相關的製程控管、良率管理服務。該公司是1997年由KLA和Tencor兩家公司合併形成的，前者成立於 1975 年，後者成立於 1977 年。合併後稱為 KLA-Tencor，2019 年 1 月 10 日宣布改名為 KLA。據 Bloomberg 數據，2018 年全球五大半導體裝置廠商分別為應用材料（AMAT）、艾司摩爾（ASML）、東京威力科創（TEL）、泛林（Lam Research）、科磊（KLA），這五大半導體廠商在 2018 年以其領先的技術、強大的資金支持占據著全球半導體裝置製造業超過 70%的市占率。科磊的行銷和應用副總裁 Mark Shire 表達了如下觀點：

- 機器學習演算法仍然需要用標記的數據進行訓練。在檢測方面，最初需要投入時間來建立分類缺陷庫，然後演算法才能在準確性和純度方面產生很好的效果。最終，透過產生更好品質的數據，可以減少辨識缺陷源和採取糾正措施所需的時間。
- 機器學習的主要應用之一是缺陷檢測和分類。第一步是用機器學習來檢測實際的缺陷，而忽略「噪聲」。在很多案例中，相對透過人工方式來完成從工藝和模式變化的嘈雜背景中提取實際的致命缺陷訊號，機器學習的表現要好得多。第二步是利用機器學習對缺陷進行分類。我們面臨的挑戰是：當光學檢測儀以高靈敏度執行以捕捉最關鍵、最細微的缺陷時，也會檢測到其他異常情況。這時，機器學習首先被應用於檢查結果，改善送審的缺陷樣本計畫；然後，對這些部位拍攝高解析度的 SEM 影像，並使用額外的機器學習對缺陷進行分析和分類，為工廠工程師提供有關缺陷群體的準確資訊 —— 可操作的數據，進而推動工藝改進的決策。
- 一個新興的應用是利用機器學習來對檢查和測量的位置進行更多的預測。如果聚集更多的工廠數據並建立關聯，那麼就能更智慧地確定檢查的位置。這可能是一個非常強大的解決方案，可以提高收益率和擴展摩爾定律的經濟價值。
- 透過今天的機器學習演算法幫助建立明天的 AI 晶片是令人興奮的，我們樂觀地認為無監督的機器學習應用將繼續在整個半導體生態系統中成長。

5.1.3 泛林

泛林（Lam Research）是一家美國科技公司，生產、設計、銷售半導體產品。該公司由林傑屏（David K. Lam）於 1980 年創立，總部位於矽谷。1984 年 5 月在那斯達克掛牌上市。2018 年時它是舊金山灣區僅次於特斯拉汽車的第二大廠商。泛林的運算產品副總裁 David Fried 表示：

- AI 應用大多屬於工藝控制的一個大類，但基本上是調整工藝配方，以滿足目標晶圓上的規格。它始於改善晶圓效能，並使用蝕刻端點控制或氣體流量調整等應用。每個晶圓到達控制工藝的條件略有不同，這是基於先前工藝操作時發生的變化，而工藝裝置是基於其環境和所有先前的狀態。如果裝置能夠為每個晶圓自動調整配方引數，如終點時間或氣體流量，那麼後處理晶圓的均勻性就可以得到改善，並且可以減少預先存在的變化。這是一個重大的勝利。之後，你可以繼續透過控制卡盤溫度區等引數來改善跨晶圓的均勻性。為了進行這些控制性配方調整，你需要有數據來幫助監測工藝結果對控制引數的敏感性，然後對這些關係進行建模並實施控制方案。
- 在機器學習的過程控制應用中有四個象限：感知、預測、最佳化和控制。泛林的一個工作重點是試圖理解蝕刻反應器或沉積反應器中感測器的輸出，試圖從感測器數據和配方資訊中預測晶圓上的結果，最佳化這些結果以滿足客戶的規範要求，然後控制反應器以在量產製造中產生這些晶圓上的結果。泛林為什麼要採取感知、預測、最佳化和控制，而不是傳統的方式，即用純物理學來預測反應器中或晶圓上發生的事情呢？純物理學可以解決一部分問題，就如同過去大家已經這樣做了很多年。如果只考慮一個蝕刻或沉積反應器，有一些相當複雜的化學作用，如等離子體物理和熱效應，還有時間效應。對於這些領域中的每一個反應器，你可以有 50 個不同的方程式來描述物理學，有大量的引數和許多未知數。你可以嘗試從第一原理物理學開始對這些影響進行編碼。不幸的是，這基本上是一項難以完成的任務，因為這些方程式中的每一個量都是相互參照的，而產生一個精確的解決方案在運算上變得非常昂貴。

- 數據科技仍在興起，但執行這些數據科技所需的運算能力現在幾乎是免費的。我們開始達到中間這個有價值的區域，在那裡你可以開始將物理治理方程式與數據科技相結合。使用這種技術，可以減少準確解決方案所需的數據要求，也可以開始提高解決這些問題的機率，使其具有足夠的準確性，而且運算成本在這個中間範圍內是合理的。這就是基礎物理學與先進運算技術可以結合起來的地方。
- 我們一直在開發虛擬晶圓，以使工程團隊能夠測試裝置的各項設定，可調節的變化程度比他們在物理生產環境中能夠做到的更豐富。
- 機器學習是解決某些計量問題的方法，目前愈來愈多問題的出現使機器學習變得適用，但它不是靈丹妙藥，也不是所有事情的正確答案。泛林已經建立並擁有軟體、運算能力和數據科技，以達到純物理學和數據科技的結合。

5.1.4 歐洲微電子研究中心

歐洲微電子研究中心（IMEC）成立於 1984 年，總部設在比利時魯汶，是世界領先的奈米電子研究中心，其研究內容比該產業的需求往往超前 3 ～ 10 年。特別是世界頂級的綜合裝置製造商、裝置與材料供應商、系統公司和電子設計自動化供應商都直接參與了 IMEC 的專案合作開發。IMEC 僱員超過 1,700 名，包括超過 350 名常駐研究員及客座研究員。研究方向主要集中在微電子、奈米技術、輔助設計方法，以及資訊通訊系統技術（ICT），並擁有一條 0.13 微米 8 英寸試生產線，並已通過 ISO 9001 認證。其他還包括太陽能電池以及微電子領域的高級培訓。IMEC 的年收入超過 12,000 萬歐元，均來自合作者的授權協定及服務合約。IMEC 的先進光刻技術專案主任 Kurt Ronse 認為：

- 從傳統做法上講，所有生產工具已產生了大量的數據，EUV 光刻機是目前最複雜的裝置，同時刻蝕機也會產生大量的數據，而這些數據看起來彼此之間沒有任何關係，也沒有人試圖找到其中的關聯。最近，對於生產裝置接二連三出現當機的情況，我們開發了一個機器學習專案，透過機器學習試圖找到該工具所產生的數據和不同類型的數據之間的關聯，以便在接下來的時間裡能夠預測這種類型的數據，從而可以預測當機的可能性。
- OPC（Optical Proximity Correction，光學鄰近效應修正，是一種光刻解析度的增強技術，透過修正掩膜圖案來改善晶圓光刻效能的方法）在引入深度學習後的效能改進非常明顯。在引入 OPC 的早期，它足以模擬空間像，空間像模擬器預測了線條將偏離目標的位置，然後需要控制一系列引數的閾值。隨著要求愈來愈嚴格，準確性變得更加重要，那麼僅有空中影像還是不夠的，需要在抗蝕過程中增加控制旋鈕來進行製程最佳化，以確保模擬器對工藝模仿的精準性。在抗蝕處理之後，還有蝕刻，蝕刻過程的影響也會使最終特徵偏離品質要求，那麼就產生了一系列的控制旋鈕。如果手動來處理這個過程，那麼需要花很長時間來適應典型的過程模型。因此，這就是我們試圖用機器學習來完成的場景，我們先建立模型和所有的控制旋鈕，然後以某個隨機選擇的引數作為起點，讓模擬器執行檢查它，機器學習會自我糾正一些旋鈕，有些並不重要，而有些則至關重要，對最終結果有巨大影響。因此，工藝越複雜（特別是在 EUV 中，控制細節的旋鈕愈來愈多），意味著必須依靠機器學習來確保在合理的時間內找到所有旋鈕的最佳匹配設定。OPC 中的模型生成可以透過機器學習完成，這將加快模型生成的速度。如果這麼多的變數用手動操作（變數可能是相關的，也可能是不相關的）要花很長時間才能有一個好模型。機器學習以很快的方式自動進行迭代，以更快的速度達到最佳點，實現偏差最小化。

- 有了強大的算力，透過分析數據就可以判斷一個趨勢出現的可能，這些關係可以運用到其他需要解決或感興趣的問題上。
- 另外需要討論的是避免 AI 應用於錯誤的目的，其基本要求是數據庫的安全性必須得到保障。除了正確合法的使用外，特別需要專門的安全軟體來保護數據以防範被駭客攻擊。同時也要保護正在生成的智慧演算法。所以，類似基於 AI 的完全自動駕駛並不會在明天就突然發生，解決這些顧慮的措施都必須落實到位，還有隱私也十分重要。

5.1.5 邁康尼

邁康尼（Mycronic）源自瑞典，其發展歷史可追溯至 1970 年代，是全球高精密生產裝置供應商，推出過全球第一臺雷射光刻機，長期幫助電子產品和顯示器廠商保持競爭力、盈利性和與時俱進。SMT、半導體和汽車行業的領導企業使用邁康尼的創新產品、服務和解決方案，打造創新電子產品 —— 從先進的顯示器到挽救生命的醫療植入物。邁康尼的 Romain Roux 表達了如下的觀點：

- 在業界，機器學習為工程師提供了一套工具，就像光學、影像處理或其他領域一樣。它的前提條件是數據的可用性，這在產品的前期設計中就需要被考慮其中。問題是我們如何收集數據？如何保護數據？以及如何在生產線的所有裝置中追蹤數據？數據的品質是成功的關鍵。另外，數據應該描述所有模型能夠很好處理的典型案例。要做到這一點，需要直接從真實的生產環境中獲取數據。如果我們希望為客戶提供高階裝置，那麼必須與工業夥伴緊密合作。
- 在學術界，強化學習正變得非常有吸引力。它允許一個模組透過與環境的互動從經驗中學習，而不是像監督學習那樣只是靜態地標記和觀察。與數位對映相結合，人們可以模擬環境，強化學習甚至可以取得令人難以置信的結果。
- 如果能收集到一個系統的輸入和相應的輸出，就可以嘗試用這種技術來為系統建模，也可以反推它。深度學習是一門經驗性的科學，真的很難預測將獲得的模型的準確性，這必須透過嘗試才能確定。

一旦有了正確的數據，訓練一個神經網路來模仿將輸入轉化為輸出的物理過程是相對快速和容易的。

- 系統建模是很複雜的，有時候得到一個準確的模型根本不可能，而深度學習在尋找數據中隱藏的相關性方面非常有效。
- 物理學仍然是我們建立模擬器的唯一可靠基礎。基於機器學習的模組可以模仿一些行為，但需要物理學來區分相關性和因果性。物理模型可以給你帶來準確性和深刻的理解，而機器學習可以提供速度並解決一些具有挑戰性的逆向問題。這是兩個非常不同的領域，它們相互餵養並相互促進。

5.2 半導體服務廠商的智造方案

5.2.1 DataProphet 的 AI 即服務方案

DataProphet 成立於 2014 年，總部位於南非開普敦，它是一家由機器學習專家建立的工業 4.0「AI 即服務」（AI-as-a-Service）公司。從 DataProphet 的觀點來看，AI 的價值不僅要賦予某一個工藝節點，還要賦予整個產線，也正是因為整個產線的數據得以獲取，對某些工藝節點的改進判斷隨之也更為準確。他們認為，資訊技術（IT）和營運技術（OT）的融合為利用半導體的數據提供了新的機會，AI 透過部署與目標緊密相關的數據檢索、儲存、選取、可追溯性及上下文關係理解等關鍵任務，推動生產效率的提高。

「AI 即服務」特別適合於解決數據管理和良率威脅的挑戰。具有人機閉環系統（Humans-In-The-Loop，HITL）[092] 的模組化方法可以將自適應的 IIoT 平臺與主動的 AI 驅動解決方案無縫結合起來。「AI 即服務」被證明可以減少企業採用 AI 方案的複雜性，消除企業完全自建過程中的專

[092] 人機閉環系統是指操作員在經過第一次指令輸入後，仍有機會進行第二次或不間斷的指令更正。

案風險，也大大降低了企業數位化轉型的成本。無監督的深度學習最適合於預測性分析，因為它可以前瞻性地確定最有可能實現最佳生產執行模式的可調節變數。半導體裝置廠商可以基於歷史和實時數據，借用這種資料驅動的解決方案進行建模，從而發現工藝變數和品質指標之間的複雜關係。例如，深度學習演算法可以幫助研究光刻、蝕刻與剝離過程中的引數，是如何與良率、產能、計量數據輸出等品質相關的變數共同發揮作用的。考慮到晶圓工廠現在必須面對數位化轉型所面臨的挑戰，AI 的成熟性就尤為重要。與其他關鍵垂直領域一樣，如果半導體製造廠商以智慧方式定位數據，則可將數據與 AI 結合實現良率的最佳化，從而領先對手。取代破壞性、成本高昂和冗長的故障排除方案已成為當務之急，透過先進的深度學習，可以將系統性的良率威脅轉化為挖掘產能的潛力。

DataProphet 的「AI 即服務」方案可用來解析歷史工藝行為：從晶圓外延到光刻和化學機械平坦化（CMP）等掩膜製造子步驟，一直到晶片黏接、燒錄測試和裝配，如圖 5-1 所示。在此過程中，系統的「規定性分析技術」全面工作，以穩定特定的製造線；嵌入良率學習，並在所有可控引數中提供精細的控制計畫，以提高最終良率並從產能爆發中獲取最大價值。

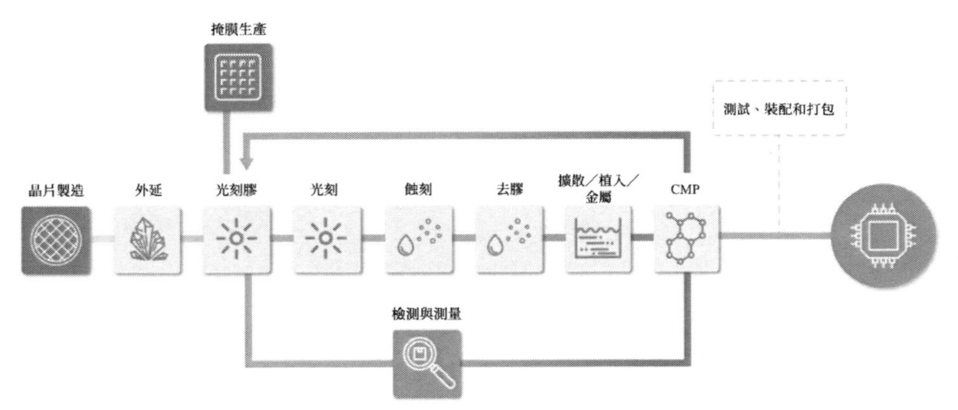

圖 5-1 DataProphet 認為的 AI 將賦能晶圓製造的整個過程
資料來源：DataProphet 官網

良率的自動化學習工具可分析來自工具和前導工藝步驟的感測數據，捕捉工藝時間和結果之間的非線性關係。它利用這些資訊來預測半導體製造的良率和缺陷，這些預測使工程師能夠採取糾正措施，顯著降低半導體製造成本和週期。在製程控制方面，分析法使辨識元件故障的模式成為可能，預測新設計中可能出現的故障，並提出最佳布局以提高良率。將深度學習演算法應用於歷史數據，對多步驟半導體製造過程進行有針對性的分析，並基於可調優的引數提供一個精細的控制計畫，以實現更大的準確性和良率最佳化；這避免了積體電路設計中的錯誤步驟和昂貴的複雜迭代。

先進的「規範性 AI 演算法」透過辨識複雜故障的根本原因、對已知的良率影響因素進行分類並標記新的警示點，來降低良率損失的風險。因此，AI 和機器學習輔助設計顯著提高了終端良率，降低了商品成本，並縮短了新產品的上市時間。對於半導體廠商來說，AI 可引導持續流程最佳化、提高整個半導體生產線的 KPI。

5.2.2 Onto Innovation 的創新資料驅動解決方案

Onto Innovation 是一家美國半導體公司，於 2019 年由 Rudolph Technologies 和 Nanometrics Incorporated 合併而成。它與全球各地的客戶合作，開發創新的、以數據為導向的解決方案，以提高微電子和顯示器製造業務的良率和盈利能力。Onto Innovation 有著全面的、先進的測量、檢測、數據分析和光刻解決方案，用於半導體製造和封裝工藝，加速產品和工藝的開發，提高良率並降低成本。Onto Innovation 的高級行銷總監 Yudong Hao 在 AI 應用方面，表達的觀點如下：

- 計量學中的第一件事是需要有敏感性，因此工具必須對過程中發生的尺寸變化具有敏感回饋，否則機器學習或任何其他技術都無法實現功能價值。其次，由於靈敏度低和我們正在測量的裝置的複雜性，使用經典的基於物理學的建模技術已經不夠了，這正是機器學習發揮作用的地方。還有，機器學習本身可能不是唯一的解決方案，物理學仍然很重要，物理模型和機器學習模型都是預測性模型。我們發現，將物理學和機器學習結合在一起可以獲得最佳效能。機器學習是對物理學的補充，它可以幫助物理學，但它不會取代物理學。
- 機器學習雖然很好，但對於每一個案例需要看一下具體問題是什麼，以及沒有實現全部製造潛力的障礙是什麼，然後思考什麼是理想的解決方案，這個解決方案可能是機器學習，但也可能是純物理學。例如，在計量學中，對於薄膜工藝涉及薄膜沉積的厚度測量，物理學是非常成熟和準確的，而且運算速度也很快，所以為普通的薄膜工藝改進部署機器學習實際上沒有意義。在多大程度上使用機器學習取決於不同類型的應用。例如，涉及 ADC 檢查或自動缺陷分類是機器學習的一個理想應用，因為它是基於影像分析和影像分類的。通常情況下，檢查中會使用許多標記的數據，這就是深度學習最容易應用的地方。

- 機器學習是一個模型。我們建立一個預測模型，可以把一些輸入對應到一些輸出。所以有新的數據進來，然後可以預測輸出會是什麼。其應用包括檢查、影像處理、自然語言處理等。在檢查方面，深度學習是基於大數據的，並不能只用幾個方程式來解決大量的未知數。然而，在計量學領域，有一些技術可以用一個小的標籤集來部署深度學習。
- 在光學臨界尺寸計量學中，有更多的樣品複雜性，僅僅建立一個準確的模型變得非常困難，需要太多的時間來實現，這就是機器學習的用武之地，模式匹配是機器學習的一部分。例如，對於邏輯裝置，你可以用它來測量翅片（fin），包括翅片輪廓和翅片高度（fin profiles and finheight）。還有一個非常關鍵的引數叫接近度，它決定了裝置的效能。
- 我們建立了很多可以重複使用的標記數據集，數據集可以隨著時間的推移而成長，這意味深度學習可以更容易地被應用。在計量學中，標註的數據集主要來自參考計量學。就如同切割晶圓一樣，每個工藝步驟或層基本上都是一個特定的應用，而這個標籤數據集通常需要在改變工藝時重新生成。
- 在半導體產業，部署機器學習需要大量的專業領域知識。像亞馬遜和 Google 這樣的公司將機器學習民主化，使其更容易被我們使用。

然而，在我們的行業中，為了使解決方案堅實有效，我們需要將機器學習技術與專業領域知識結合起來，簡單地把數據扔給深度學習演算法是行不通的。

- 我對機器學習和 AI 持樂觀態度。在未來，AI 將在生活的各個方面幫助人們。它還將促進技術進步，幫助物理學發展，這是一切的基礎。機器學習幫助我們建造更好的晶片，這反過來又給了我們更多的運算能力來做更多的物理學研究分析。

5.2.3 D2S 的 GPU 加速方案

D2S（Design2Silicon）成立於 2007 年，總部位於美國加州，是一家為半導體製造業提供 GPU 加速解決方案的供應商。該公司利用 GPU 在模擬自然、影像處理和深度學習方面的優勢，開發創新能力以應用於奈米級的裝置製造。D2S 是 eBeam Initiative 的管理發起人，也是電子製造業深度學習中心的創始成員，全球三大 EDA 設計軟體公司的 Cadence 是他們的投資人之一。D2S 的 CEO Aki Fujimura 表達了如下觀點：

- 深度學習相對較新，所以在各方面仍有很多改進的機會。它是機器學習的增強模式，不是一種語言而是一種特殊的軟體方法，在某種程度上是自動程式設計。深度學習不是一個軟體工程師坐下來寫程式碼，而是一個工程師坐在那裡操縱使用哪種神經網路，如何進行調整並訓練神經網路，這樣產生的神經網路才會被自動程式設計並按我們的需求進行執行。

- 這在一定程度將幫助提升整個半導體產業的發展，加速超級運算將在每個企業使用，而不僅僅是科學運算。對於基於深度學習應用的生產部署，特別是在半導體製造業，需要數位對映的支援，因為深度學習需要大量的數據。此外，深度學習程式設計師主要透過對網路中訓練數據的操控，來改善深度學習的效能。如圖 5-2 所示，一個能區分狗和貓的深度學習網路，被一隻少見的狗的圖片所迷惑，程式設計師需要拿出更多狗和貓的圖片來訓練網路，反覆教會它辨識「這是一隻狗」或「這是一隻貓」，深度學習才能提升它的辨識能力。
- 對於半導體製造應用來說，絕對有必要擁有一個基於模擬或基於深度學習的數位對映，從而可以隨意生成虛擬圖片，這樣程式設計師就不會因為無法獲得足夠的訓練數據而煩惱。在某些領域，一個成功的深度學習應用原型或許只需要用到千張到萬張級別的圖片來訓練，但在生產環境部署中可能需要數百萬張。數位對映是獲得這些資源的唯一途徑。從總體趨勢看，深度學習應用在 2021 年進入生產部署階段。
- 深度學習使運算或處理變得自由。例如，讓機器花費一週時間運算能用的神經網路，然後當你真正執行它時（在深度學習術語中被稱為推理），並不需要很長時間。最後，當你使用那個引數化的網路時，推理就會很快。這種運算模式透過利用 SIMD 的位寬擴展而變得實用，GPU 在經濟上是可行的，深度學習技術和神經網路運算恰好特別適合於 SIMD。
- 毫無疑問，深度學習在光罩領域的應用將愈來愈普遍。光罩廠商雖然還在繼續使用傳統方法，但將逐漸納入新的能力。深度學習的特點之一是可以非常迅速地建立確定可行示範，任何操作員執行的繁瑣和易於出錯的過程，特別是涉及視覺檢查的過程，都是深度學習的最佳應用場景。深度學習在檢測和計量方面有很多機會，在軟體方面也有很多機會。例如，幫助解決掩膜工廠的週轉時間問題，將掩膜工廠的大數據和機器日誌檔案與機器學習連繫起來，進行預測性維護。

- 深度學習在光罩領域的應用，總體而言有兩大類：大數據和影像處理。大數據應用可能不需要深度學習，甚至不需要基於神經網路。但機器學習作為一類普遍的技術，可以幫助分析大量的數據，提取趨勢或進行相關性預測。同時，影像處理並不局限於對 SEM 影像等圖片進行分析處理和缺陷分類，它可以廣泛地應用於任何需要分析或處理畫素數據的事物。因此，掩膜或晶圓模擬，以及 OPC/ILT（光學接近校正／反光刻技術）也是該類別的一部分。在設計掩膜形狀時，OPC/ILT 使用深度學習既能加快運算時間，又能提高結果的準確性。深度學習是一種基於密集模式匹配的統計方法，所以不能只用深度學習來取代 OPC/ILT。但是，由於深度學習是一個優秀的快速估算器，許多公司在改善執行時間同時提高結果品質方面取得了很好的效果。
- 我們已經實施了 20 多個用於半導體製造的深度學習專案，特別是掩膜製造、晶圓設計、FPGA 設計和 PCB 組裝自動化，在所有這些不同的領域發現了非常有價值的應用。這 20 個專案先是可行性研究，然後進入原型階段，並取得了良好的結果，特別是三個專案已處於產品化的過程中。

圖 5-2 深度學習分類貓與狗
資料來源：根據 Tran Mau Tri Tam 在 Unsplash 上拍攝照片加工

第 6 章

來自世界龍頭半導體製造廠商的智造驗證

廣泛應用的 AI 離不開算數、演算法和算力的互補促出發展。深度學習三大廠 Geoffrey Hinton、Yann LeCun 和 Yoshua Bengio 對 AI 領域的貢獻眾所皆知，他們圍繞神經網路重塑了 AI 和演算法；在數據層面，2007 年李飛飛建立了世界上最大的影像辨識數據庫 ImageNet，使人們認識到了數據對深度學習的重要性，也正是因為透過 ImageNet 辨識大賽，才誕生了 AlexNet、VggNet、GoogleNet、ResNet 等經典的深度學習演算法。前幾次 AI 繁榮後又陷入谷底，一個核心的原因就是算力難以支撐複雜的演算法，而簡單的演算法效果不佳。黃仁勳創辦的 NVIDIA 公司推出的 GPU，很好地緩解了深度學習演算法的訓練瓶頸，釋放了 AI 的全新潛力。

圖 6-1 列出了在 AI 領域呼風喚雨的人物，他們的同框展現了 AI 與半導體的交融與相互促進。先進晶片與多樣化晶片的問世，使泛在的感測、萬物互聯與大數據的採存成為可能。算力支持數據、演算法的應用立竿見影地推動了人類社會的智慧更新與財富成長，這使整個社會又產生了泛在算力的需求，從雲端到邊緣側，摩爾定律被再次推動，更先進和更多樣化的晶片被生產出來，以此循環往復。如今晶片的先進製程已向埃米級邁進，未來的智慧進化充滿了想像空間。成就算力的輝達如今也不僅僅是提供算力，它的商業生態涉及算力市場的方方面面，例如基於強勁的算力來建構資訊物理系統、數位對映甚至元宇宙的應用。

圖 6-1 AI 演算法、算數與算力的突破代表人物

資料來源：根據 OPPO 數智技術內容編輯

AI 作為 New IT 的一員，並不等同於傳統的資訊技術。資訊技術系統關注的是捕獲、儲存、分析和評估數據，以將最佳輸出作為一條資訊進行交流。AI 旨在建構能夠像人類一樣學習、推理、適應和執行任務的智慧系統，是 IT 行業將其系統轉變為智慧系統以擴展 IT 功能的墊腳石，其核心功能是自動化、最佳化以及面向未來發展的自治化。從軟體開發來說，建構任何系統的基礎是執行一個高效和無錯誤的程式碼。AI 系統的建立是為了提高整體生產力。例如，AI 系統使用一系列的演算法幫助程式設計師編寫更好的程式碼或克服軟體的錯誤，還能根據開發人員的表現為他們建議一套預先設計好的演算法，透過檢測和消除軟體錯誤來改善開發時間。與深度學習網路整合的 AI 系統旨在實現後臺流程的自動化，以減少時間和成本。一個基於 AI 程式設計的演算法在執行任務時逐漸從其錯誤中學習，並自動最佳化程式碼以實現更好的功能。從軟體的部署來說，在部署軟體之前，一個 IT 系統關注的兩個主要問題是確保品質和開發時間，由於 AI 系統是關於預測的，在軟體原型的開發過程和部

署過程中就能夠整合 AI，從而預測並幫助克服開發和部署軟體系統時的漏洞。它減少了部署時間，開發人員不再需要等到部署的最終節點。部署過程的自動化通過檢測和消除開發過程中的錯誤，保證了開發系統的品質。從資訊安全來說，AI 智慧系統可以辨識威脅和數據洩露，還可以在第一時間提供預防措施和解決方案，以解決安全相關問題。

AI 所呈現的魅力需要特定行業的算數和演算法支援，好在半導體領軍企業的盈利狀況都非常好，這個對技術有著天生偏執的行業，在以 AI 為代表的 New IT 剛出現的時候，就積極地投入 AI 技術應用的浪潮中。事實證明，由於企業及時把握了包括率先應用 New IT 技術在內的諸多機遇，建立了各自行業領域的領導地位。英特爾多年以來一直是半導體產業銷售規劃的老大，並根據美國政府新一輪先進製造業的重振計畫，開始切入台積電的晶圓代工領域；台積電毫無疑問是全球晶圓代工的老大，在 5 奈米和 3 奈米的晶圓代工量產上的優勢愈來愈明顯，能之與匹敵的目前只剩下三星一家，但台積電顯然不同於三星的 IDM 模式，它們的產品供不應求，不斷攀升的利潤與市值，讓它們有足夠資金和資源全力以赴投入埃米級晶圓製造工藝的研發。對這些企業來說，AI 是能持續到下一代產業競爭中的法寶。在浩如煙海的 AI 產業中，半導體應用的行業也逐步增多，尤其是在半導體晶片製造的龍頭廠商中，AI 已是數十年以來不斷實現技術突破的重要推動力量。

6.1 英特爾 20 年的 AI 智造之路

6.1.1 AI 在英特爾整廠應用的方法論

半導體製造很複雜：有幾十層掩膜、幾百個工藝步驟、幾千臺裝置，每臺裝置有幾十到幾百個獨立的感測器，每塊晶圓有幾十到幾千個積體電路，包含數十億個電晶體和互連線、數百個電氣和物理測量點，而且每週有數萬塊晶圓在多個工廠生產。這種複雜性導致在產品製造過程中產生了數百 PB（Petabyte，千兆位元組）的數據。半導體公司一直是產生和分析數據的領導者。目前的問題是 AI 能否用於半導體製造？如何從所有這些收集的數據中獲得洞察力？近年來，英特爾一直在技術開發（Technology Development，TD）和大規模量產（High Volume Manufacturing，HVM）的各個方面開發和使用 AI 方法，包括機器學習、深度學習、機器視覺和影像處理、高級多變數統計、運籌學等。TD 的複雜性和 HVM 的規模迫使英特爾穩步地用基於學習（AI）的系統來取代基於規則的系統 [093]。

在過去的 20 年裡，英特爾已經部署了大量的製造業 AI 解決方案，

[093] Rao Desineni、Eugene Tuv，2022，*High-Value AI in Intel's Semiconductor Manufacturing Environment*。

涉及數千個 AI 模型。每個成功的 AI 解決方案都在英特爾所有工廠的所有產品中得到推廣。透過對開放式 AI 平臺的大量投資，將 AI 用於更多的企業、更多的場景、更多的應用，是英特爾的首要任務。從線上缺陷檢測到生產線末端的良率分析以及中間的許多分析步驟，英特爾應用於大規模製造的 AI 解決方案已經產生了數百萬美元的商業價值，加速了整體的製造過程，並有助於提高良率和生產力。

如圖 6-2 所示，英特爾工廠對 AI 的應用場景主要分為七類：基於機器學習的先進製造控制、製程工具匹配、自動缺陷分類、探針卡缺陷檢測和校準、預測「晶粒殺手」及減少測試時間、晶圓地圖模式分類和基於機器學習的溯因分析。

在最終實現銷售之前，晶片必須經過多個步驟，每一個步驟都會產生數據。半導體製造中的 AI 解決方案必須至少包括以下一項。

- 在第 n 步檢測出一個問題；
- 利用之前 $n-i$（$0 < i \leq n$）步收集的數據迅速找到其根本原因；
- 利用之前 $n-i$ 個步驟的數據預測步驟 n 的結果（$0 < i \leq n$）並設計控制方法以改善步驟 n 的結果。

在英特爾的製造環境中，大規模部署 AI 技術應用包括以下內容：聯機缺陷檢測、工具工廠匹配、多變數工藝控制、自動化的晶圓圖模式檢測和分類、快速根本原因分析、在分類測試中檢測異常值以減少測試時間並提高下游發貨產品的品質等。在這些應用的背後，根據不同的使用情況，使用了多種 AI 技術，如高級統計（Advanced Statistics）、機器學習、最佳化和各種形式的機器視覺。一旦基於 AI 的特定應用被開發出來，驗證其商業價值後，就會在英特爾的整個工廠生產線上推廣，從而最佳化投資報酬，促進工廠之間的一致性。

圖 6-2 英特爾工廠對 AI 的應用
資料來源：英特爾研究報告

這些應用都可以解決步驟 *n-i*、步驟 *n* 的問題。包括：

- 根本原因分析。來自步驟 *n-i* 的數據被用來尋找在步驟 *n* 觀察到的異常的根本原因。
- 機器學習用於高級過程控制。來自步驟 *n-i* 的數據被用來控制步驟 *n* 的過程。
- 預測「晶粒殺手」和減少測試。使用來自步驟 *n-i* 的數據建立機器學習模型，以預測下游步驟 *n* 的故障。
- 自動缺陷分類。設計應用來檢測異常情況並量化給定步驟 *n* 的基線非系統缺陷。

6.1.2 最佳化 AI 應用排序以提升商業價值

定義一個優先考慮和部署的 AI 框架對成功至關重要。因為每天都有大量的數據從生產營運中產生。同樣重要的是，工程師和高級主管對 AI 的興趣日益高漲，以及自學課程的普遍性使建立 AI 解決方案試點相對容易。確定優先排序的過程如圖 6-3 所示，包括三個主要成分：實質性的商業價值、評估可行性和價值實現時間。具體來說，關鍵是要回答以下問題，以評估是否需要用 AI 實現現有業務流程和工作流程的自動化。

- 是否在降低成本、提升生產力或良率方面帶來收益？
- 目標應用是否具備一定的容錯性？換言之，偶爾的誤報可否接受？
- 該方案能否實現大規模的自動化？換言之，它能不能被整合到現有的製造自動化系統中，使 AI 模型的建立、監測和更新都能以最小的人工干預來部署完成？
- 該解決方案是否能及時產生預期的業務影響？

圖 6-3 英特爾 AI 專案優先排序過程
資料來源：英特爾研究報告

在 AI 立項後，取得專案的成功還需要採取更全面的方法，涵蓋四個基本要素：理解問題、解決方案的部署、建模和數據管理，如圖 6-4 所示。忽視一個成分會使整個專案面臨失敗風險。正如網上報導的那樣，儘管各行業在 AI 方面的投資巨大，但 AI 專案失敗率在 60%～ 85%。我們認為，AI 專案失敗的主要原因之一是，大多數專案在建立時沒有考慮到明確的使用案例，而停留在對技術的興趣上。

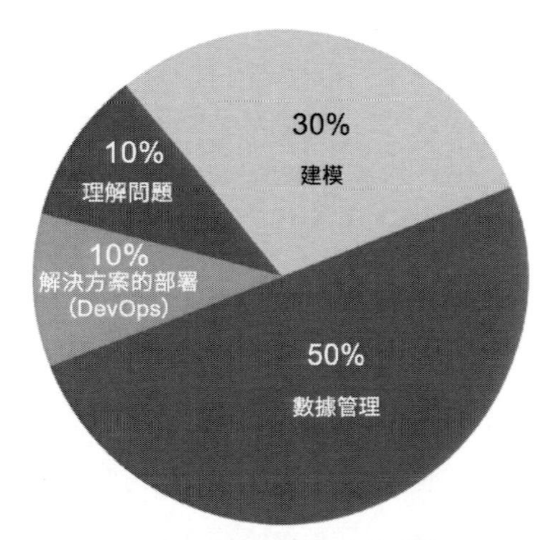

圖 6-4 先進帳析方案的建模
資料來源：英特爾研究報告

➤ 理解問題（Understand the problem）占先進帳析方案建模餅圖的 10%，但理解問題至關重要。專業領域的專業知識是無可替代的，AI 的實施不能脫離最終將部署解決方案的業務職能。我們首先成立方案小組，包括專業領域專家（製程工程師、裝置工程師和良率工程師），了解問題陳述和相關的商業價值，然後產生一個概念驗證（PoC）的 AI 解決方案。該 PoC 由領域專家進行徹底驗證，並在下一步之前進行反覆完善。

- 解決方案的部署（DevOps）也占了 10%。它是複雜演算法在整個組織內實現技術民主化的唯一途徑。即使在 PoC 階段，我們已經在計畫 HVM 的部署，其中包括將解決方案整合到我們的工廠自動化系統，以確保採用。
- 建模（Modeling）占了先進帳析的 30%。在這裡，我們遵循兩條規則：一是從簡單的可解釋技術開始，如穩健的線性模型或單一的決策樹，然後再採用透明度較低的 AI 方法，如集合或更複雜的神經網路；二是使用為數據領域訂製的盡可能成熟的 AI 引擎（演算法），具體來說，我們已經在效能極佳的引擎上進行了大量投資，這些引擎可以處理半導體數據的獨特特徵——高度不平衡的數據、缺失的數據、分類數據，以及經常出現的「髒數據」。持續地將訂製的 AI 引擎的效能和準確性，與世界各地數以百萬計的數據科學家所使用的開源引擎進行比較，因地制宜地決定使用我們的訂製 AI 引擎、開源引擎，或者對兩者混合使用。
- 數據管理（Data Management）是先進帳析建模的最大部分，也是最麻煩的部分，約占 50%。因為數據的問題非常複雜，包括以不同的格式存在——結構化和非結構化、影片檔案、文字和影像——它們儲存在不同的地方，有不同的安全和隱私要求。我們的數據挑戰與其他公司類似。我們已經解決了這些問題，並繼續透過多種數據倡議來改進它們。

6.1.3 英特爾實現 AI 智造的典型案例

1. 透過 AI 轉變手工良率分析方式 [094]

英特爾是世界領先的大批次製造商之一，在全球 10 個地區擁有 15 個晶圓製造廠（Fabs）。像所有製造商一樣，英特爾努力在不增加成本的情況下提高製造良率。AI 具有巨大的潛力，可以幫助實現這一目標，使其更接近工業 4.0 的願景，即製造過程完全自動化。在半導體製造中，一塊矽晶圓由幾十到幾百個獨立的微電子積體電路單元組成，稱為晶粒。矽片是以「批次」為單位生產的，意思是在一個特定時間段內生產的產品。每個晶圓在通過工廠時都要經歷許多製造線步驟，其中每個步驟都涉及先進的製造工具和電化學 —— 機械工藝之間的複雜相互作用，可能會出現各種問題，如圖 6-5 所示。這些複雜性帶來的問題包括：一個工具開始失效、工具群執行不匹配或一個加工步驟的變化無意中影響到另一個加工步驟。所有這些問題以及其他許多問題都會帶來生產線的變異，對生產線末端的良率產生負面影響。

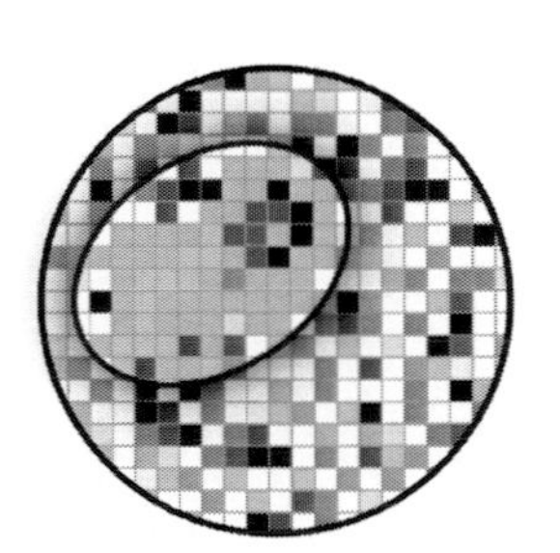
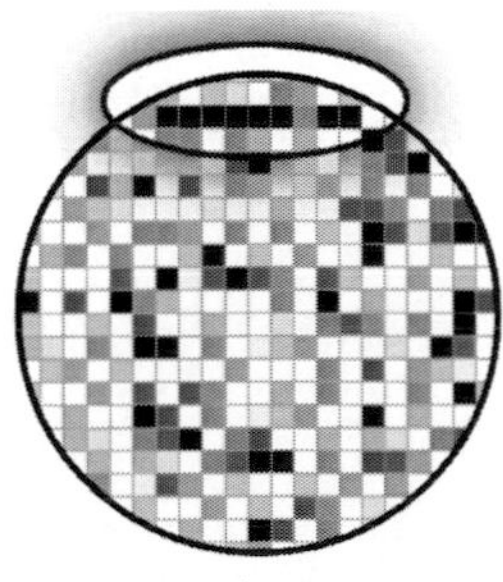
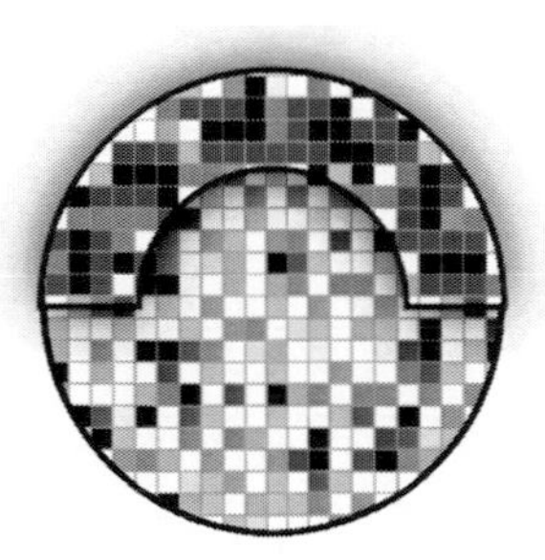

圖 6-5 晶圓上的特徵圖案（不同問題導致不同特徵）
資料來源：英特爾研究報告

[094] Intel，2021，*Transforming Manufacturing Yield Analysis with AI*。

良率分析工程師檢查生產線末端晶圓的晶片級功能健康指標。他們要尋找的是總故障區域（GFA），它以圖案的形式出現，表明晶圓生產製程中發生了問題，且不同的問題導致的圖案也各有差異。良率分析工程師目前還在使用一些手工技術，從生產線末端的角度來推斷生產線上出了什麼問題，把這種模式辨識的練習作為問題根源分析的切入點。在多年的晶圓分析經驗中，良率分析工程師已經編列了幾十種與特定問題有關的基線模式。確定 GFA 的傳統方法涉及許多挑戰：

- 耗費時間。GFA 檢測是一項重複性和勞動密集型的工作。隨著製造環境中產品數量的成長，僱用足夠的良率分析工程師來審查和記錄 100%的生產線末端材料是不現實的。由於人力資源的限制，這種手工方法既費時又不可擴展。
- 經驗有限。良率分析工程師需要多年的時間來獲得製造工藝技術的經驗，以準確地進行 GFA 檢測。這項任務往往是藝術和科學之間的平衡，工程師需要多年的經驗來學習如何準確區分隨機統計「噪聲」和真正的 GFA 特徵。因此，分析的結果和一致性在相當程度上取決於工程師的技能。
- 因多個故障而變得複雜。兩個或更多的內聯問題可能影響到一個晶圓，有可能導致一個晶圓上出現多個圖案。由於資源和經驗的限制，良率分析工程師可能只會辨識和描述出一個內聯問題，而其他問題沒有被發現和解決，這可能會阻礙解決兩個問題的根本原因。
- 孤立的資訊導致知識遷移低效。由於英特爾在幾個地點平行生產晶圓，良率分析工程師之間的知識轉換需要開會，這是一種低效的知識共享方法。
- 問題發現延遲。製程中會出現不在已有基線模式清單上的新問題，而這些問題沒有被發現，直到重複出現被有經驗的工程師所捕捉。由於視覺取樣或經驗有限，新問題檢測的延遲可能會給穩健生產和良率帶來重大損失。迅速檢測和量化由於工廠事件或偏離而導致的材料風險是非常關鍵的。英特爾的晶圓廠 7×24 小時執行，每小時處理成千上萬的晶圓。失效的工具、不匹配的機群或無意的工藝轉變在未得到控制的情況下執行的時間越長，材料面臨的良率下降的風險就越大。一個自動化的 GFA 分類解決方案可以透過提醒良率分析人員注意線上問題來幫助提高良率，然後使問題得到迅速解決 —— 防止更多的晶圓受到影響。

英特爾正在改變良率分析的模式，從上述這種手工的、被動的「拉」式方法轉變為主動的「推」式方法，這有助於快速而準確地發現問題，如失效的工具、機群不匹配和工藝引數的轉變。這類問題發現得越快，它們就越早得到解決，整體良率也就越高。

隨著英特爾產品組合的擴大和複雜，未檢測到的問題、不正確的特徵歸屬以及辨識已知特徵所需的時間等業務風險不斷增加。英特爾 IT 部門正致力於透過基於 AI 的解決方案幫助製造部門加速問題檢測，並提高準確性。AI 執行重複的、勞動密集型的檢測，然後將結果推送給良率分析工程師進行根本原因分析。該解決方案包括三個關鍵因素，在行業中獨樹一幟。

- AI 模型。英特爾開發了一個專門的 AI 工作流程，使用機器學習、深度學習和影像處理技術來進行自動模式辨識。AI 可以辨識和記錄每個晶圓的多個 GFA，並學習捕捉影響良率的模式。
- 自主的端到端檢測。雖然演算法對整個解決方案的成功很重要，但自動化才是真正改變遊戲規則的因素。傳統的 GFA 工具是有限的，需要人工干預和手動查詢。現在，自動化的推送方法產生了用於根本原因分析的數據，並計算出良率影響趨勢。

- 系統的整合。演算法的結果被無縫整合到現有的製造工作流程方法和工具中，這提高了易用性和我們將演算法的商業價值擴展到其他應用的能力。

該解決方案的其他重要方面包括結構化的數據收集，無須人工記錄，從單調的模式分類轉變為更關注根本原因分析，並以一個中央系統取代本機執行，該系統可以處理和儲存遠多於本機客戶端能力的數據。一個重要的說明：我們的解決方案不是為了取代良率分析工程師。相反，機器執行它們最擅長的工作，而工程師則執行更複雜的智力任務，如應用業務知識尋找檢測到的問題的根本原因。這個綜合解決方案（演算法、自動化和整合）目前提供兩種服務。

- 基礎特徵模式檢測（Baseline Pattern Detection）。該方案可以對全部晶圓在製品提供特徵例項，自動確定晶圓是否有已知的基礎性問題，而無須人工干預。
- 未知特徵模式檢測（Unknown Pattern Detection）。該方案可以報告有關目前影響良率的所有特徵以及影響程度的資訊。良率分析工程師可以使用該報告來辨識新的問題並提出見解，如新的特徵、定義有變化的已知特徵或良率影響水準的變化，從而幫助工程師設定他們的調查分析優先順序。一旦工程師完成了對以前未知特徵的根本原因分析，新特徵就會被新增到基礎模式庫中，AI 模型會被重新訓練以辨識它。

該解決方案從現有的晶圓廠數據湖中獲取數據，例如以前標識過特徵模式的晶圓列表以及關於整個晶圓群體的資訊。基於 AI 的模型使用基礎特徵模式進行訓練，一旦訓練完成，模型就會對所有流媒體材料進行推理，並向現有的良率分析工具提供分類結果，以及良率的影響測量。同時，AI 模型正在執行以辨識晶圓上存在的新的特徵模式。與現有的下游視覺化和分析工具緊密結合，使工程師能夠在必要時對數據進行深入研究。如果有必要，他們還可以進行額外的自定義分析。例如，良率分析操作管理工具允許工程師訂製他們的數據分析檢視，也允許工廠使用者擁有簡化的基於網路的評估，以檢視數據和輸入數據。與基於 AI 的 GFA 檢測解決方案整合的其他工具包括一個根本原因分析工具和一個儀表板和報告工具。英特爾在整個過程中使用行業標準軟體（如表 6-1 所示），還使用模組化方法，以便隨著方案的發展可以增加更多的模型，支援更多的產品類型。這些演算法結合了幾個模型，包括機器學習和深度學習。在 2021 年底，英特爾的晶圓廠在生產環境中部署了 16 個模型，每天標記約 2,500 個晶圓 —— 隨著持續向基礎特徵模式庫新增新的特徵並增加對其他產品的支援，這些數字將繼續成長。

表 6-1 自動 GFA 檢測解決方案軟體

軟體類型	軟體名稱
程式語言	Python
機器學習和深度學習框架	Python、TensorFlow、Seldon
分析業務流程	Argo、基於 Conffuent 平臺的 Apache Kafka
儲存	Minlo Datalbase、網路文件系統（NFS）、ElasticSearch
容器	Docker、Kubernetes
操作系統	Linux、Ubuntu

資料來源：英特爾研究報告

這一解決方案加快了辨識、標記和隨後解決線上問題的速度，以提高總體良率。該方案可以幫助良率分析師在時間有限的環境下提高良率。換句話說，該方案有助於在不增加良率分析團隊人數的情況下保持高品質的產品。雖然製造業之前已經採取了自動化 GFA 檢測的措施，但英特爾使用機器學習操作（MLOps）來推動加速和可擴展性是獨一無二的。該解決方案提供的變革性商業價值如表 6-2 所示。

表 6-2 基於 AI 的 GFA 特徵檢測所產生的變革性商業價值

價值層面	手工分析	AI 分析
AI 價值	有限的可擴展性。只對一個產品或多個產品的終端量的子集進行分析	高度可擴展性 —— 每批產品的每塊晶圓都要進行分析，這樣可以捕捉到更多的問題，並可作為準確的數據集用於根本原因調查並可迅速擴展到多個產品
	每批產品只能有一個總故障區域（GFA）的辨識和記錄	每個晶圓可以發現和記錄多個 GFA
	問題辨識的品質是基於良率工程師的經驗 —— 它可能是有偏見的，而且因人而異	對已知的特徵模式進行一致的、客觀的和可重複的標記，加上發現新的 GFA 的能力，以便及時調查分析。 隨著時間的推移，對各種產品的所有基礎特徵模式的辨識準確性，有可能達到經驗豐富的人類的水準

<table>
<tr><td rowspan="4">端到端自動化價值</td><td>對 GFA 搜索採取「拉式」被動方法</td><td>「推式」主動方法，幫助自動檢測活躍的 GFA</td></tr>
<tr><td>需要大約兩天時間來更新匯總的良率影響總結報告</td><td>良率影響匯總是自動化的</td></tr>
<tr><td>人工創建「根本原因分析、趨熱和良空影響」數據集，屬於勞動密集型的工作</td><td>能夠為「根本原因分析以及長時間的趨勢和良率影響運算」輕鬆生成數據集</td></tr>
<tr><td>知識共享是基於會議和演示的，減緩了在線問題修復的速和效率</td><td>虛擬工廠的集合是自動和快速的，能夠輕鬆地捕捉和分享知識，這反過來又加速了對在線問題的修復</td></tr>
<tr><td>與製造環境垂直整合的價值</td><td>分析結果與其他分析和數據探索工具是隔離的</td><td>結果與現有的流程和工具完全整合，使該解決方案易於使用</td></tr>
</table>

資料來源：英特爾研究報告

這個獨特的解決方案使端到端的檢測能夠辨識同一晶圓上的多個問題，並對每批晶圓進行 100%的檢查。AI 和良率分析工程師的知識相結合，使他們能夠支援檢測更多的產品，使用各工廠共同採集的知識，並縮短解決問題的時間。總體而言，該方案正在推動英特爾朝著工業 4.0 的方向前進，實現根本原因分析過程的完全自動化和更好的良率。

2. 帶有機器視覺和機器學習的 ADC[095]

ADC 是英特爾十多年前在 HVM 中部署的第一批 AI 解決方案之一。相對於機器視覺，訓練員工以 90%的準確率對缺陷進行手動分類通常需要 6 ～ 9 個月。即使在培訓完成後，專業操作員通常也只能保持 70%～85%的準確率，這是因為分類工作具有高度的重複性，而流程的改變可

[095] Intel，2021，*High-Value AI in Intel's Semiconductor Manufacturing Environment*。

能導致新的缺陷類型，那麼就需要進一步培訓。當然原因還在於對積體電路缺陷進行分類本身就非常困難，有些缺陷需要和設計布局對照才能準確診斷，而有些缺陷根本無法被人眼和大腦所感知。因此，英特爾成立了一個由製程、良率、缺陷量測和裝置工程師組成的跨職能團隊，實施機器學習（包括深度神經網路）ADC 解決方案。此後，該解決方案被部署在英特爾生產的每個技術節點的 TD 和 HVM 中，包括英特爾至強（Xeon）可擴展處理器和英特爾 Optane 技術。部署本身需要巨大的努力和投資，以將 AI 演算法整合到工廠自動化系統中。整合包括以下幾個層面。

- 缺陷檢測系統的輸入端。
- 使用者端。允許缺陷工程師和技術人員對影像進行標記，並配置相應的目標布局資訊。
- 在統計過程控制（SPC）中自動報警，必要時將相應批次擱置。

ADC 能夠以要求的準確率對工廠生產晶圓的大多數缺陷進行測量和分類。與其他解決方案相比，總擁有成本（TOC）沒有增加。另外，工廠還能利用晶圓製造過程中的現有成像裝置，在以前沒有採用機器視覺和機器學習的地方實施 ADC，幫助在製造早期預防錯誤，提高良率，而不增加成本。

3. 溯因分析

規模化機器學習和高級分析的另一個成功應用是溯因分析（Root Cause Analysis，RCA）解決方案。在半導體製造業中，迅速找到良率和品質問題的根本原因，對盈利能力和客戶滿意度都至關重要。要解決這個問題，通常需要在電子測試、SPC、工具、操作、缺陷、排隊時間、工藝時間、晶圓槽順序、裝置日誌和許多其他數據類型中挖掘數十億個引數，這類似於在乾草堆中尋找一個針頭。一個精通分析的工程師，擁有強大的領域知識和多年的經驗，也許能夠在幾個小時或幾天內智慧地挖掘所有可用的數據；但這種知識甚至很難在兩個工程師之間共享，更無法在英特爾的所有工廠之間共享，換言之，這無法標準化也無法實現高效的知識遷移。

為了實現 RCA 的技術民主化，英特爾開發了可解釋的機器學習引擎（包括增強的決策樹、特別委員會方法、特徵選擇和規則歸納技術），可以處理大量、嘈雜、異質和經常失蹤的非隨機（MNAR）製造數據。這些引擎為 RCA 等任務提供了解決方案，將數據轉化為可分析的形式。英特爾應用半導體領域的專業知識建立了一個訂製的大數據儲存基礎設施，為 RCA 所需的多維數據提供了非常快速的訪問。與之前的幾小時或幾天相比，工程師現在可以在幾分鐘內找到潛在的根本原因。透過在即插即用型快速數據基礎設施上無縫整合機器學習分析，工廠大大減少了尋找、提取、清理和連線數據的重複性工作。

4. 分類測試探針卡檢查

分類測試是晶圓製造的最後一步，是對晶圓上的各個晶片進行測試以確定良率。技術人員使用一種稱為探針卡的硬體，將測試模式傳送到晶圓上的晶粒，其中測試針與探針卡進行物理接觸，而正是物理接觸造成了問題，探針卡會受到磨損，這反過來又會使測試結果混亂。傳統的方式是技術人員定期使用顯微鏡手動檢查探針卡，這項工作費時費力，而且有很大的人體工程學風險。因此，英特爾採取了一個多階段的方法，為探針卡建立一個完全自動化的檢查系統，透過在每個階段建立中間應用程式，以減少技術員的工作量。現在的整體解決方案整合了這些應用程式。例如，當探針卡在測試裝置上時，一個應用程式自動收集影像數據，審查工具只標記探針卡上的異常區域。另一個應用程式允許技術人員輕鬆標記數據，這反過來又允許建立一個標記的數據集來訓練一個深度學習的 AI 系統。透過從最小可行產品開始，逐步增強功能，該系統現在已經完全自動化，並部署在多個工廠，實現了顯著的生產力提升。以前每個工廠每週需要 46 個小時的任務，現在已經減少到 60 秒以內。

英特爾工廠使用各種 AI 解決方案已有近 20 年的歷史，並在良率、成本和生產率的最佳化方面發揮價值，這些應用說明讓機器來完成人類本要辛苦完成的重複性任務是有意義的。在這些例子中，AI 技術提供了更精確的結果，特別是與一個經驗不足的工程師所做的工作相比尤其如此。然而，AI 並不是魔術。每個應用中，在理解問題所在後，AI 演算法必須由機器學習專家從頭開始選擇、採用或開發。PoC 解決方案必須經過使用者的廣泛驗證，完善的演算法必須透過 DevOps 整合到工廠自動化系統。此外，雖然產生了數百 PB 的數據，但關鍵是將 AI 應用於那些能夠提供實質性商業價值、具備評估可行性和最快價值實現時間的應用。一旦應用被優先考慮，關鍵是要對運算資源、DevOps 和將演算法整合到現有工作流程和自動化系統進行適當的投資。投資對於為領域專家釋放潛力也很重要，好在新資訊技術的發展趨勢正處於 AI 的春天 —— 儲存和運算變得更加廉價，這個 AI 的春天至少會持續到下一個十年。在整個半導體製造業中，OEM 供應商、EDA 供應商、數據基礎設施供應商對 AI 的認識不斷提高。正如工業革命需要一段時間才能成熟一樣，「AI 無處不在」的願景也需要一段時間成為現實，但英特爾確信後者將比前者發生得更快。同時需要建立新的與之匹配的企業文化，作為純技術解決方案的必要擴散，企業文化也將有助於打造一個基於 AI 的新型組織。

6.2
台積電 11 年的 AI 智造與大聯盟 OIP

台積電由張忠謀先生於 1987 年在臺灣新竹科學園區成立，它的創立事實上同時創造了兩個全新的行業 —— 一個是台積電本身的晶圓製造的代工行業（Foundry），另一個則是與它成為上下游關係的無晶圓廠半導體公司（Fabless），如今兩個行業都非常成功。台積電是晶圓代工模式的成功典型，而目前半導體全球十強中的兩家：高通和博通，都是 Fabless，所有頂級 FPGA 公司也是 Fabless。所謂晶圓代工是指專注於生產由客戶設計的晶片，本身並不設計、生產或銷售自有品牌的晶片產品，確保絕不與客戶競爭。因此，台積電的代工模式造就了全球無晶圓工廠積體電路設計產業的崛起。自創立以來，台積電一直是世界領先的專業積體電路製造服務公司。在 2021 年，台積電公司以 291 種製程技術，為 535 個客戶生產 12,302 種不同產品。台積電公司的眾多客戶遍布全球，為客戶生產的晶片廣泛地運用在各種終端市場，例如行動裝置、高效能運算、車用電子與物聯網等。如此多樣化的晶片生產有助於緩和需求的波動性，使公司得以維持較高的產能利用率及獲利率，以及穩健的投資報酬。

台積電在臺灣設有 4 座 12 英寸超大晶圓廠、4 座 8 英寸晶圓廠和 1 座 6 英寸晶圓廠。2020 年 5 月，台積電宣布有意於美國設立先進晶圓工廠，使得台積電能為客戶和夥伴提供更好的支援，也為台積電提供了更多吸引全球人才的機會。此座將設立於亞利桑那州的廠房將採用台積電的 5 奈米製程技術生產半導體晶片，規劃月產能為 2 萬片晶圓，該晶圓工廠於 2024 年開始量產。至 2021 年年底，台積電及其子公司員工總數超過 57,000 人。

作為全球最大、最先進的晶片技術和代工服務商，台積電在與 IDM 的競爭中成為了技術領先者。台積電持續部署多項技術以啟用「智慧晶圓廠自動化」（圖 6-6），以提升品質，降低成本，縮短上市週期，這包括打造一個集 SoIC、CoWoS 和 InFO 於一體的全自動智慧工廠，並由其最新的先進材料處理系統提供支援。此外，台積電還開發了一種製造系統 SiView^{Plus} 來支援整合 [096]。台積電的「智慧工廠自動化」由多個專家系統整合，包括製造執行系統（MES）、高級過程控制（APC）、自動化物料搬運系統（AMHS）。除了自動化系統，Advanced Packaging 還利用 AI、人機閉環系統、機器學習、大數據分析和邊緣運算技術來監督控制智慧系統裝置。

圖 6-6 台積電近乎無人的自動化生產廠房內景
資料來源：台積電官網

[096] 資料來源：台積電先進封裝技術與服務負責人 Marvin Liao 博士在 SEMICON Taiwan 智慧製造論壇的主題演講。

台積電已在臺灣證券交易所上市，股票程式碼為 2330，另有美國存託憑證在美國紐約證券交易所掛牌交易，股票代號為 TSM。台積電股價於 2022 年 10 月 11 日大跌，並創下了自 1994 年以來的最大跌幅，其重要原因之一是美國 2022 年 10 月初發表新的晶圓出口禁令，導致投資者擔心其商業前景黯淡。

6.2.1 台積電的智造策略

英特爾的 AI 智造展現了三步驟方法論與典型應用，台積電的智造則更展現出了智造逐年發展的演化程式。從 2016 年開始，我們都會看到台積電智慧精密製造的藍圖，如圖 6-7 所示。

在敏捷和智慧營運方面，台積電整合 AI、機器學習、專家系統和先進演算法，建構智慧製造環境。具體場景包括：生產排程、員工生產力、裝置生產力、過程和裝置控制、品質管控和機器人控制，以最佳化產品品質、生產產能、效率和柔性，同時最大限度地提高投資收益並加速整體的創新。其中一個典型應用是整合智慧移動裝置、物聯網和移動機器人等新應用，打造智慧自動化物料搬運系統（AMHS），該系統透過收集與分析晶圓製程中的數據，有效利用物料資源，最大限度地提高製造效率。系統透過快速啟動、縮短搬運週期，使製造過程更為穩定，以保障總體品質的滿意度和準時交付，它的柔性表現在可以針對客戶需求的變化而進行調整，比如對客戶緊急需求的響應。

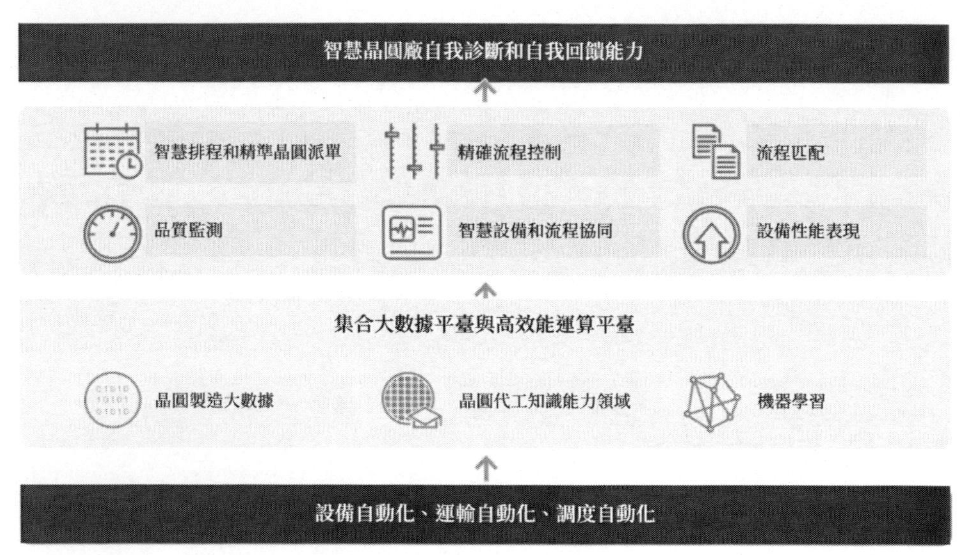

圖 6-7 台積電智造軟體體系發展路徑圖（201（6）
資料來源：台積電官網

英特爾表明自己在晶圓廠使用 AI 已有 20 年的歷史，而早在 2010 年，台積電啟動了智慧製造，它在 AI 的應用上可能晚於英特爾，但從公開的數據來看，台積電的智造策略則更為體系化。2011 年，隨著先進製程複雜性的增加，公司將 AI 應用於晶圓製造過程以提高良率並穩定產能。如圖 6-7 所示，在台積電 2016 年的智造軟體架構中，他們在裝置自動化、運輸自動化和排程自動化方面引領行業，成功建立了該公司的第一個自動化 12 英寸 GIGAFab 設施。為了加強其現有的自動化基礎設施，台積電也加強其大數據和機器學習能力。整合數據和高效能運算平臺這些新的智造能力，也被應用於智慧排程和精準的生產排程、精確的工藝控制、品質監控、裝置智慧化以及效能改進等。這在台積電稱之為智慧精密製造（Intelligent Precision Manufacturing，IPM）。IPM 使工廠的基礎設施實現了數位化更新，使生產線具備了自我診斷和回饋的新能力。

同時，台積電還採用創新的工藝能力遷移方法，達到了各廠智造能力的一致性（Fab Matching），在這方面台積電的實踐與英特爾是一致的，即透過 AI 加速表現優異的工廠快速向滯後的工廠遷移複製其智造能力，即確保各廠效能一致、共同實現工藝最佳化、縮短良率學習曲線和生產時間，透過不斷校準和跨廠區同步學習，為客戶提供最佳產品良率和效能。台積電還利用雲端運算技術和數據分類機制進行專有資訊的保護，僅透過從一個單點就能管理全廠的資訊，在保證核心商業機密數據安全的同時又提高了營運效率，這一切基於 AI 的智造與營運都在持續提升台積電在全球的競爭優勢。

如圖 6-8 所示，2017 年台積電的 AI 智造架構有了進化，大數據、專家知識庫與機器學習已獨立出來，這意味著每一部分都更為完善和強大。機器學習作為一個重要的智慧仲介，使大數據可以作用於五大應用場景：智慧排程和精準派工、人員生產率提升、裝置利用率最佳化、製程和工具控制及品質管控。表 6-3 列出了 AI 架構在 2016 年和 2017 年的區別，智慧裝置與裝置效能全部歸入了裝置利用最佳化，增加了「人員生產率提升」的部分。人員生產率的提升得益於智造軟體中的專家知識庫的進一步增強，減少了不可避免的人工誤判與盲點。根據公開報導，台積電從 2017 年開始每年計畫培養 300 名機器學習專家，並建立自己的機器學習開發平臺，用高效能的運算能力、全面的晶圓工藝大數據和開源的機器學習軟體庫來支援各類場景應用的快速開發。機器學習和深度學習被深入研究，這些基於演算法的 AI 分析技術被應用於系統中，增強了自我診斷和自我回饋的製造能力。

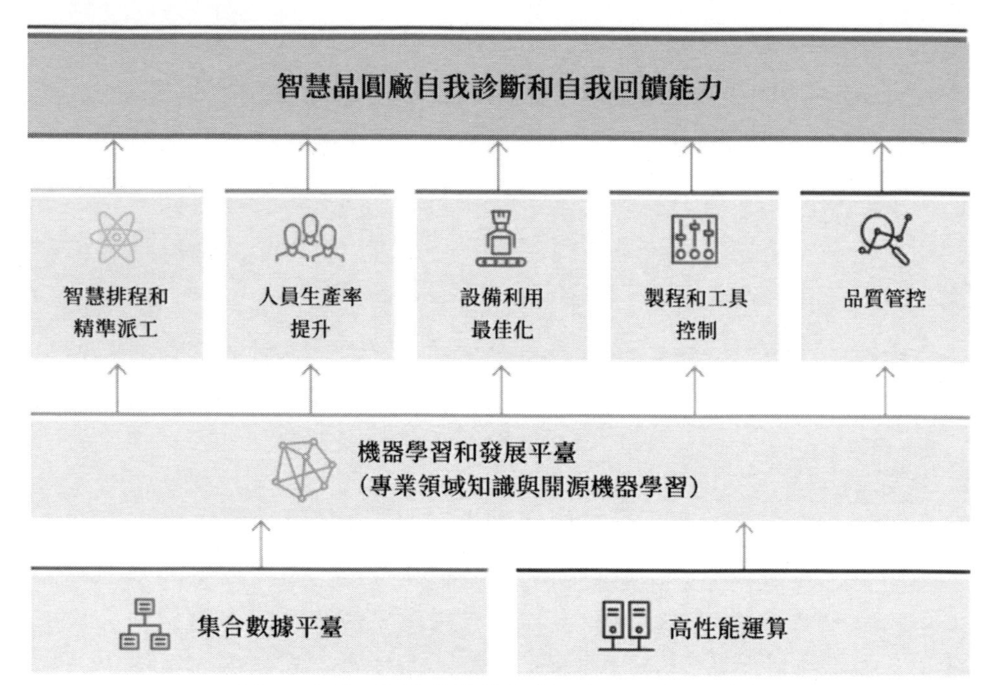

圖 6-8 台積電智造軟體體系發展路徑圖（201（7）

資料來源：台積電官網

表 6-3 台積電智慧製造軟體體系 2016 年與 2017 年比較

年分	2016 年	2017 年
應用場景	智慧排程和精準晶圓派工	智慧排程和精準派工
	設備性能改進	設備利用最佳化
	品質管控	品質管控
	精確的製程控制	製程和工具控制
	智慧設備和工藝調整	人員生產率提升
	工藝匹配	

資料來源：根據台積電官網數據彙編

在工程最佳化方面，台積電獨特的製造基礎設施專為處理多樣化的產品組合而量身訂製，該組合使用嚴格的工藝控制來滿足更高的產品品質、效能和可靠性要求。為實現品質與製造的卓越，台積電的製程控制系統整合了多項智慧功能，透過製程的自我診斷、自我學習及自我反應取得了顯著的成果，包括提高良率、品質管控、故障檢測、流程最佳化、降低成本和縮短研發週期等。隨著 5G 時代對高效能運算、汽車和物聯網的更高品質的要求，台積電進一步拓展了大數據、機器學習和 AI 的架構，系統性地將晶圓製造專業知識和數據科技知識及方法論整合起來，建立基於 AI 的工程自動化（Engineering Automation）管理體系。

2018 年，按台積電的原定計畫，已擁有一支由近 1,000 名 IT 專業人士和 300 名機器學習專家組成的團隊。該團隊在公司的機器學習平臺上共同工作，收集大量的晶圓製造數據，開發創新的分析技術，在高效能運算和開源機器學習軟體的協助下，改進和擴大智慧製造系統。台積電的智慧製造技術已經應用於智慧排程、精確排程、提高人員生產率、最佳化裝置生產力以及製造過程和工具監控。以台積電的智慧排程和精確排程為例，每個產品的生產路徑已經根據其製造環境的複雜性進行了最佳化，晶圓製造週期和佇列等待時間都降到了歷史最低水準。例如，對一個擁有 4,000 個工具、月產 30 萬片晶圓的工廠來說，每個掩膜層的週期已縮短到 1 ～ 1.2 天。台積電堅定不移地追求卓越製造，旨在透過智慧精密製造為全球積體電路行業注入創新活力和動力，並成為客戶長期信賴的製造技術和產能供應商。

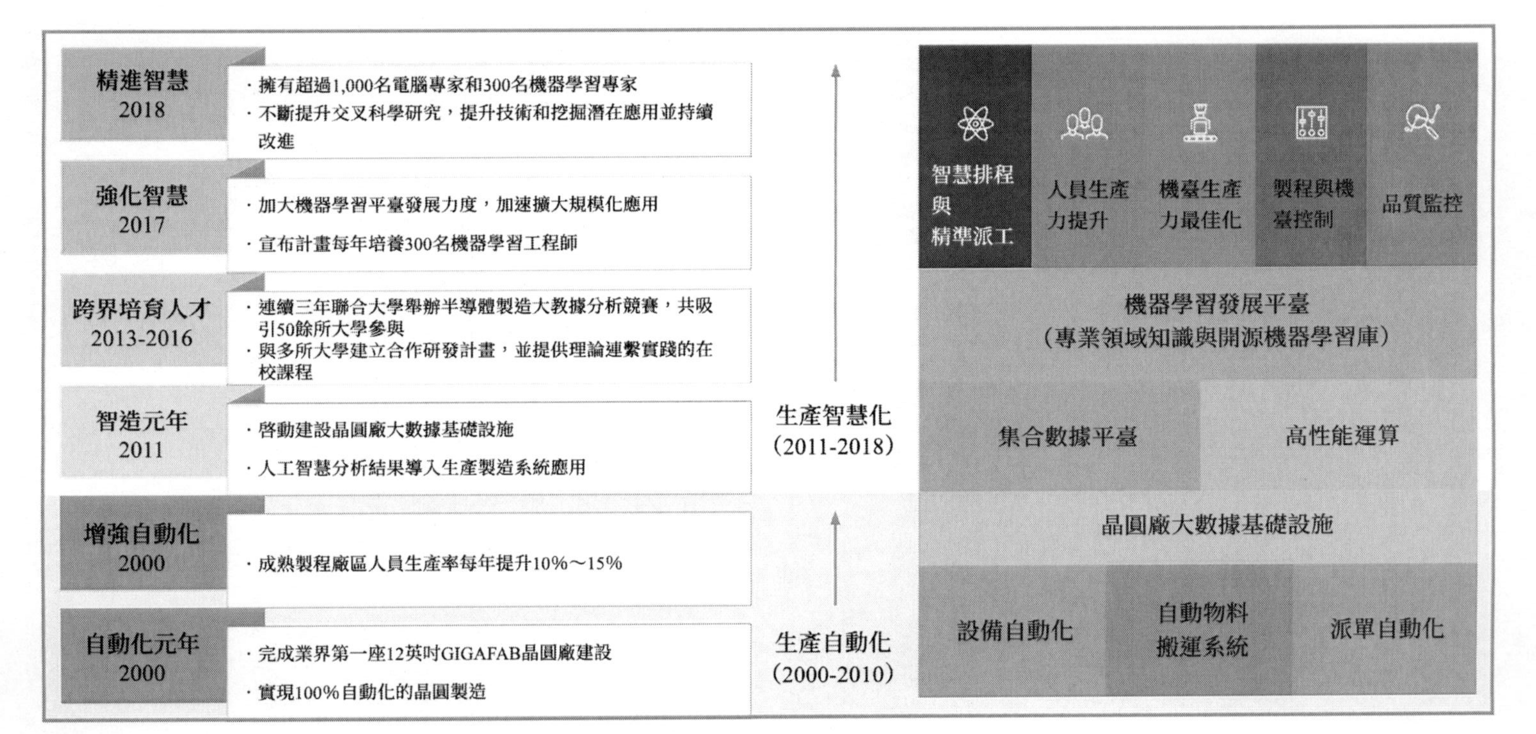

圖 6-9 台積電智造軟體體系發展路徑圖（201（8）

資料來源：台積電官網

如圖 6-9 所示，台積電 2018 年 AI 智造框架是其歷史上第一次對智造發展歷程的彙總。左邊列出了自 2010 年以來的重大里程碑，首先是 2010 年完成的生產自動化（Automatic Manufacturing），然後在此基礎上於 2011 年推動智慧製造（Intelligent Manufacturing），其中包括建構的晶圓大數據基礎設施並將 AI 產生的分析結果引入製造系統中，這個系統透過兩個平臺來支撐，一是整體的數據平臺，二是高效能雲端運算。2013-2016 年，台積電進行了大量跨界的人才開發，與科學研究院所及高校合作，連續三年舉辦半導體製造大數據分析競賽，共同完善大數據課程，並在課堂上同時提供理論和實踐教學。在此過程中，來自半導體專業領域的人才與大數據、AI 人才得以融合創新，建構了基於開源機器學習庫的機器學習開發平臺。2017 年，台積電增強智慧系統建設，建構機器學習發展平臺，加快擴大應用規模；另外，培養 300 名機器學習專家的計畫也正式啟動，到 2018 年形成了由 1,000 名 IT 專家和 300 名機器學習專家組成的研究庫。

台積電認為，如果要邁向智慧型的製造工廠，必須做到以下幾點：

- 聯網大數據，由複雜的線上產品分析來提供，建立自己的巨量數據分析資源庫。
- 建立基於企業私有雲端的雲端數據中心（Cloud Data Center）。
- 基於開源技術建模，用模型來控制生產引數。許多大的解決方案，都是來自開源軟體訂製開發，例如管理使用者的圖形化介面、新增管理報表等增值的附件。
- 整合領域知識來建模，即時監控提前預測。
- 利用機器學習主動控制生產引數，降低生產線的異常波動。
- 自動影像，讓機器具備類似人的分析能力。

表 6-4 是智造軟體在英特爾和台積電應用場景的比較。

表 6-4 台積電與英特爾的智造軟體應用場景

智造軟體體系應用場景分類	
英特爾	**台積電**
先進製程控制	智造軟體體系應用場景分類
製程工藝與工具匹配	智慧排程和精準派工
自動缺陷分類	設備利用最佳化
探針卡缺陷檢測和校準	品質管控
預測性晶粒殺手及測試時間減少	製程和工具控制
晶圓特徵模式分類	人員生產率提升
基於機器學習的根本原因分析	
良率分析	

資料來源：作者編輯

2019 年台積電披露了更為詳細的 AI 智造細節，對每一項內容重新做了補充總結，其框架如圖 6-10 所示。台積電在 2019 年的創新專題中，對其智慧製造作了更完整的介紹。在製造指揮中心，工程師和操作人員專注於高價值流程的監控和分析，而一般的生產營運則可交付給 AI 智造系統進行日常管理，這意味著兩套系統 —— 生產自動化與工程自動化的完美並行。

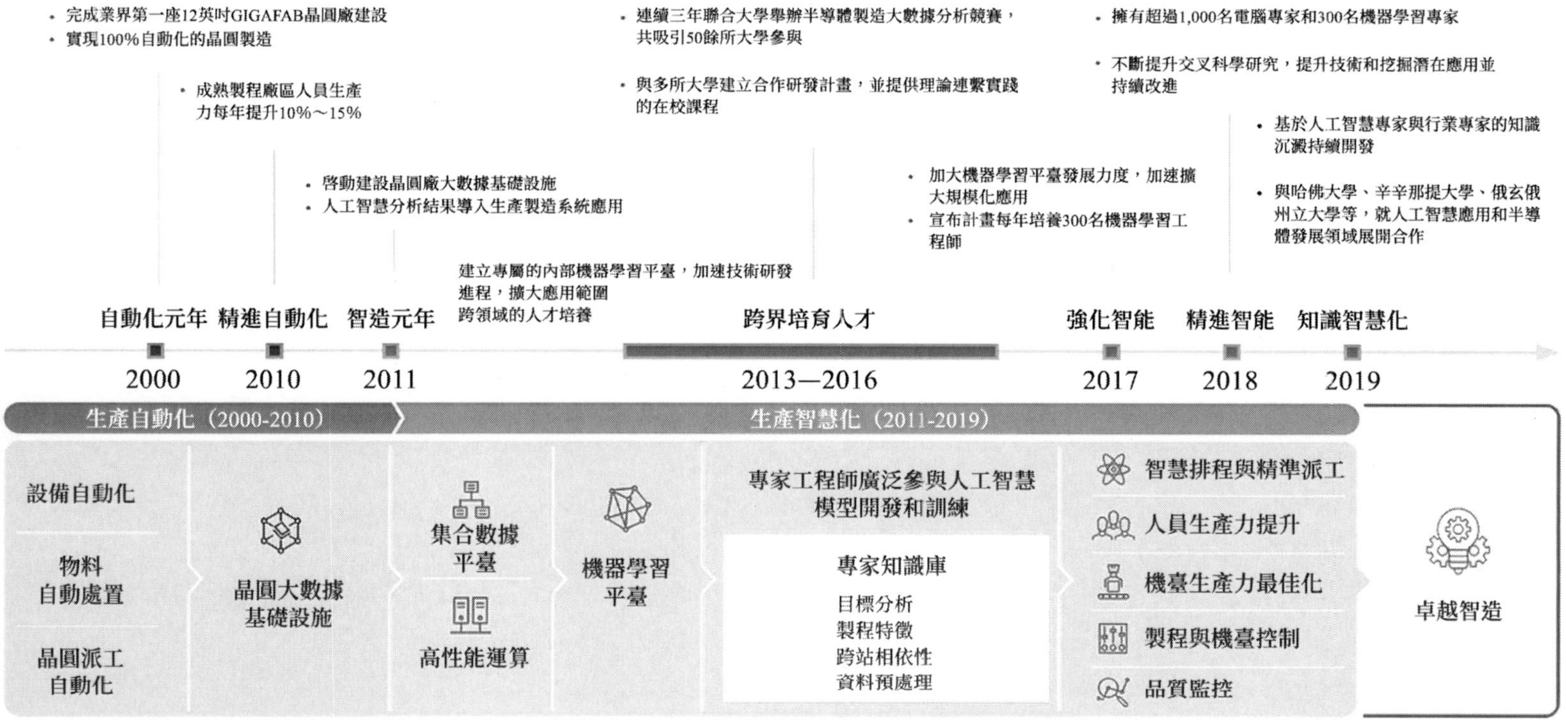

- 完成業界第一座12英吋GIGAFAB晶圓廠建設
- 實現100%自動化的晶圓製造

- 成熟製程廠區人員生產力每年提升10%～15%

- 啓動建設晶圓廠大數據基礎設施
- 人工智慧分析結果導入生產製造系統應用

建立專屬的內部機器學習平臺，加速技術研發進程，擴大應用範圍
跨領域的人才培養

- 連續三年聯合大學舉辦半導體製造大數據分析競賽，共吸引50餘所大學參與
- 與多所大學建立合作研發計畫，並提供理論連繫實踐的在校課程

- 加大機器學習平臺發展力度，加速擴大規模化應用
- 宣布計畫每年培養300名機器學習工程師

- 擁有超過1,000名電腦專家和300名機器學習專家
- 不斷提升交叉科學研究，提升技術和挖掘潛在應用並持續改進

- 基於人工智慧專家與行業專家的知識沉澱持續開發
- 與哈佛大學、辛辛那提大學、俄亥俄州立大學等，就人工智慧應用和半導體發展領域展開合作

自動化元年 2000
精進自動化 2010
智造元年 2011
跨界培育人才 2013—2016
強化智能 2017
精進智能 2018
知識智慧化 2019

生產自動化（2000-2010）
生產智慧化（2011-2019）

設備自動化
物料自動處置
晶圓派工自動化

晶圓大數據基礎設施

集合數據平臺
高性能運算

機器學習平臺

專家工程師廣泛參與人工智慧模型開發和訓練
專家知識庫
目標分析
製程特徵
跨站相依性
資料預處理

智慧排程與精準派工
人員生產力提升
機臺生產力最佳化
製程與機臺控制
品質監控

卓越智造

圖 6-10 台積電智造軟體體系發展路徑圖（2019）
資料來源：台積電官網

在台積電 2020 年的 AI 智造藍圖上（圖 6-11），對過去 10 年的 AI 智造歷程又作了一次梳理。我們可以看出，台積電在 2000 年就對 12 英寸晶圓廠實現了 100%的生產自動化，自動化包括三個方面：

- 機臺自動化（Equipment Automation）：自動製造連結執行系統與工程控制系統，執行最佳化的製程引數，產品高良率與高品質。
- 自動化排程（Dispatching Automation）：機器的即時狀況與生產的優先順序，更準確地安排產品派系的執行，動態調配的檯面，在各個客戶的訂單整合順序。
- 傳輸自動化（Transportation Automation）：淘汰了生產過程中的人工包裝運送，降低了影響品質的汙染源。

2020 年的藍圖與之前相比，主要是更新了 2019 年對於 AI 與行業知識的整合，讓專家和專業人員參與到人才知識和 AI 智慧模型的整合開發中來。台積電與哈佛大學、辛辛那提大學和俄亥俄州立大學就 AI 在半導體製造業的最新應用和發展進行跨學科交流；同時，也對 2011-2019 年在整合專家知識進入 AI 模型的過程中，就專家知識基本做了四點總結，即分析研發目標、把握製程的特點、清晰製程的相互依賴性、進行數據預處理。其後給出了五個應用場景，分別是智慧排程和精確派工、增強人體工程學的生產力提升、裝置生產率最佳化、生產過程和裝置控制、品質監測與管控。台積電此次更新的啟示是半導體智造軟體體系有三點很重要：一是要有大數據框架與平臺；二是一定要有跨學科的合作與研究，特別是與頂級高校的合作很重要；三是要有清晰的生產經營應用場景。

- 完成業界第一座12英吋GIGAFAB晶圓廠建設
- 實現100%自動化的晶圓製造
- 整合高度重複低效任務
- 成熟製程廠區人員生產力每年提升10%～15%
- 啓動大數據基礎設施
- 人工智慧分析結果導入生產製造
- 與大學舉辦半導體製造大數據分析競賽
- 與多所大學建立合作研發課程
- 加大機器學習平臺發展力度，加速擴大規模化應用
- 宣布計畫每年培養300名機器學習工程師
- 擁有超過1,000名電腦專家和300名機器學習專家
- 不斷提升交叉科學研究，提升技術和挖掘潛在應用並持續改進
- 基於人工智慧專家與行業專家的知識沉澱持續開發
- 與哈佛大學、辛辛那提大學、俄亥俄州立大學等，就人工智慧應用和半導體發展領域展開合作

為應對疫情，加速數位化轉型，應用「增強／混合現實技術」實現跨廠合作，強化國際技術遷移

透過數位工廠賦能，提升了40%批貨處理效率

2000 自動化元年
2010 精進自動化
2011 智造元年
2013—2016 跨界培育人才
2017 強化智能
2018 精進智能
2019 知識智慧化
2020 數位化轉型

生產自動化：設備自動化；物料自動處置；晶圓派工自動化

生產智慧化：晶圓大數據基礎設施；集合數據平臺；高性能運算；機器學習平臺；專家參與智慧模型開發；專家知識庫；目標分析；製程特徵；跨站相依性；資料預處理；智慧排程與精準派工；人員生產力提升；機臺生產力最佳化；製程與機臺控制；品質監控

數位化轉型：增強／混合現實；人工智慧品質監控；數位工廠；遠端辦公系統

跨廠遠端合作協同；智慧製造；廠際技術轉移

圖 6-11 台積電智造軟體體系發展路徑圖（2020）

資料來源：台積電官網

2020 年台積電的 AI 智造藍圖保留了 2019 年的大部分，增加了把 2020 年作為數位化轉型的一年，數位化轉型包括了四項內容：增強與混合現實、基於 AI 的品質控制、數位化晶圓廠（Fab）與遠端工作系統。整體目標依然是智慧精密製造（Intelligent Precision Manufacturing），這種製造有兩個新的特點：一是可以實現跨 Fab 的遠端協同；二是在 Fab 實現技術的遷移，這與我們前面描述的台積電的兩項祕密武器的第二項是一致的，與英特爾積極採取 AI 的重要原因也是一致的。台積電認為，使用 AR 和 MR 技術可以實現跨工廠的遠端合作，減少人員的來往，並進一步提升廠間的技術遷移能力，這一點在 2022 年 8 月台積電董事長劉德音接受採訪時也間接獲得了證實，他說：「台積電是把半導體技術視為一門科學，但同時也是一門生意，不是組裝零部件而已，當然這一切都得歸功於與我們合作的夥伴。我們的工程師因為疫情甚至利用增強現實與遠在荷蘭以及加州的工程師合作，共同推進最先進的半導體技術。」2020 年的這次更新的意義是重大的，當台積電宣布進行數位化轉型的時候（事實上是數位化轉型的高階狀態），是否會引領半導體市場集體的智造軟體更新呢？

從 2021-2022 年的報告來看，台積電在智慧製造上對 2020 年提出的未來的卓越製造有了明確的定義，而且定義在兩年連續的報告中是一致的，其包括三個維度：智慧精密製造、跨晶圓廠的互動遠端協同以及廠間的內部技術遷移。另外，從 2021 年智慧製造的藍圖來看（如圖 6-12 所示），2021 年啟動了智慧平臺專案，涉及工作流程自動化、AI 判斷和機器人助理。台積電首次對過去 12 年的智慧製造過程作了總結梳理，並第一次將智慧製造分為三個階段，如表 6-5 所示。

表 6-5 台積電智慧製造三階段（2000-2022 年）

智慧製造階段	時間	應用場景
階段一	2000-2012	設備自動化 自動化物料搬運系統 自動派遣
階段二	2012-2017	晶圓大數據基礎設施 集合數據平臺與高性能運算 機器學習平臺 專家知識庫
階段三	2017-2022	AI 虛擬／增強現實協同與支持 數位化 Fab 智能平臺 四個應用場景：智慧排程與派工、設備效率提升、人員生產力提升、產品品質改善

資料來源：作者編輯

書首的彩頁提供了台積電 2022 年的報告內容，展現了台積電全球晶圓廠合一營運管理（ONE FAB）的概念。

6.2.2 台積電的智造案例

1. 基於 AI 的商業機密註冊和管理系統

作為台積電最重要的智慧財產權，商業機密不僅對台積電可持續競爭優勢至關重要，也是台積電持續創新的驅動力。台積電秉承創新文化和追求卓越的態度，不斷完善商業機密登記管理制度，積極應用 AI 技術，緊跟技術趨勢和集群的更新。2019 年，台積電率先將智慧自動化（Intelligence Automation）和 AI 等先進技術引入系統，繼續加強其「商業機密註冊和管理系統」[097]，以格式化記錄的形式主動、系統地管理其關鍵商業機密。該系統為技術開發人員提供了智慧提醒和 AI 聊天機器人功能，該 AI 聊天機器人可提供對常見問題的快速答覆，並具有用於數據視覺化的最新分析功能。這種智慧的商業機密管理系統增強了公司的競爭力，並在台積電 2019 年營運理念論壇上獲得了特別獎。截至 2021 年 1 月，已有 30,000 名員工在系統中登記和記錄了超過 100,000 個商業機密。公司還建立了人才庫，最大限度地提高商業機密登記管理系統的營運效率和收益，以實現可持續的技術創新，增強整體競爭力。透過 AI 來保護商業機密分為八個維度，如圖 6-13 所示，其中五個是原先的系統功能，包括連結合約管理系統、智慧提示、AI 聊天機器人、實時數據視覺化分析、整合人力資源系統。之後又新增了三項功能：人才列表、關鍵字分析與技術集群。

[097] TSMC，2021，*TSMC Continues to Use Artificial Intelligence (AI) for Trade Secret Management to Sustain Innovation and Strengthen Competiveness*。

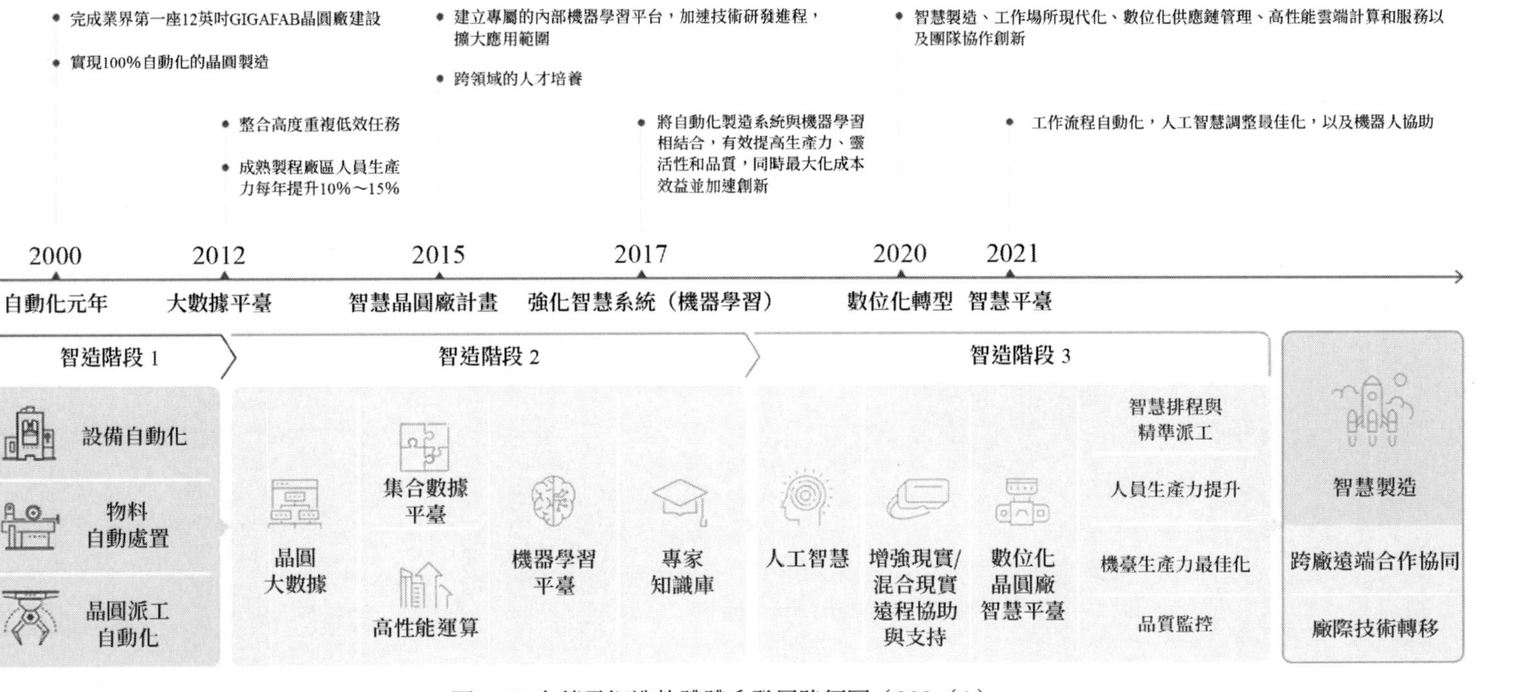

圖 6-12 台積電智造軟體體系發展路徑圖（202（1）

資料來源：台積電官網

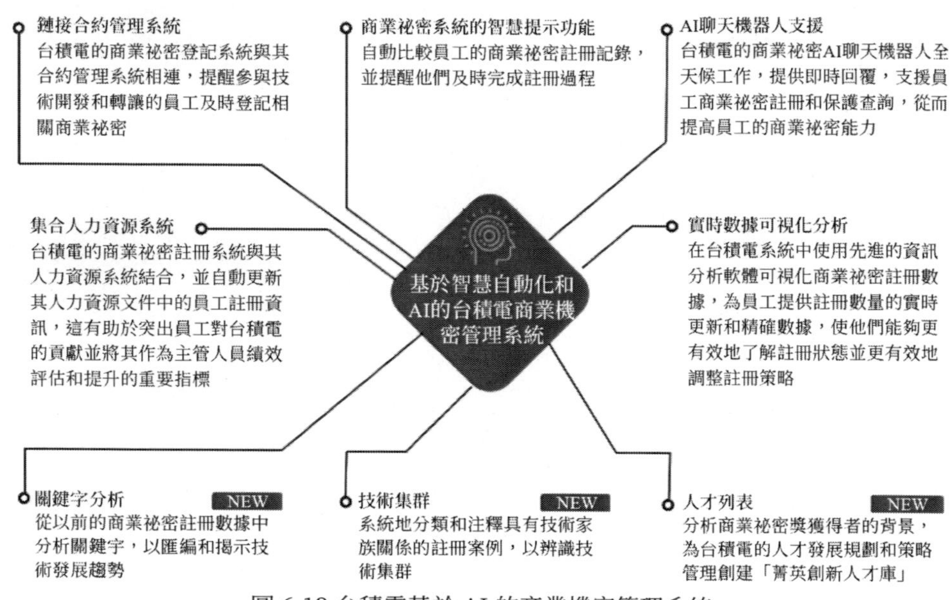

圖 6-13 台積電基於 AI 的商業機密管理系統
資料來源：台積電官網

2. 晶圓倉庫自動化處理系統

台積電在其新推出的 Fab 18A 首次實施晶圓倉庫自動化處理系統，如圖 6-14 所示。該系統採用傳送帶、自動導引車（AGV）和機器人，幫助 Fab 18A 倉庫減少了 95%的人工搬運重量。每個倉庫每天每人可減少 1.8 噸的運送工作量。該系統將倉庫員工從日常的運輸工作中解放出來，讓他們可以參加物資供應鏈管理部組織的在職培訓課程，進一步培養和發展他們更高級別的技能和優勢。經過培訓，倉庫員工可以將工作從人工運輸轉移到供應鏈管理或流程整合。

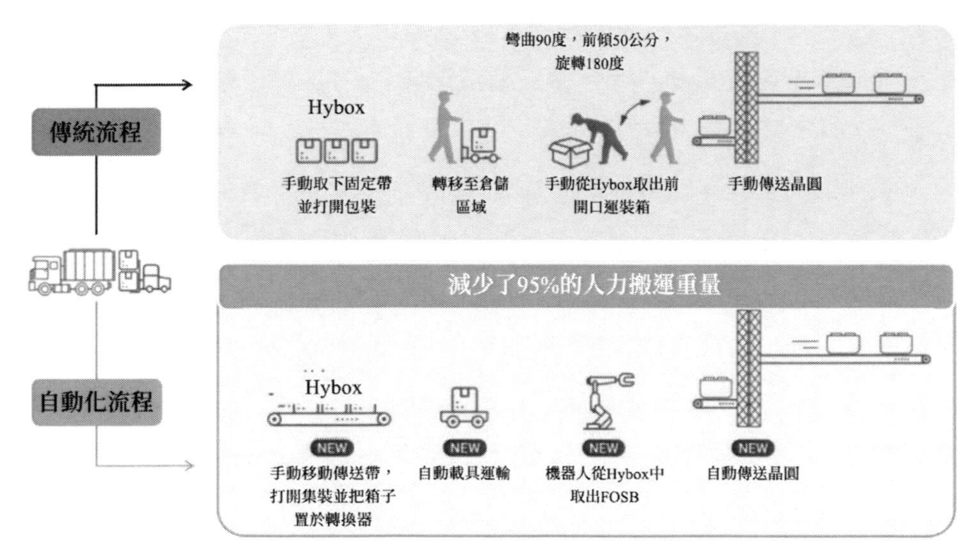

圖 6-14 台積電晶圓倉庫自動化處理系統的操作流程
資料來源：台積電官網

此外，台積電在潔淨室中使用自動化封裝和拆包工具——「自動化晶圓進出系統」，以消除人體工程學危害並提高運輸效率。截至 2022 年 1 月，台積電已將這些系統部署到臺灣所有 8 英寸晶圓工廠、12 英寸 GIGAFab 晶圓工廠和兩個後端晶圓工廠，平均每年可以減少 1,300 萬個手動任務。

3. 智慧環保專案

2019 年，台積電於率先在其節能系統中引入了 AI，它使用機器學習（ML）的神經網路演算法來建構低能耗模型 [098]。台積電成功建立了業界首個「AI 動力冷凍水節能系統」，該系統可即時、準確地確定最佳能效引數，並將平均能效提高 10%～ 19%。截至 2020 年 1 月，台積電已在

[098] TSMC，2021，*TSMC Introduces Industry's First AI Powered Chilled Water Energy Saving System, Saving 180 GWh of Electricity per Year*。

12 個 12 英寸工廠中實施了該系統，每年節省了 180 GW · h 的電力，並減少了 95,000 噸的碳排放量，這相當於一年內需要 950 萬棵樹木來吸收的碳的總和，是巨大的環保成果。

2020 年，在晶圓倉庫自動化處理系統[099]實施的一項環保計畫中，台積電與材料供應商合作，為所有封裝材料制定回收標準。經過不斷的測試和修改，成功開發出可重複使用、可靠的標準化封裝材料，以用於晶圓倉庫的自動化處理系統。透過更換舊的一次性封裝材料，台積電每年減少 1,717 噸紙箱和 288 噸聚苯乙烯泡沫塑膠盒，這相當於減少了 2,410 噸碳排放、1,345 噸水排放和 1.1 GW · h 電力。為了擴大綠色能源的影響力，台積電也將這一成功經驗分享給上游的矽片供應商，鼓勵他們在日常營運中實施系統和標準化封裝材料。

2021 年，為加強原材料檢驗與安全管控，加快材料異常事件根本原因分析，台積電於 3 月建成臺灣首個先進材料分析中心（AMAC），同時建立原材料中 CMR 物質特徵譜數據庫。同時，在 AMAC 中，透過高效的有害物質篩選機制，12 小時內即可完成對所有有害材料的分析和辨識，這比過去 7 天的週期時間快了 93%。台積電 AMAC 的五個特點如圖 6-15 所示。

[099] TSMC，2020，*TSMC Develops the World's First Automated Handling System for Wafer Warehouses, Effectively Reducing 95% Manual Handling Weight*。

高效有害物質篩選機制

- 建立原材料特性光譜資料庫，實施100%風險材料檢測，檢測半導體材料中178種致癌、致突變和再毒性（GIMR）有害物質 NEW
- 將分析和數據處理的週期從7天大幅縮短到12小時，比以前快93% NEW

能力提高

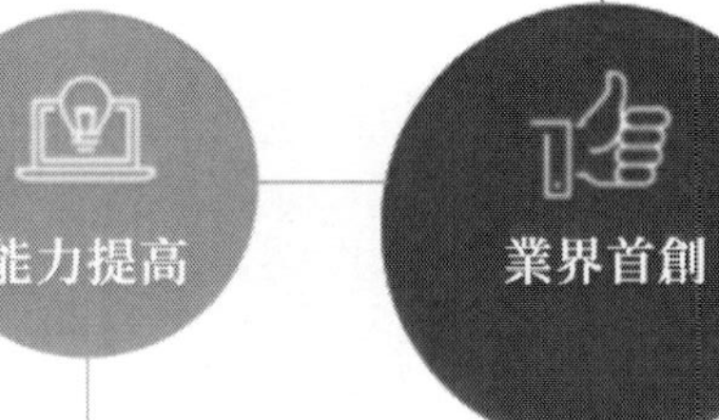

發展化學物質回收技術

- 透過實驗結果驗證台積電再生材料的品質，確保品質符合先進的工藝品質標準，加快循環經濟的實施

增強供應商能力

- 為材料品質驗證提供資源，如工藝驗證或先進計量工具，以增強供應商的分析能力

減少危險廢物的排放

- 建立合規的內部檢查機制，調整工藝參數，減少晶圓製造過程中NMP的使用，減少環境污染

先進工藝中所用原材料的品質控制

- 對先進工藝材料進行關鍵特性分析，全面控制工藝品質
- 模擬和評估新材料的機械性能以提高產品可靠性

圖 6-15 台積電 AMAC 的五個特點

資料來源：台積電官網

4. 台積電智慧封裝工廠

基於晶圓級製造執行系統（MES）的經驗，台積電還開發了先進封裝廠採用的獨家晶片級 MES，以提供即時晶片級資訊、進行實時排程和指令傳輸、全面缺陷攔截和分類、自動良率預測與最佳化。如前所述，台積電不僅部署了自動缺陷分類來控制和操作工具，還在工藝流程中實施了高級缺陷分類，從而實現了良率和品質防禦控制自動化。此外，台積電良率分析引擎使用人機閉環系統（human-in-loop, HITL）和先進演算法檢測缺陷並精確隔離缺陷材料。智慧封裝晶圓廠（Intelligent Packaging Fab）將這些不同的系統連線起來，可以在工廠內提供智慧路由、排序、精確的工作流程、高品質的防禦和缺陷預防，以加快產品上市時間和量產時間。

作為世界上第一個部署自動化系統的封裝工廠，台積電將自動化應用於 5 個維度：裝置自動化、載體和容器標準化、基於 MES 的自動化物料搬運系統（AMHS）、實時排程系統和產品良率分析。先進封裝製造利用台積電晶圓製造的卓越和專業經驗，在基於晶圓的製造執行系統的基礎上，設計並創新了獨家封裝 MES。台積電為晶圓和模具製造業務設計了多種容器，並建構了 3 種類型的容器主埠。不僅如此，4 個不同的載體可以在同一條軌道上同時運輸，並按照 MES 和 AMHS 指令精確到達目的地。除了 MES 的接入和 AMHS 的成熟度，實時排程系統和整合裝置自動化也在晶圓廠自動化中發揮著重要作用。為應對因材料多樣、形式多樣而導致的複雜封裝製造工藝，台積電透過指導前期準備、調整裝置、載體和勞動力的負載平衡來最佳化排程決策，以提高工具利用率和效率。

在台積電中，機器學習用於實現自動缺陷分類並保持高級缺陷分類辨識的準確性。其使用的機器學習方法是人機閉環系統，它利用人類和機器智慧來建立機器學習模型。有了足夠的數據和人工調整，這些機器演算法可以快速且非常準確地辨識和分析影像，而無須工程師不斷地訓練機器，告訴它缺陷究竟是什麼樣的。因此，人工智慧將在機器學習中發揮重要作用，這意味著所提供的經驗和演算法對於成功的機器學習模型至關重要且與眾不同。台積電在邊緣運算缺陷分類和離線雲端運算缺陷分類中廣泛部署了機器學習，尤其關注「刀具缺陷防禦」的關鍵製造階段，缺陷分類的功能和好處是每天處理數百萬張以上的影像，提高影像缺陷檢測取樣率。對於線上邊緣運算缺陷分類 —— 所謂的「鷹眼」，它被嵌入在工具之中，在處理和隔離材料的同時檢測缺陷，同時併入到程式中，然後共同對批次進行品質監控，以防止進一步的損失。機器學習的靈活性得到開發和擴展，以支援不同的工程要求，例如尺寸測量、缺陷分類和顆粒檢測，以擴展品質管制的規模。

為了增加客戶的信任，現在批次級和晶圓級的可追溯性是不夠的。更重要的是，對材料和晶片的全面追蹤是對封裝製造的可靠性要求。台積電不斷加強全面可追溯性的數據管理，甚至使每個晶粒都能對映到所在晶圓的位置。台積電已經使用 QR 碼對所有的產品數據進行編碼，並追溯所有的可追溯資訊，如晶粒位置、料倉程式碼和工程實驗標籤。QR 碼標記是為每個包裝單獨生成的。生成的 QR 碼與每個包裝的獨特光刻圖案結合在一個圖案軟體系統中，當上傳唯一的標記時，所有的工藝和產品資訊，包括工藝歷史、工具記錄、材料和良率，將被搜尋並列出，即所謂的「產品履歷」。利用這個產品履歷，我們可以快速定義有問題的材料或工藝問題的影響範圍，並透過數據關聯分析低良率的根本原因，從而最大限度地減少缺陷影響範圍。

6.2.3 台積電向客戶提供的虛擬晶圓廠

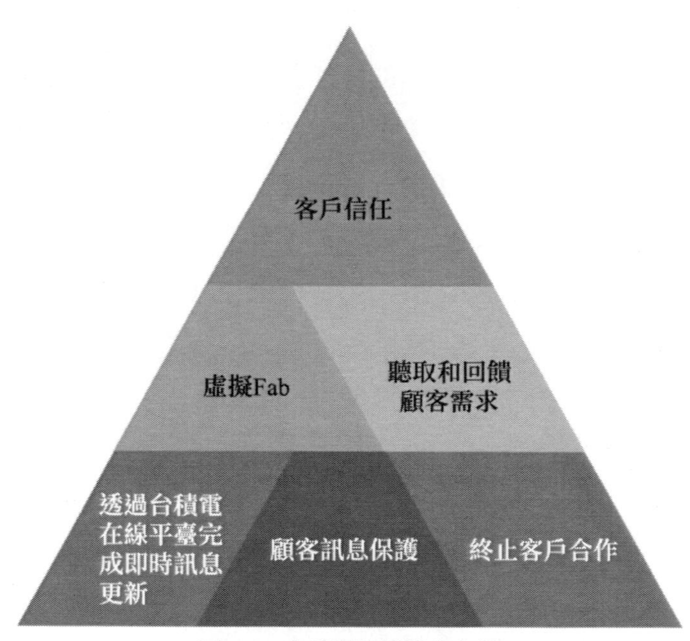

圖 6-16 客戶服務策略金字塔
資料來源：台積電官網

台積電的目標是幫助客戶獲得成功，並成為他們可信賴的商業夥伴。為了向客戶提供最好的服務，台積電建立了客戶服務團隊，提供專門作為溝通介面的門戶，並提供世界一流的溝通體驗，在生產的每個階段提供世界級的服務，包括設計、掩膜製作、晶圓製造、加工和測試。台積電還承諾以最高標準保護客戶的機密。為了評估和滿足其客戶的需求，台積電每季度進行一次業務和技術審查，每年對其主要客戶進行一次客戶滿意度調查。

基於這些努力，客戶可以利用多樣化的管道向台積電提供回饋，包括公司在技術、品質、良率、設計等方面的表現，以及其他對未來的期望。季度審查包括六個方面：技術、品質、良率、設計、製造和客戶服務。這些審查是由台積電客戶服務團隊和客戶共同進行的。每年的客戶滿意度調查包括行為、印象和執行情況，並由中立的第三方諮詢公司透過訪談或線上問卷調查獲取結果。台積電將客戶的回饋和意見視為發展良好客戶關係的基石，並對後續的改進計畫和時間表進行定期審查。

作為數位對映一部分，台積電為客戶提供了一個虛擬晶圓廠（Virtual Fab），如圖 6-16 所示。客戶信任是台積電的核心價值之一，這也是客戶選擇台積電作為其代工服務供應商的主要原因。建立客戶信任的關鍵因素是即時溝通和資訊更新，以及對客戶機密資訊的全面保護。在即時溝通和資訊更新方面，台積電線上（TSMC-Online）[100] 是一個專門提供設計、工程和綜合後勤服務的系統，允許客戶可以隨時訪問關鍵資訊。該系統還提供基於每個客戶的管理重點和需求，以提高客戶的晶圓管理效率。透過 TSMC-Online，客戶可以完全監視和管理自己的產品和製造資訊。在後臺，台積電為客戶提供了全面透明的晶圓製造和加工服務資訊，並協助他們的產品在市場上取得成功，比如蘋果公司的新一代手機。

作為客戶的「虛擬工廠」，台積電在整體生產過程中採取了最高標準的特殊的安全監控機制，來保護客戶的商業機密，並每年對所有控制點進行審計。台積電透過對客戶產品和資訊保護的年度檢驗，來鞏固台積電與客戶之間的信任，加強彼此的合作關係。

[100] 台積電線上是台積電為客戶提供的一個高效的電子商務服務平臺，其提供從技術選擇到售後服務的全面資訊。

早在 2018 年，台積電就能夠透過 TSMC-Online 分析客戶的晶圓加工和資訊查詢需求，將分析所得數據彙編成冊，然後作為「一體式晶圓加工報告」精準推送。與以前的流程相比，這份新報告提供了覆蓋製造過程每個階段、完整的晶圓資訊供客戶查閱，包括新產品試執行、訂單報告和晶圓在製品（Wafer in Process，WIP）狀態。此外，該報告還可根據每個客戶的需要進行個性化訂製。客戶只需要用之前一半的點選量和 5 分鐘時間，就可以生成在過去經常需要數天才能完成的訂製報告，這大大提高了整體的效率和便利性，滿足了客戶在生產過程中每個階段的實時需求。

6.2.4 台積電大聯盟的開放式創新平臺

對於正處於第五次工業革命浪潮中的半導體產業來說，生態系統（企業社交圈）就是產業的競技場，企業既相互競爭又相互合作，已不再是單打獨鬥能夠勝出。比如晶片製造商相互競爭，但在先進製造裝置上又可能會相互合作。半導體產業的優勢企業正變得愈來愈集中，「大而不倒」的壟斷趨勢愈來愈明顯，這也是無論哪個國家和地區在發展積體電路行業方面，往往都會優先集聚領軍企業以發揮帶動協同、互補合作及發揮規模優勢的原因。地理空間上的集聚是行業得以發展的基礎，實現了產業鏈營運所需的相對完整性，那麼剩下的就是要推動與促成產業鏈的業務協同，業務協同又涉及共贏的商業模式，在這個商業模式中，至少包括三個要素：互補相當的產業鏈分工、共同的利益目標及支撐高效營運的產業數位化平臺。對台積電來說，這三項要素分別對應其晶圓的代工模式和以台積電為龍頭的上下游分工、共同的利益目標——在摩爾定律的道路上走得比對手更快更遠、虛擬的超級 IDM 與基於開放式創新平臺（Open Innovation Platform，OIP）的產業協同數位化平臺。

台積電大聯盟被譽為半導體行業中最強大的創新力量之一，大聯盟的目標就是幫助客戶、聯盟成員和台積電贏得業務並保持競爭力，成員包括蘋果、輝達、高通、博通、ASML、ARM、ADI 等行業大廠，它將台積電的客戶、電子設計自動化（EDA）合作夥伴、矽智慧財產權（IP）合作夥伴以及關鍵裝置和材料供應商齊聚一堂，以實現始終領先和更高層次的合作。作為一個偉大的商業結構，大聯盟創造了共贏的局面，並正在創造一個「大加速」的行業協同模式，它不僅加快了後摩爾定律的技術進步，更重要的是加快了新晶片產品的上市。特別是隨著算力爆發而呈現不斷成長的技術智慧的優勢，這個「大聯盟」已經變成技術和應用的高速驅動器。這種商業模式允許每個優秀人才從事最擅長的事務，彙集了幾乎難以想像的人才和資源，從而在愈來愈多的領域取得更大的進展。可以預見，台積電將在技術的廣度和深度上有很大的成長，透過 MEMS ／奈米技術與愈來愈複雜的 InFo 封裝相結合，還將產生一些非常令人興奮和驚人的成果。這已經演變成一種正規化（Pattern），在行業、公司和個人層面上創造贏家，加速在全球智慧領域前行的步伐。作為大聯盟的關鍵組成部分和協同平臺，OIP 幫助客戶在設計一代又一代的先進晶片上取得了巨大的成功。經過 14 年的發展，OIP 已是一個無與倫比的設計生態系統和交付設計成果的基礎設施。OIP 使合作夥伴在獲得客戶需求的早期就能夠提供優質服務，這些密集的合作包括：獲得增強 EDA 工具，提供經過矽驗證的關鍵 IP。

台積電把截至目前的半導體產業發展分為四個時代：IDM、ASIC、

Fabless，以及現在的 OIP 時代，如果說台積電的代工模式是首次重大的商業模式創新，那麼 OIP 是繼代工模式之後的第二次重要創新。OIP 是一個強大而充滿活力的生態系統，透過降低設計障礙和提高流片成功率，不斷推動世界各地的矽片創新。作為一個涵蓋所有關鍵 IC 實施領域的綜合設計技術基礎設施，OIP 生態系統合作夥伴能夠使用台積電的工藝技術和後端服務在半導體設計社群快速創新。OIP 是台積電早在 2008 年就創立的，這基於台積電一直與設計合作夥伴和客戶的密切關係，它的目標是基於新的商業模式，透過新的合作正規化、跨組織的工藝技術、共享的 EDA、IP 和設計方法，來應對半導體設計日益複雜的挑戰，從而使合作夥伴在早期開發階段就能訪問台積電的技術庫，以實現與生態成員和客戶的並行開發。透過這種更緊密和深入的合作，可以極大縮短晶片產品上市時間並積極影響整個行業的發展軌跡。隨著時間的推移，OIP 的行業優勢之一是將 EDA 和 IP 可用性與台積電最先進的工藝同步起來，這使客戶能夠採用台積電的最新工藝，其 EDA 流程已啟用並全部打通，並且還提供了 IP 設計套件與 DRM 和 Spice 模型。

OIP 甚至比 Google 的安卓市場做得更好，因為它可以明確地將協同價值貨幣化 —— 任何使用台積電平臺設計其最新晶片的人，都不可能將該晶片的製造訂單交給台積電之外的廠商。另外，如果客戶因為性價比或與產業融合度更好的緣故，也將自己的研發納入平臺體系，那麼這個圈子就愈來愈大，台積電從平臺直接獲取的訂單自然就愈來愈多。這就好比是為喜歡吃魚的人提供魚池的同時，又為其加工成美食，台積電透過創造設計環境來持續地就近收穫利益。隨著合作愈來愈緊密，出於技術和商業同盟的雙重身分，企業間的關係也發生著變化，它們除了客戶關係，還可能交叉持股，也可能就特定的尖端技術提前共同投資以贏得未來的競爭優勢。同時，這也有助於台積電在整合設計製造仍占主導地位的晶片產業領域中大展拳腳。從新市場開拓來說，150 億美元的電源管理晶片市場仍然是高度訂製的，台積電基於平臺的協同就有可能將其流程標準化。從共同的研發投資而言，台積電及其客戶在研發方面的投資已超過了前兩大半導體 IDM 的總和。

1. 2016 開放式創新平臺

2016 年，時任台積電董事長張忠謀表示：OIP 已超出傳統「晶圓代工」範疇，可望加速 IC 產業創新和成長。隨著台積電宣布跨入前段設計服務與後段封測領域，晶圓代工業者扮演 IC 產業上、下游黏合劑的角色愈來愈重要，憑著以往晶圓代工業者為客戶代工所累積的龐大生產資訊與工藝技術知識，相當適合扮演串聯起 IC 設計業者、自動化設計工具、矽智慧財產權與製造、封測各個環節的平臺。張忠謀指出：未來半導體摩爾定律仍將延續，但在摩爾定律之下，半導體產業成長必須仰賴持續不斷的創新，但晶圓代工已不再是傳統的代工，逐漸超出製造的範疇，必須要有嶄新的做法。台積電提出全新的整合型營運模式，從客戶的早期設計階段便與客戶開啟合作，將之命名為 OIP，在這個平臺之中，融合了台積電的工藝技術、矽智財、龐大的生產製造數據庫以及與之相容的第三方矽智財、設計工具套件等。透過 OIP 運作，台積電得以提供垂直整合技術（包括設計、生產與封測），協助其客戶大幅縮短 IC 生產流程，降低整體 IC 研發成本。與傳統整合元件廠商（IDM）不同之處在於，IDM 廠商自己負責設計，台積電則是提供設計工具和 IP 等作業平臺來幫助客戶來執行設計。半導體業者認為，台積電提出 OIP 之後，首要影響層面將會是 EDA 公司與 IP、設計服務生態，一方面將促使這些產業與原來晶圓代工的界線日漸淡化，另一方面，也將推動其產業內部趨於整合。

與當年張忠謀提出代工模式以避免與 IDM 的直接競爭而形成合作的客戶關係一樣，他再次提出的 OIP 同樣意味著台積電不與客戶競爭，而是作為合作夥伴，幫助客戶實現創新的理念。OIP 計畫是一個全面的設計技術基礎設施，涵蓋了所有關鍵的積體電路實施領域，透過減少設計中的障礙來提高流片成功率。自 2008 年創立以來，OIP 持續擴大，到 2016 年其矽 IP 的元件庫中已包含了 12,000 多個專案。OIP 透過其門戶入口 —— TSMC-Online 向客戶提供了 8,200 多個技術檔案和 270 多個工藝設計套件，2016 年客戶下載量超過 10 萬人次。2016 年 9 月，台積電舉辦了 OIP 生態系統論壇，10 月在北京又舉辦了一次論壇，OIP 的合作夥伴以及台積電的高級主管都發表了主題演講。論壇談到了最新一代技術的發展，並展示了透過 OIP 培育創新的合作價值。2016 年 OIP 架構設計如圖 6-17 所示。

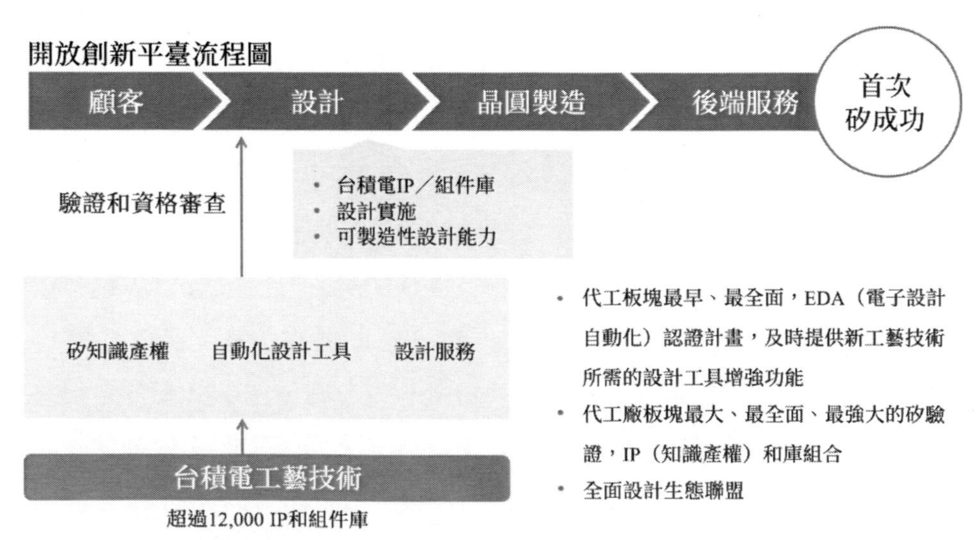

圖 6-17 2016 年 OIP 架構設計
資料來源：台積電官網

2. 2017 開放式創新平臺

到 2017 年，台積電在兩年內為其最新的 7 奈米、12 奈米和 3D 積體電路設計啟用了基於平臺的先進技術，開發了 1,000 多個技術檔案和 200 個方法論創新。EDA 工具、功能和 IP 解決方案可隨時供客戶採用，以滿足他們在不同設計階段的產品要求。台積電於 2017 年 9 月在美國加州舉行了 OIP 生態系統論壇。台積電設計與技術平臺副總經理侯永清（Cliff Hou）博士強調，為了幫助最佳化客戶產品的上市時間，台積電擴大了設計生態系統解決方案，包括移動、高效能運算（HPC）、物聯網（IoT）和汽車四個特定應用設計平臺。此外，台積電繼續加強 3D 積體電路解決方案，在整合扇出型封裝（InFO）設計流程上整合高頻寬記憶體（HBM），以滿足客戶的系統整合和高記憶體頻寬要求。台積電率先在積體電路設計中採用機器學習，根據機器學習技術所帶來的高品質預測，儘早做出權衡和設計決策。台積電協助客戶使用先進的 7 奈米技術設計新產品，從而提高效能、減少尺寸、最佳化生產力、獲得競爭優勢。透過機器學習，台積電的設計支援平臺產生最佳化的設計約束和 EDA 工具指令碼，同時支援客戶利用平臺上的商業 EDA 工具。這種合作模式使台積電和 OIP 生態系統合作夥伴能夠專注於各自的優勢，同時創造協同效應，聯手為整個設計界帶來機器學習創新。即使是規模較小的客戶也可以利用平臺來克服他們所面臨的挑戰，並加速其產品路線的實現。

3. 2018 開放式創新平臺

如圖 6-18 所示，2018 年，在現有的 EDA 聯盟、IP 聯盟、設計中心（DCA）聯盟和價值鏈聚合器（VCA）聯盟的基礎上，台積電宣布成立雲端運算聯盟，作為台積電第五個 OIP 聯盟，其創始成員包括亞馬遜網路服務（AWS）、Cadence、微軟 Azure 和 Synopsys，第一次為半導體設計提供雲端運算服務。台積電與雲聯盟夥伴深入合作，基於全球最強大的算力保障，共同為客戶提供了透過雲端就能直接採用的應用解決方案，並創新雲端最佳化設計方法以顯著加快執行時間。台積電雲端安全認證可確保客戶在雲端安全進行 IC 設計的數據保護。OIP 虛擬設計環境建立在此基礎之上，旨在降低客戶首次在雲端進行 IC 設計的準入門檻。它為客戶提供了一個完整的片上系統（SoC）設計基礎設施，透過利用雲服務中的高效能運算能力和靈活性，進一步提高設計生產力，縮短上市週期。

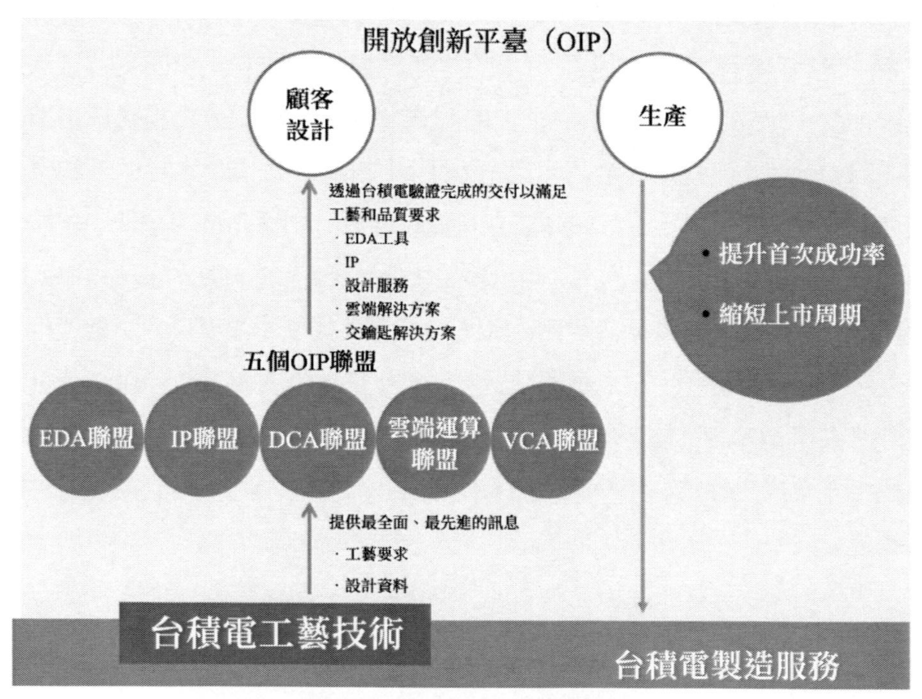

圖 6-18 2018 年 OIP 架構設計
資料來源：台積電官網

另外，IP 聯盟計畫是 OIP 的關鍵組成部分，包括主要和領先的 IP 公司，提供半導體產業最大的矽驗證、生產驗證和特定於代工的智慧財產權目錄。IP 聯盟成員可以訪問台積電技術數據或利用庫來設計其 IP，並獲得台積電 IP 技術支援團隊為第三方提供的專門支援。

同樣，EDA 聯盟也是台積電 OIP 的關鍵組成部分，可降低客戶採用台積電工藝技術的設計障礙。透過結合台積電和 EDA 聯盟成員的研發能力和資源，新一代 EDA 解決方案能夠符合台積電的技術要求。這有助於客戶在更短的時間內更好地實現其 PPA 目標。台積電 EDA 聯盟的合作夥伴提供多種設計自動化工具，涵蓋 IC 設計需求的所有階段，包括電路設計時序分析、設計電氣分析的模擬、物理實現的布局和布線，以及物理布局驗證、RC 提取最終設計流片確認。

DCA 聯盟專注於晶片實施服務和系統級設計解決方案賦能，以降低客戶採用台積電技術的設計門檻。VCA 聯盟擴展了服務更廣泛客戶的能力。VCA 成員是獨立的設計服務公司，與台積電密切合作，幫助系統公司、ASIC 公司和新興的初創客戶將他們的創新成果投入生產。VCA 在 OIP 中處於整合設計支援建構板塊，並在 IC 價值鏈中的每個環節提供特定服務，包括 IP 開發、設計後端、晶圓製造、組裝和測試。截至 2018 年台積電 OIP 聯盟成員如圖 6-19 所示。

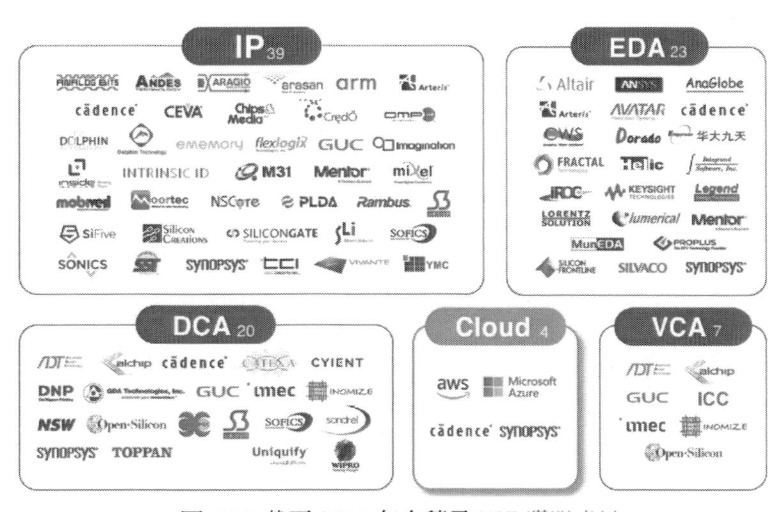

圖 6-19 截至 2018 年台積電 OIP 聯盟成員
資料來源：台積電官網

4. 2019 開放式創新平臺

如圖 6-20 所示，2019 年台積電進一步與 OIP 聯盟夥伴合作，將 EDA 工具認證和虛擬設計環境（OIP VDE）在雲端結合起來，確保客戶能夠更安全、高效地進行產品設計和創新，從而縮短設計週期，更快地交付市場，獲得競爭優勢。這樣，台積電和 OIP 生態系統合作夥伴作為一個整體，得以繼續為市場提供全面的解決方案，以滿足對行動、高效能運算（HPC）、汽車和物聯網設計應用的需求。此外，台積電還在不斷開發新的解決方案以提高先進和特殊工藝技術的功率、效能和面積（PPA），以及為新興市場提供全面的射頻設計平臺，例如 5G 設計應用。廣泛的 3D IC 生態系統涵蓋了技術和應用兩個方面，可以幫助客戶釋放其創新能力，幫助他們更有效地設計並最終成功地推出更複雜、更高階的晶片產品。同年，台積電和 HPC 行業的領導者 ARM 公司宣布，將利用台積電的 Chip-on-Wafer-on-Substrate（CoWoS）先進封裝解決方案，推出業界首個經過矽驗證的 7 奈米小晶片系統，這為未來的片上系統（SoC）解決方案在生產基礎設施方面奠定了堅實的基礎。

除了產業合作，台積電還為世界各地的大學提供長期支持以共同推進產學研合作。在臺灣，台積電透過「校園快梭計畫」（University Shuttle Program）幫助師生進行矽驗證的相關研究；在基於雲聯盟的 OIP VDE 方面，台積電和東京大學宣布結盟，台積電將向東京大學的系統設計實驗室提供 Cyber Shuttle 服務，以共同研究用於未來運算的半導體技術。

EDA聯盟

‧晶國代工領域最早、最全面的電子設計自動化(EDA)認證計畫，及時提供新工藝技術所需的設計工具

VCA聯盟

‧整合設計賦能構建塊，在IC價值鏈的每個環節提供特定服務，包括IP開發、後端設計、晶圓製造、組裝和測試

DCA聯盟

‧提供從系統級前端設計到後端物理/測試實施的服務

IP聯盟

‧晶圓代工領域最大、最全面、最強大的矽驗證知識產權（IP）組合

雲端運算聯盟

‧提供OIP虛擬設計環境（OIP VDE），為各種規模的客戶降低雲端採用的進入門檻，以加快矽設計充分利用雲端中可用的高性能運算

圖 6-20 2019 年台積電 OIP 架構設計

資料來源：台積電官網

5. 2020 開放式創新平臺

2020 年是 OIP 成立 12 週年，台積電透過其門戶入口 TSMC-Online 已經向客戶提供了從 0.5 微米到 3 奈米的 12,000 多個不同的技術檔案和 450 個工藝設計套件（PDK），以及從 0.35 微米到 3 奈米的 35,000 多個 IP 名稱組合。這些產品支援客戶快速、可靠地設計和交付創新產品，以推動全球技術發展的不斷成長。2020 年 8 月，台積電首次舉辦線上技術研討會和 OIP 生態系統論壇。新型冠狀病毒感染更加突顯了 OIP 在 2008 年建立時的前瞻價值與在當下的重要性，由於 OIP 的線上穩健經營，相比全球其他地區的積體電路產業，基於 OIP 生態的商業營運受到的負面影響較小，綜合損失的程度較低。

作為業界最全面的生態系統，台積電的 OIP 聯盟由 16 個 EDA 合作夥伴、6 個 Cloud 合作夥伴、37 個 IP 合作夥伴、21 個 DCA 合作夥伴和 8 個 VCA 合作夥伴組成。它結合了代工部門最早、最全面的 EDA 認證計畫和代工部門最大、最強的矽驗證 IP 和庫產品組合。台積電將其庫和矽 IP 組合擴展到 40,000 多個，並為客戶提供 38,000 多個技術檔案以及 2,600 多個跨越 0.5 微米到 3 奈米的工藝設計套件，與合作夥伴積極面對先進技術節點上日益嚴重的設計挑戰。

6. 2021 開放式創新平臺

2021 年，台積電公司舉辦了線上技術研討會和 OIP 生態系統論壇，與全球客戶和生態系統合作夥伴保持連繫，這是自 2011 年每年舉辦 OIP 生態系統論壇的第 10 週年。台積電和 OIP 合作夥伴透過分享合作的生態系統解決方案，支援客戶產品的功率、效能和面積（PPA）的最佳化。這些聯合努力幫助客戶加快了其差異化產品的創新，推動了全球技術發展的持續成長。

台積電每年都會與 OIP 聯盟夥伴就最新的工藝要求進行合作和交流，將最先進的半導體技術知識注入到它們的 EDA、IP、雲產品和設計服務中。大型的活動總共分為二次 —— 春季的技術研討會和秋季的 OIP 生態系統論壇。上半年的春季會議主要提供台積電在以下幾個方面的最新進展：矽工藝開發現狀；設計支援和 EDA 參考流程資格；IP 可用性；先進封裝；製造能力和投資活動。下半年的 OIP 生態系統論壇則簡要介紹自春季研討會以來台積電在上述主題上的最新情況，並給 EDA 供應商、IP 供應商和最終客戶提供機會，以展示他們在解決先進工藝節點需求和挑戰方面的進展。

最後，讓我們再來總結一下。在 2008 年的 65 奈米時代，台積電啟動了 OIP 計畫。起初它的規模雖然較小，但很快從 65 奈米製程發展到 40 奈米再突破至 28 奈米，所涉及從業人員的規模增加了整整 7 倍。後面再到 16 奈米的 FinFET 階段，因為 IP 在現代 SoC 中的廣泛應用，一半的設計工作都是 IP 認證和物理設計，因此 OIP 的價值更充分地發揮出來，在每個產品的生命週期的早期就與 EDA 和 IP 供應商積極展開合作，以確保設計流程和關鍵 IP 提前準備就緒。透過這種方式，設計工作能夠在晶圓廠良率爬坡之時就及時安排流片，從而在市場對晶圓的需求與預期的量產週期及產能之間進行預測性匹配。久而久之，這種模型實現了完整的循環，晶圓代工廠和設計生態系統儼然成為一體，形成了一個「虛擬 IDM」。隨著 EDA 工具和 IP 行業的不斷發展壯大，台積電 OIP 計畫進一步加速了半導體供應鏈的專注與細化。晶片設計變得愈來愈複雜並進入 SoC 時代，每個晶片上的 IP 數量超出了設計團隊的能力或設想，在這樣新的過程中，中小型設計公司想使用最新的 EDA 和 IP 遇到瓶頸。OIP 正好建立了一個由 EDA 和 IP 公司以及台積電製造能力建構的生態系統，不僅幫助設計公司解決了使用最新 EDA 工具和 IP 的難題，同時也幫助各方實現其商業價值並持續創新。隨著業務協同愈來愈密切，各成員自然就形成了共同的投資與深度的利益連結。截至 2019 年，台積電及其客戶每年投資超過 120 億美元，其中台積電及其 OIP 生態夥伴的投資就超過 15 億美元。透過明確的技術分工、遞增的平臺效能、共同的前瞻性科學研究投入，確保了基於 OIP 生態的技術領先與產品的性價比：陣容是豪華的，平臺是奢侈的，投資是募來的，最終確保的是產品效能、量產產能和最終售價在市場上具備絕對的競爭優勢，最新產品並不便宜但是依然供不應求。

OIP 展示了張忠謀的「大聯盟」策略，大聯盟是以 OIP 為核心的，但不僅限於此，平臺的上游連線了關鍵的裝置與材料供應，透過平臺產出的商業成果是高成長市場。作為一個可能過於超前的藍海策略，大聯盟的概念在剛被提出的時候，競爭對手曾經嗤之以鼻，但是當它的商業模式逐步清晰，被具體落實到一個可操作的產業平臺上並以 OIP 命名啟航時，它似乎揭示了一片將台積電變成「搖錢樹」的富饒土壤。

6.3
中芯國際的 10 年智造之路

中芯國際是全球領先的積體電路晶圓代工企業之一，也是中國技術最先進、規模最大、配套裝務最完善、跨國經營的專業晶圓代工企業。中芯國際總部位於中國上海，擁有全球化的製造和服務基地，在上海、北京、天津、深圳建有三座 8 英寸晶圓工廠和三座 12 英寸晶圓工廠；在上海、北京、深圳各有一座 12 英寸晶圓工廠在建中。中芯國際還在美國、歐洲、日本和臺灣設立行銷辦事處提供客戶服務，同時在香港設立了代表處。中芯國際的財報顯示，2021 年全年銷售收入 54 億美元（約 343 億元人民幣），年增 39%，是當年全球四大純晶圓代工廠中成長最快的公司，毛利率、經營利潤率、淨利率等多項財務指標亦創歷史新高。

根據 IC Insights 公布的 2018 年純晶圓代工行業全球市場銷售額排名，中芯國際位居全球第四位，在中國企業中排名第一。2020 年 6 月 1 日晚間，上海證券交易所揭露了中芯國際積體電路製造有限公司的首發招股說明書。從 5 月 5 日宣布回歸 A 股到證監會正式受理，中芯國際僅用了不到一個月的時間。不難看出，中芯國際以最快的速度回歸到了中國資本市場。

中芯國際主要為客戶提供 0.35 微米至 14 奈米多種技術節點、不同工藝平臺的積體電路晶圓代工及配套裝務。具體來看，在邏輯工藝領域，中芯國際是中國第一家實現 14 奈米晶片量產的晶圓代工企業，代表中國自主研發積體電路製造技術的最先進水準。在特色工藝領域，中芯國際陸續推出中國最先進的 24 奈米 NAND、40 奈米高效能影像感測器等特色工藝，與各領域的龍頭公司合作，實現在特殊儲存器、高效能影像感測器等細分市場的持續成長。2022 年 1-2 月中芯國際實現營業收入 12.23 億美元左右，同比成長 59.1%；實現淨利潤 3.09 億美元左右，同比成長 94.9%，總市值約為 3,675 億元。

談到中芯國際在先進製程方面近年的快速進展，必然離不開的一個人就是梁孟松。梁孟松於 2017 年 10 月入職中芯國際，現任中芯國際聯合 CEO。他曾任職台積電，參與開發過所有製程的晶片，其自身晶片專利技術就有數百項。隨後，三星用重金挖走梁孟松，在他的幫助下，三星比台積電早推出 14 奈米工藝的晶片。梁孟松入職中芯國際後，在 3 年內提升了中芯國際的製造工藝技術，完成 28 奈米向 7 奈米晶片的跨越。2018 年 10 月，梁孟松幫助中芯國際成功研發 14 奈米晶片工藝，並於 2019 年第四季實現量產。據了解，目前中芯 14 奈米晶片的產能約 5,000 片／月，良率可達 95%。2020 年底，梁孟松正式宣布已完成了 N ＋ 1（不是外界所誤認的 7 奈米）晶片的開發任務，並正在開發 N ＋ 1 的第二種高效能型號 N ＋ 2。N ＋ 1 是相對於 14 奈米而言的，據稱功耗降低 57%，效能提高 20%，SoC 面積減少 55%。與 N ＋ 2 不同，N ＋ 1 也不依賴於目前中芯國際無法使用的 EUV 光刻機。至此，中芯國際掌握了 14 奈米、N ＋ 1 等晶片生產製造技術，使其在先進製程的道路上更進一步。

6.3.1 2011 年打造雲端工廠的成果

據中國產業經濟資訊網透露，中芯國際的晶片製造在 2011 年從自動化（Automation）走向雲端運算（Cloud Based Manufacturing）。其在打造雲端工廠方面主要包括兩方面的內容：一是製造管理全面自動化，二是後臺系統摸索雲端運算。眾所周知，積體電路製造工序多、工藝複雜，並且多個產品同時在生產線上投片，生產管理需要高度自動化。以台積電、英特爾、三星這樣的現代積體電路製造企業為例，整個半導體晶片生產過程中的品質管制、人事管理、財務管理都離不開 IT 系統的支援。同樣，在中芯國際，圍繞工廠生產自動化、辦公自動化、商業資訊自動化等方面也展開了全面的資訊化建設。

半導體晶片製造業在過去的幾年中發生了巨大的變化，工藝日益精細複雜，晶圓大小也不斷擴大，在製造過程中會產生巨量數據，其中包括反映生產機器狀態的數據、反映產品各項效能的引數、反映產品良率的數據等。在中芯國際，每天同時有幾十個產品在生產線上執行，會產生幾十 GB 的巨量數據。同時由於半導體生產的特殊性，使得整個工廠的生產管理系統承載著巨量數據的壓力，不但要負責整個生產流程的自動化控制，還要負責每一個裝置的自動化控制及其與製造執行系統的連線，並且要定時產生大量報表提供給管理層和工程師，用於監控生產線。這就使得中芯國際整個工廠生產管理系統面臨著實時性、準確性、穩定性等方面的要求。

除了生產流程的自動化管理，在中芯國際的企業經營管理與業務處理方面，自動化、資訊化同樣是必不可少的。據悉，中芯國際的管理資訊系統全面應用了 ERP、SCM 和 CRM，保證了整個公司業務處理、管理的資訊化。中芯國際的管理資訊系統已經融入企業經營管理的各個活動環節中，透過利用各種 IT 手段，實現了對企業資訊流、資金流、物流、工作流的整合和綜合，實現了對管理資源的最佳化配置。另據了解，中芯國際將這些系統與公司的製造執行系統進行整合，把最終的生產決策直接傳給製造系統，並開發了生產決策相關的公文流轉系統，將人工決策與生產自動化實現了結合。

如此多的數據與處理是需要強大的後臺系統來支撐的，如何保證上述這些資訊系統的正常運轉，中芯國際數據中心的責任重大，所以在後臺支援系統中尋找有效的方法，就是雲端運算的價值所在。中芯國際在上海、北京、天津、武漢四個主要生產基地都建有數據中心，以保證各地生產經營資訊系統的正常運轉。這些數據中心都是位於中芯國際自己的機房內，也是由自己在營運作和維護。由於半導體產業的特殊性，目前每個製造中心的數據都是較為獨立的，所以相應的數據中心也是分開的。各地數據中心之間除了有一些環節需要資訊交換外，其他絕大部分都是獨立的。

從 2008 年開始，中芯國際就開始了虛擬化方面的測試，然後進入評估和方案的實施。目前中芯國際四大數據中心的規模都不小。以上海一地為例，小型機和 x86 伺服器數量總和近 1,000 臺，兩者間的比例是 1 ： 4。據悉，雖然目前中芯國際的部分關係到生產核心業務的應用系統都部署在小型機上，但正向高階的 x86 伺服器遷移一些核心業務應用，例如一些報表系統等，這樣的遷移計畫，也是中芯國際在經過虛擬化驗證評估後所做出的決定。最終業務會遷移到採用至強 7500 處理器的一些高階 x86 伺服器上。據了解，至強 7500 處理器具有多項可靠性、可用性、穩定性設計，在支援虛擬化應用等方面有著強勁的表現。虛擬化的好處是顯而易見的，虛擬機器的優勢也是明顯的。像以前如果上一套系統，需要去採購一些硬體裝置，每上一個新的專案，就要購買一批新的軟體和硬體，其時間、物力上的成本都很大。而現在，透過虛擬化能夠很快地在原有的平臺上部署一些虛擬機器，然後快速地把這些運算資源推給各個應用。另外，虛擬化有利於實現綠色環保的機房，過去傳統的小型機的耗電量、占地面積，以及對環境的要求還是很高的。以中芯國際上海數據中心為例，每年每臺伺服器如果用虛擬化，和過去傳統伺服器相比，單單從用電方面計算就能省掉上萬元的電費。如果按現在近 1,000 臺的數量計算，那麼節省的電費和空間是非常可觀的。

後續中芯國際的目標是在虛擬化的基礎上，基於 x86 平臺建立一個自己的私有雲端，以提高管理的集中度。在建設私有雲端的過程中，現有的一些系統本身在開發時就連結在了一些平臺上，因此在向虛擬化平臺遷移的時候受到了限制。向雲端運算遷移是存在風險的，使用者要根據自己的需求來做判斷。在中芯國際，現在能看到的是 x86 伺服器相對小型機在建構雲端運算方面具有優勢，並希望在三年到五年的時間內，建構一個適合自身情況的私有雲端運算環境。

6.3.2 2018 年關於實施智慧製造策略的成果

在 2018 年第六屆先進製造業大會上，中芯國際表示，為了更好地推廣和施行「智慧製造」策略思想，針對國內半導體企業生產製造和決策的需求，擬定基於「智慧製造」策略計畫的總目標：對半導體企業晶片製造過程中存在的數據資訊化整合系統關鍵技術進行研究與突破瓶頸，建立基於數位資訊化的半導體企業晶片生產管控平臺，集工業數據互聯與工業數據處理及分析為一體，實現工業數據與資訊化平臺的深度整合。

在基礎設施資訊網路高度互聯方面，中芯國際以工業大數據為基礎建立數據庫，堅持所有核心業務在一個資訊系統中實現的一體化資訊整合原則，透過增加中央伺服器數量並且提升其響應速度，將工業生產數據與更多的生產數據分析軟體平臺相連繫，實現具備「實時」特性的加工過程數據分析與工藝控制，提升工藝流程自動化控制水準，更好地保障產品品質；實現生產裝置、物料傳送、操作人員、產品流動等所有數據資訊的智慧整合。根據中國「中國製造 2025」策略規劃，中芯國際計畫 2025 年年底實現工業大數據雲端儲存，將全部機臺 EAP 資訊同 MES 資訊聯動直接儲存至數據庫。

在製造工業大數據儲存與分析方面，完善更加專業的 CIM 團隊，研究生產製造控制系統平臺的開發與最佳化。在已開發完成的數據整合子系統（即數據整合視覺化 App）的基礎上，逐步加強對生產數據的分析與自動整合，分別從不同角度展示生產線實時狀況；MES 作為工業生產數據的來源基石，各生產線利用工業數據庫的龐大資訊量抓取想要提取的資訊，透過先進的模擬（Simulation）軟體和生產排程（Scheduling）整合系統進行生產需求的智慧化調整聯動，利用面向機臺端的實時派工系統（Real Time Dispatch）及時調整生產規則，提高機臺利用率（Utilization）、機臺生產效率（Efficiency），爭取產品產出量的最大化，全面實現生產製造過程的自動化、智慧化及視覺化。截至 2018 年，中芯國際已完成 30%左右的機臺端有效數據與生產派工指導系統的整合，預計到 2025 年實現所有有效數據在各數據分析平臺的整合與分析挖掘。

從智慧製造實施現狀和效果來看，中芯國際從 2015 年就朝著實現「建立半導體晶片製造智慧工廠」的方向大力躍進。其硬體方面典型案例之一是自動物料傳輸系統（AMHS），它應用於整個廠區的最頂端，與加工儲位（Stocker）相連，使被加工的產品透過電腦的呼叫指令，從儲位裡調出，透過 AMHS 調到離機臺最近的儲位裡，方便操作人員就近拿取待加工產品。同時電子貨架（E-Rack）自 2014 年 6 月開始全面應用於整個廠區內，它的自動感測系統可以讀取放在貨架上加工產品的數位程式碼，其身分資訊與 MES 系統相連，實現每個產品的精準定位。從 2016 年起，廠區與廠區之間已經開始建立連通的 AMHS，透過電腦操縱實現不同廠區間的物料傳送，減少推車、封裝、打包等耗材，節省人力和營運成本，提高生產效率。跨廠區實現的 AMHS 已和業界領先工廠並駕齊驅，並於 2017 年建成執行。

在軟體方面，基於工廠大數據，中芯國際整合業務流程，建立了從 ERP 到實時派工的完整閉環，從而進一步支援和加強了工廠的高效運轉，如圖 6-21 所示。

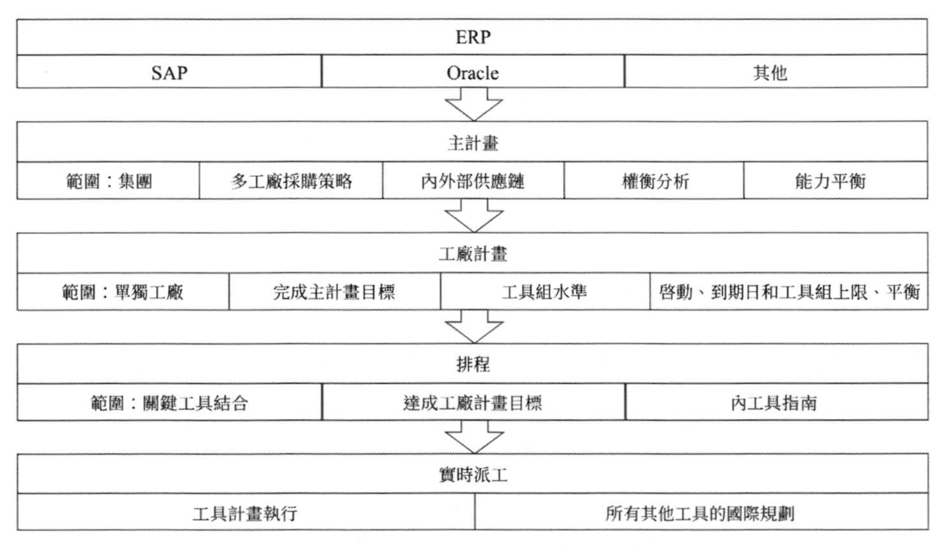

圖 6-21 中芯國際生產自動化的資訊支撐平臺

資料來源：中芯國際半導體晶片智慧製造整合創新與應用

6.3.3 2020 年打造中芯國際工業網路平臺

除積體電路晶圓代工業務外，中芯國際還致力於打造平臺式的生態服務模式，為客戶提供設計服務與 IP 支援、光掩膜製造、凸塊加工及測試等一站式配套裝務，並促進積體電路行業鏈的上下游合作，與產業鏈各流程的合作夥伴一同為客戶提供全方位的積體電路解決方案。

IoT Analytics 是物聯網（IoT）、M2M 和工業 4.0 市場洞察和競爭情報的領先提供商，於 2019 年 4 月釋出了一份長達 155 頁的關於 2019-2024 年製造業工業物聯網平臺的綜合市場報告。報告預測，在 2019-2024 年，複合年成長率將達到 40%，到 2024 年年支出將超過 124 億美元。這些數字基於該領域領先公司的工業物聯網平臺相關收入得出，涵蓋 21 個製造業子領域（包括化學品製造、機械、運輸裝置、金屬加工、初級金屬、非金屬礦產、食品、塑膠和橡膠、石油、紙張、木材、印刷、紡織、電腦和電子、電氣裝置和電器、飲料和菸草、服裝、家具、皮革、雜項和其他）。報告強調了物聯網平臺如何愈來愈多地用於最佳化離散製造產品和環境。離散廠商（例如汽車、工業機械）面臨著前所未有的壓力（例如大規模訂製、縮短產品生命週期等），迫切需要改變他們的設計、製造、銷售和服務，同時在當今日益互聯的世界中保持競爭力。作為這種數位化轉型的一部分，離散廠商正在投資利用物聯網、雲和大數據分析功能的新技術，以增強他們的創新能力並最大限度地提高資產回報。

6.4
其他知名半導體廠商的智造實踐

6.4.1
格羅方德

格羅方德公司（Global Foundries）創立於 2009 年 3 月 2 日，總部位於美國紐約，全職僱員約 15,000 人，是一家半導體晶圓代工公司，目前是僅次於台積電與三星電子的世界第三大專業晶圓代工廠。格羅方德公司目前的市場涉及所有行業，包括汽車雷射雷達和雷達晶片，以及移動和物聯網裝置中的消費應用。

格羅方德在製造晶圓的過程中面臨因光刻膠的飛濺而對晶圓良率構成的威脅，它們透過基於機器學習的檢測模型來減少晶圓缺陷的產生。格羅方德的實踐證明，透過部署基於機器學習的檢測模型來最佳化製造過程，其可以使因光刻膠飛濺而造成的晶圓缺陷減少至原來的 1/30[101]。

此外，格羅方德發現有幾個與光刻膠塗層相關的潛在問題：「短」覆蓋（晶圓圓周沒有充分塗層）、「彗星」條紋（通常是由表面汙染物造成）、晶圓邊緣的覆蓋率差、「滴漏」問題（由於噴嘴分配不規則）、「飛

[101] Tom Dillinger， 2021，*Machine Learning Applied to Increase Fab Yield*。

濺」問題。在任何後續流程之前，需要盡快檢測到問題的出現。在確定問題並採取糾正措施後，可以輕鬆剝離光刻膠層並重新執行塗層步驟，從而最佳化在製品（WIP）晶圓批次。

機器學習首先對影像進行分類，然後與任何機器學習模型開發一樣，團隊準備了預分類的訓練和測試影像集，並改進模型以實現非常高效的分類匹配結果。處理流程模型如圖 6-22 所示。

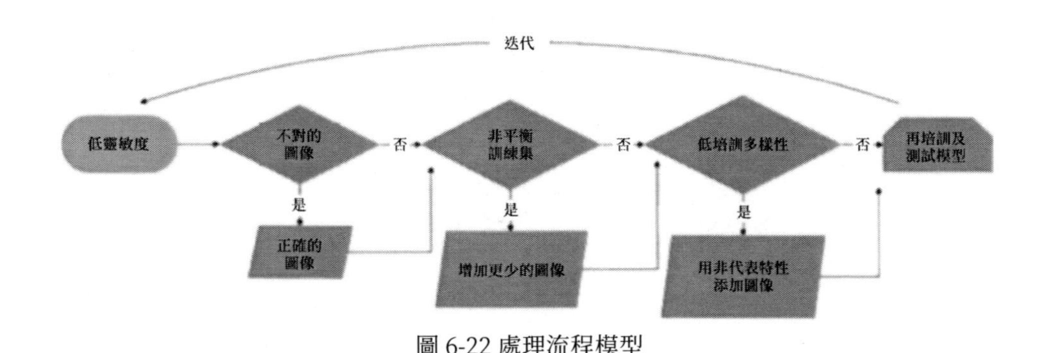

圖 6-22 處理流程模型

6.4.2 美光

隨著市場對記憶體和儲存技術的需求猛增，美光（Micron）必須以更經濟有效的方式研發並生產優質產品。作為全球記憶體和儲存解決方案領導者，為推動下一波生產力提高，美光的大批次先進半導體儲存器製造工廠開發了一個整合的物聯網和分析平臺，確保可以實時辨識製造異常，同時提供自動化的根本原因分析，使新產品的生產速度提高 20%，將計畫外停機時間減少 30%，並將勞動生產率提高 20%。

五六年前，美光公司剛開始著手啟動智慧數據分析。當時，公司必須弄清楚它所需要的數據類型以及如何獲取、儲存和處理這些數據，當時有三大挑戰：

首先，考慮到數據分析所需的大量技術，美光必須將資源用於能帶來最大投資報酬的領域。就其成本結構和產出水準而言，該公司將其產品更新作為一個關鍵的重點領域。

其次，美光需要一個完善的數據基礎設施系統來管理大量的數據。該公司透過物聯網平臺來整合不同的感測器，隨後開發了自己的內部演算法來運算數據。在感測方面，採集的數據包括溼度、光學特徵和溫度等，美光的部分感測器是由內部實驗室研發，而非市場上的產品。例如，美光使用的聲學感測器記錄了生產線上機械臂運動的聲音水平，若有任何偏離標準的「噪聲」發生，觸發器就立即啟動並通知工程師可能出現問題。在演算法方面，美光開發了自己的演算法以適應特定的需求，這就是使用 AI 的地方。

最後，還需要有相應的團隊來管理數據。自從踏上數位化旅程以來，美光增加了其數據科學家的人才庫，在每個站點均配備一個團隊並鼓勵經驗共享。

有了 AI 之後，美光將晶圓工廠的管理模式，從需要進行現場管理的製造設施轉向可以透過遠端管理的控制中心，工廠不再需要像以前那樣有人在現場值守，而是可以透過遠端的儀表板進行操作設定，為工廠的製造管理提供了更廣闊的視野。

在美光的工廠，機器人裝置被用於前端製造過程，背後的感測器每年會捕捉約 1.2 億張影像數據。美光公司利用一種演算法來處理這些數據，確定可能存在缺陷的模式。非結構化數據可以用於消除美光現有數據中存在的偏差，從而看到以前沒有發現的隱形損失以及浪費；AI 可以讓產量比沒有使用 AI 高 25%。生產排程一直都在變化，美光透過虛擬化實現了增強的動態調整。

美光擁有大量的由不同感測器收集的數據，利用從這些數據中獲得的洞察力，美光尋找新的方法來改進製造過程並使之自動化，甚至機器學習還透過員工的社交網路行為告訴管理層員工可能離職的時間。在未來，美光生產週期的每個階段都將部署更多的感測器，以進一步實現流程的自動化，持續快速地生產高品質的商品。增強現實技術作為一種視覺化生產過程工具，也將變得更加重要。

第 7 章

來自世界龍頭半導體裝置廠商的智造驗證

7.1 艾司摩爾是卓越的工業軟體公司

艾司摩爾（ASML）創立於 1984 年，總部位於荷蘭費爾德霍芬，從業員工達 31,000 多人，在世界 16 個國家和地區有提供服務。艾司摩爾向全球複雜積體電路生產企業提供領先的綜合性關鍵裝置，是全球最大的半導體裝置公司，也是全球唯一的極紫外光刻機生產商。

艾司摩爾的 TWINSCAN 系列是世界上精度最高、生產效率最高、應用最為廣泛的高階光刻機型。全球絕大多數半導體生產廠商，都向艾司摩爾採購 TWINSCAN 機型，包括英特爾、三星、海力士（Hynix）、台積電、中芯國際等。艾司摩爾在世界同類產品中有 90%的市占率，在 10 奈米節點以下有 100%的市占率。艾司摩爾是全球唯一能夠生產 EUV 光刻機（極紫外光刻機）的公司。截至 2022 年 4 月，艾司摩爾已經商用的最先進的紫外光刻機型 TWINSCAN NXE：3600D（圖 7-1）可支援 5 奈米和 3 奈米邏輯節點和領先 DRAM 節點的 EUV 量產，它在前身 NXE：3400C 每小時單位產出 136 片（WPH）12 英寸晶圓的效能基礎上，還能提高 15%～ 20%的生產率，達到 160 片晶圓／小時以上。3600D 的售價約在 1.8 億美元，這與美國一架 F-35 戰機的價格相當，這臺支援 5 奈米的光刻機已需要超過 10 萬個零件、透過 40 個貨櫃運輸，而未來 1 奈米時代光刻機還要比 3 奈米大一倍左右。

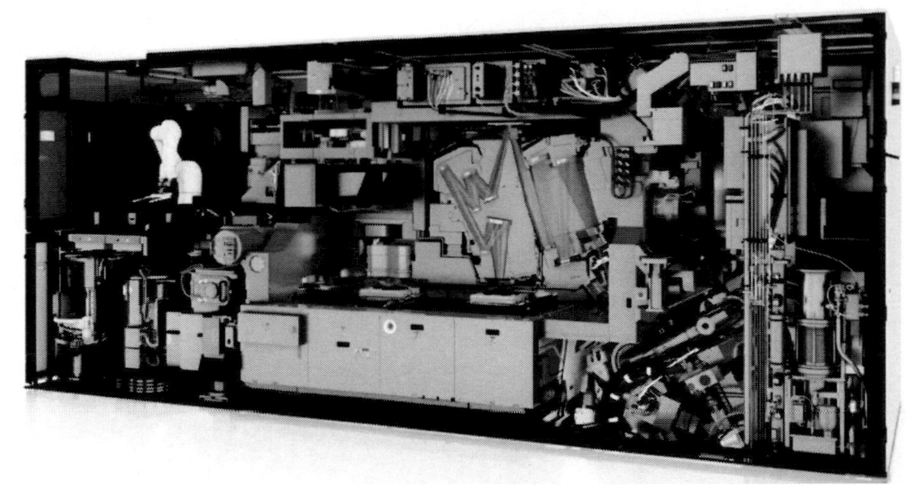

圖 7-1 ASML 最新款支援 3 奈米的 EUV 光刻機 TWINSCAN NXE：3600D
資料來源：Hardware info

7.1.1 智控軟體是光刻三十年來的靈魂

工業軟體對艾司摩爾至關重要，用艾司摩爾自己話說就是：如果把艾司摩爾的硬體創新比作蝙蝠俠，那麼軟體就是其超凡能力背後的羅賓。儘管大家知道艾司摩爾是一家裝置公司，但艾司摩爾擁有世界上最大、最具開創性的軟體社群之一。如果沒有開發的軟體，光刻系統就不可能以愈來愈小的尺寸製造晶片。因此，光刻系統現在是高科技硬體和高級軟體的混合體。艾司摩爾的開發團隊在一系列編碼實踐中開展工作，為處於電子行業核心地位的晶片製造系統所面臨的複雜問題，提供創新解決方案。表 7-1 是艾司摩爾的軟體體系。

表 7-1 艾司摩爾的軟體體系

軟體類別	描述
嵌入式軟體	所有的光刻系統都使用了嵌入式軟體，用於指導和控制艾司摩爾的機器。經過 30 年的發展，目前嵌入式軟體程式碼己由數百萬行構成。艾司摩爾愈來愈多地依靠一種稱為模型驅動工程（MDE）的行業領先技術來改進程式碼，為艾司摩爾的業務提供競爭優勢
掃描計量軟體	• 軟體還協調光刻系統內強大的機電模塊的運作（也被稱為「掃描儀」）。它需要快速定位矽片，並達到奈米級的精度 • 掃描計量軟體幫助測量和補償生產過程中，由於材料缺陷、溫度波動或氣壓變化而不可避免的亞奈米級的誤差。它計算出艾司摩爾的硬體應該如何糾正這種情況，協調許多組件最大限度地提高系統性能
應用軟體	• 應用軟體基本上是艾司摩爾的「非機器」軟體，用於系統較準、診斷、評估和自動化，幫助客戶與系統互動以最佳化生產 • 應用軟體提供了使用者界面。得益於數據技術的改進，作為越來越重要的組成部分，為客戶提供無縫的使用者體驗
運算微影製程（Lithography）軟體	• 作為半導體產業中一個相對較新的領域，它是一種用於重建網狀掩膜的技術，當光刻縮小到奈米解析度時，在矽片上的圖案結構會變形。計算光刻的工作重點是開發對半導體圖案化過程的準確預測 • 今天的先進晶片有數十億的電晶體，由此產生的模擬模型很快就會變得非常密集，隨之運算軟體需要運用巧妙的方法來簡化模型
整合機器學習	• 軟體團隊多年來一直在開發機器學習工具，以大大加快模擬和製造過程用於開發嚴格的物理模型和機器學習模型的方法是非常相似的，兩者都需要大量的實驗結果和數據來形成預測 • 機器學習可以節省大量的時間和精力，同時提高準確性和一致性。機器學習也提供了一個機會，可以更充分地利用製造環境中產生的大量數據來加強遠端控制
與大數據一起工作	艾司摩爾的數據科學家在工作中遇到了極端複雜和非常大量的數據的獨特組合。他們需要以新穎的方式利用不同的數據源，並產生可操作的見解。這些洞察可以創造新的產品，改善整個公司現有的產品和服務、性能和效率

資料來源：ASML 官網

7.1.2 艾司摩爾擁有世界最大開放軟體社群

許多人認為只有嵌入式軟體與機器生產公司相關，但艾司摩爾擁有龐大的軟體部門，工程師們使用 C#、Java、.NET、大數據、演算法和UX 設計。艾司摩爾進行持續的軟體技術開發，從機電一體化和機器人技術到實時運算和訊號處理。艾司摩爾的機器由高度複雜的機電一體化模組組成，需要高速和高精度移動，這是由工程師設計的軟體精心策劃的。此外，硬體缺陷和物理效應在軟體的幫助下得到校準和糾正，幫助最大限度地提高機器的效能。

艾司摩爾除在全球建立了 121 個研發合作機構，在全球還擁有超過 3,000 名軟體工程師，團隊包括軟體（設計）工程師、軟體架構師、Scrum[102] 角色（包括 Scrum 主管、產品負責人、釋出培訓工程師）、測試工程師、測試架構師、整合師、專案負責人或小組負責人。

公司總共分為三個集群：

- 嵌入式軟體集群專注於機電一體化模組和感測器，並為這些模組提供應用程式、驅動程式和校準。使用的程式語言是 C、C++、Python、Java 和 MATLAB。
- 掃描器計量專注於協調光刻機機電模組行為的軟體。計量軟體測量物理缺陷並運算硬體應如何處理這些缺陷，從而最大限度地提高系統效能。使用的程式語言是 C++ 和 Python，C++ 是光刻工具中的主要程式語言。

[102] Scrum 是迭代式增量軟體開發過程，是敏捷方法論中的重要框架之一，通常用於敏捷軟體開發。Scrum 包括了一系列實踐和預定義角色的過程骨架。

➤ 應用軟體專注於提升產品效能和保障穩定製程，需要無縫整合到客戶的生產設施中。應用軟體還負責艾司摩爾的計量工具 YieldStar 的軟體，其使用的程式語言是 C# 和 Java。當然，工程師還會結合 C、C++、C#、Java、Python 和 MATLAB 等語言，這取決於所完成的工作類型。

用 C++ 持續開發尖端硬體並非易事。每次將新更新的元件整合到一臺機器中，都有可能影響系統效能，這就是為什麼艾司摩爾使用軟體解決方案來改進硬體。C++ 程式碼庫幫助實現了這一目標：它是一個高度可移植的多層系統，與晶片製造行業保持同步，能夠深入研究新問題。艾司摩爾的 C++ 工作職位需要 C、C++、對象導向程式設計和設計模式的工作經驗以及最新版本的 .NET 框架以及雲開發平臺（Microsoft Azure、Google Cloud 或 Amazon Web Services）知識。

Python 彙集了開創性的程式碼庫，將多元化的開發團隊聚集在一起。艾司摩爾在多學科開發團隊中使用 Python，使用它來校準和監控產品組合中的每臺機器，使客戶能夠使用一系列複雜的診斷工具和直觀的使用者介面來製造最先進的電腦晶片。Python 用於光刻機設計和實時校準、效能診斷，也用於（功能）測試自動化（指令碼）。艾司摩爾的 Python 工作需要專業的 Python 開發經驗以及 C++ 和對象導向程式設計的技能。C# 主要用於開發 Yield Star 計量系統的功能，該系統在晶片生產的各個階段，對奈米級的矽晶圓進行測量從而產生 TB 級的數據；然後，該數據透過運算來確定是否需要對製程作出任何必要的調整，運算結果會立即回饋到光刻系統中，以最佳化其效能和準確性。艾司摩爾的 Java 開發是獨一無二的，它將 NASA 類型應用程式的複雜性與亞馬遜的大數據相結合 —— 目前還沒有其他工業領域能夠像艾司摩爾這樣，將複雜性和大容量結合起來。

艾司摩爾的 Java 開發人員使用最新的工具和技術，包括演算法、數據科技、集群儲存技術、可靠性工程、統計建模、UX 設計和數據視覺化。Java 主要用於開發 Litho InSight，這是一款具有友好使用者介面的軟體，客戶可以使用它來最佳化晶片製造過程。Litho InSight 軟體採用 YieldStar 系統產生的大量計量數據，並將其轉換為晶片製造裝置可用的糾正生產誤差的指令。Java 也用於診斷工具。這些工具分析晶片製造裝置的日誌和數據。診斷工具可幫助客戶支援工程師深入了解生產過程中扭曲的原因。從 Hadoop 檢索到機器學習和全棧開發，這部分的工作需要有 Java SE 或 Java EE 開發經驗以及對數學、數據科技或機器學習有濃厚興趣的工程師。

7.1.3 智慧軟體應用場景及案例

1. 計算光刻

艾司摩爾業界領先的計算光刻產品可實現精確的光刻模擬，有助於提高晶片良率和品質。如果沒有計算光刻，晶片廠商就不可能製造出最新的技術節點。在光刻過程中，光的衍射以及感光層中的物理和化學效應會使機器試圖列印的影像變形（可以將其想像為試圖用寬大的水彩畫筆畫出細細的線條——它會在許多地方擴散並且不受控制）。隨著晶片廠商需要製造更小且強大的晶片，就需要採取更加複雜的方法。計算光刻使用製造過程的演算法模型，並使用機器和測試晶圓的關鍵數據進行校準。這些演算法模型會對圖案進行特殊處理——適度變形——以此來補償光刻或圖案化過程中由於物理和化學反應而造成的偏差，從而最佳化掩膜或所需最終結果的藍圖，得到晶圓上所需晶片圖案的準確複製品。無論是在設計和技術開發的早期，還是在量產的後期，計算光刻技術最佳化了掃描器、掩膜和工藝，提高了裝置的可製造性和良率。舉一個例子 [103]，你可以想像 EUV 機器的複雜性，包括光源和其餘的光學元件，它們在機器上有很多感測器生成巨量數據。現在已經沒有一個工程師能夠對這些數據進行基礎性的處理並從中提煉價值資訊，他們必須使用深度學習來嘗試預測趨勢，例如在工具意外停機之前，用它來進行預防性維護。

在奈米製造中，光刻是控制微晶片尺寸的基本圖案化步驟 [104]，低波長電源通過光學裝置進行調節，然後通過更多光學裝置將其尺寸減小到覆蓋襯底（通常是矽）的光敏化學薄膜中。重複此步驟，直到基材上所有可用的表面區域都被相同的影像曝光，其結果稱為層。需要多個暴露層來建立構成晶片的複雜微觀結構。為防止因層間連線失敗而導致良率問題，層間的所有圖案必須按預期排列。為了確保層對齊而不影響良率，艾司摩爾的 TWINSCAN 光刻系統必須限制在曝光步驟之前測量對齊標記的數量，一般規則是測量對準標記所需的時間不能長於曝光序列中前一個晶片所需的時間。由於正確的覆蓋模型校正需要大量的覆蓋標記，測量從 TWINSCAN 系統出來的每個晶片是不可行的。Emil Schmitt-Weaver 使用 MATLAB 和 Statistics and Machine Learning Toolbox 開發虛擬疊加計量軟體。該軟體應用機器學習技術，使用對準計量數據對每個晶圓的覆蓋計量進行預測猜想。

首先，Schmitt-Weaver 使用神經網路時間序列預測和建模應用程式

[103] SemiconductorEngineering，2020，*How And Where ML Is Being Used In IC Manufacturing*。

[104] Emil Schmitt-Weaver@ASML，2015，*ASML Develops Virtual Metrology Technology for Semiconductor Manufacturing with Machine Learning*。

來學習如何準備數據以用於深度學習工具。他使用該應用程式生成並匯出了範例程式碼，這讓他更詳細地了解了如何一起使用這些功能。隨著能力的提高，他能夠使用來自 MATLAB Central 上龐大的多學科使用者社群的範例來建構生成的程式碼。Schmitt-Weaver 使用 Yield Star 系統從 TWINSCAN 系統收集對準計量數據，並從相同晶圓收集重疊計量數據。然後，他將數據集抽成兩組，一組用於訓練網路，另一組用於驗證網路。使用 Deep Learning Toolbox 和 Statistics and Machine Learning Toolbox，他設計了一個具有外生輸入（NARX）的非線性自回歸網路，並使用來自訓練組的數據對其進行了訓練。為了避免神經網路過度擬合訓練組，他使用深度學習工具透過貝葉斯框架實現自動正則化。網路經過訓練後，他向其提供了來自測試數據的輸入，並根據 Yield Star 系統的測量結果驗證其正確性。該網路為提高良率提供了備選方案，並且這個模型能夠辨識可能沒有接受過重疊測量的晶圓。

2. 計量和檢測系統

計量和檢測系統的產品組合，為研發大規模製造過程的每個步驟提供了速度保障和準確性。計算光刻和圖案控制軟體解決方案幫助晶片廠商在大規模生產中實現最高良率和最佳效能，核心軟體 YieldStar 光學計量解決方案可以快速準確地測量晶圓上圖案的品質。

艾司摩爾為英特爾、三星、台積電等客戶製造光刻機有點像「為 F1 車手設計賽車」，每個客戶都有精確而敏感的需求，這些需求會隨著大獎賽中的賽道條件，例如從晴天到雨天的變化而迅速變化。為了成功交付，艾司摩爾必須實時適應客戶突如其來的變化，對於完美主義者來說，在誤差空間為奈米級或百萬分之一毫米的環境中也必須做到精準無誤。隨著艾司摩爾新型機器學習產品的推出，該產品可預測每個裝置層的工藝效能，由於裝置層和製造工藝經常變化，產品需要自我訓練。在產品出廠交付使用後，機器需要監控自己的準確性並進行相應的重新訓練。儘管艾司摩爾的本機解決方案非常有效，但它無法足夠快地適應數據、模型和軟體建構複雜性的成長，因為整個行業都是時間驅動的，一切都以秒為單位突飛猛進。

艾司摩爾與 Google Cloud 合作夥伴 Rackspace 合作實施該架構並將其安全環境擴展到雲端中，這一過程通常在數週內完成。艾司摩爾還與機器學習專家 ML6 合作，後者派遣 Google Cloud 專家對員工進行 BigQuery、Google Kubernetes Engine 和 Cloud Datalab 等產品的培訓。ML6 幫助提升了數據採集與獲取的通道，並最佳化了模型的訓練通道。透過將 BigQuery 和 Kubernetes 集群專用於自動擴展的數據擷取，AI 團隊能夠更快地獲取數據，這比過去的速度至少提升了 25 倍，從而為每位工程師每天節省了約 4 個小時，這意味著他們現在可以完全專注於建構模型。而在引入之前，艾司摩爾工程師每天都要花費數小時來解析和預處理數據。值得一提的是，新的工作方式造就了更短的產品釋出週期（從幾個月到二週），這增強了艾司摩爾的競爭優勢。

7.1.4 EUV 光刻機與 F-35 隱身戰機

艾司摩爾最新技術的 EUV 光刻機與美國的 F-35 隱身戰機，這兩者看起來沒有什麼關係，也很少有人思考兩者背後關聯的邏輯，但如果我們從全球技術霸權與高度壟斷來看，就非常值得關注了。

(1) 從產品的開發模式來看二者都是以美國主導、歐盟或日本等國作為利益共同體募資開發的，尖端研發通常都有風險，在研製過程中具有高度不確定性，募資就是出錢。

(2) 二者都使用了台積電代工的先進晶片，在控制晶片上都使用了台積電的技術，F-35 上使用了台積電為其訂製的晶片，而艾司摩爾當年是破釜沉舟，透過與台積電共同研發浸沒式光刻才翻身。智慧的機器是需要硬體作為基礎的。

(3) 定價與銷售模式類似。它們的公開售價都在 1 億美元上下，體積也相仿，當然型號不同價格會有所差異，但最先進的型號只在利益共同體之間銷售。

(4) 智控軟體是核心。在這兩件舉世無雙的頂尖機器中，一件是大製器，一件是大殺器，智控軟體是核心，智控軟體不僅用於控制內部，更使裝置本身成為整個系統的核心，一個是晶片製造廠商的核心，一個是作戰系統的核心。對於愈來愈高階的工業科技領域，其軟體系統的複雜程式超乎想像，往往一個智控系統因為軟體得不到及時的更新而停滯不前。

艾司摩爾過去三十年以來一直致力於計算光刻，而對於 F-35 戰機來說，其軟體 Block 系列已經歷了十四個版本。2019 年，美國海軍授予洛馬公司 18 億美元新合約，用於 F-35II Block 4[105] 現代化軟體更新工作，F-35 戰機的軟體版本從 Block 0.1 開始，先解決基本飛行的功能，而到了 Block 4 版本已具備完全的作戰能力，而且已經可以整合英國、土耳其等美國盟友研製的機載武器，還進一步更新了雷達、航電、網路、電子戰、維護等能力，拓展了雷達的對外搜尋能力，配合新增的反艦機 AGM-154C1 聯合防

[105] 防務部落格，2019，《洛克希德·馬丁公司獲得 F-35 戰鬥機軟體開發合約》。

區外武器和 JSM 導彈，使 F-35 具備了強大的對外打擊能力。F-35 也成為一個多功能的武器載體，盟國可根據技術能力靈活外掛自己的配套武器，可是軟體更新並不是他國可以獨立完成的，需要繼續向美國付錢研發，就如同我們買 iPhone 手機花了一筆錢，後續使用增強或高級版本的服務就需要再付錢。洛馬公司稱，支撐 F-35 戰機效能的正是 800 多萬行軟體程式碼，從飛行控制到融合感測器數據，融入一個清晰而全面的戰場場景。2019 年的軟體更新將改進 F-35 的 50 多項功能，以應對來自戰鬥中空中和地面的威脅，它增強了 F-35 飛行員的觀察探測範圍，整體專案預計於 2026 年 8 月前完成。製造 F-35 戰機的數位對映專案如圖 7-2 所示。

艾司摩爾的軟體核心雖然沒有那麼複雜，但由於光刻的精度要求太高了 —— 在頭髮絲的六萬分之一的空間，6 個原子大小的位置上分毫不差地「照出」模板 —— 這要遠遠高過一枚導彈準確擊中房子般大小標靶的精度，加上光刻機的工作成本與錯誤損失同樣巨大，精準的光刻過程需要更高階、更穩定的軟體來支持實現。按 ASML 自己的說法：計量學協調了強大的機電模組的運作，使它們一起實現了速度和精度的非凡組合。例如，其中一個模組（晶圓平臺）的加速速度比戰鬥機還快，使光刻機能在一秒鐘內完成矽晶圓的定位，並達到奈米級的精度。除了使用計量系統來定位晶圓外，艾司摩爾還使用計量系統來測量和補償由於材料缺陷、溫度波動和氣壓變化帶來的不可避免的、悄然出現的亞奈米級的誤差。為了實現這樣具有挑戰性的結果，需要按最佳設計思路研發計量系統，它是艾司摩爾光刻系統的大腦。所以，我們不能只是看到半導體製造裝置的硬體表面、工藝或材料，而是需要同時看到內在的智控軟體與其核心價值。同時，智控軟體的優勢還在於可以適當彌補硬體上的短處，挖掘裝置機臺和整廠營運的潛能。

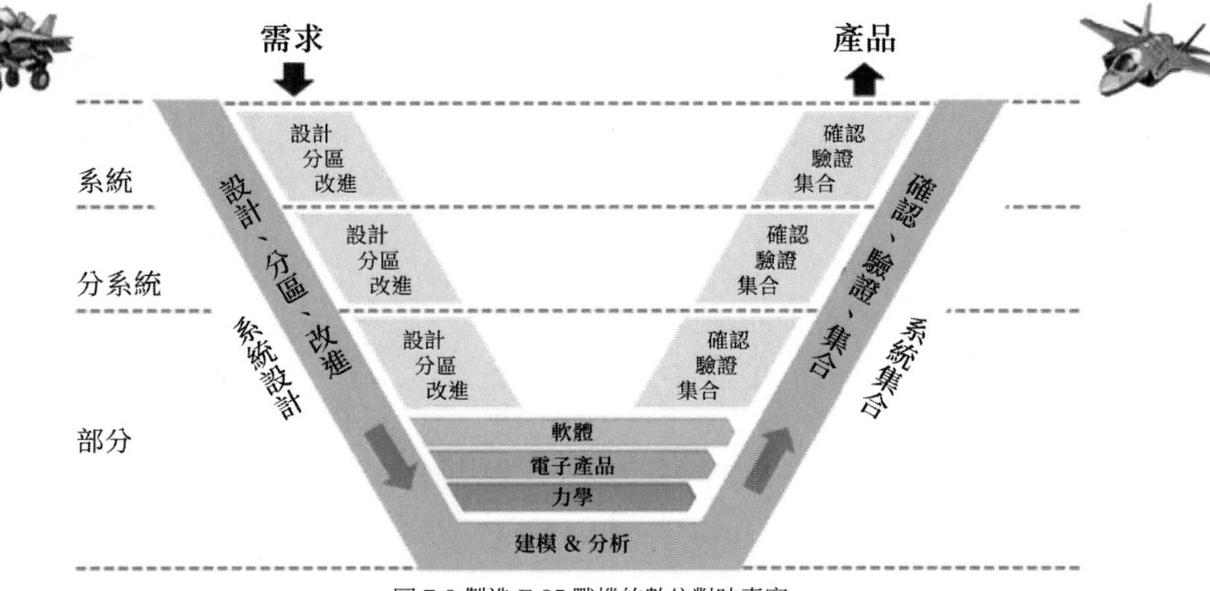

圖 7-2 製造 F-35 戰機的數位對映專案
資料來源：Semiconductor Engineering

7.2
應材的軟硬一體

美國應用材料公司（Applied Materials）是世界頂級奈米製造技術企業，成立於 1967 年，被稱為「半導體軍火龍頭」，連續 26 年蟬聯世界第一大半導體裝置供應商 [106]。應材於 1972 年在那斯達克上市，2016 全球前十大半導體裝置生產商中，應材公司以 77.37 億美元的銷售額位居全球第一。2017 年銷售收入達 145 億美元，淨利潤達 34 億美元，擁有超過 18,400 名員工，超過 11,900 項專利技術，在 17 個國家和地區設定 90 個分支機構。其產品與服務已覆蓋原子層沉積、物理氣相沉積、化學氣相沉積、刻蝕、快速熱處理、離子注入、測量與檢測和清洗等生產步驟。客戶覆蓋多家全球知名企業，台積電與三星電子一直為公司前兩大客戶，是台積電的最大供應商，2017 年榮獲英特爾公司首選優質供應商獎。

應材公司業務部門分為四大事業部：半導體系統事業部、應用服務事業部、面板顯示產品事業部和其他產品事業部。四大事業部各司其職，「硬實力＋軟服務」構築業績基石。其中，半導體系統事業部收入占公司總收入 65%左右，是公司創收的主要動力，收入增速最快；應用服務事業部收入占比維持在 20%～ 30%，排名第二位；面板顯示產品事業部排名第三，占比 10%左右。

[106] 東吳機械研究，2018，《裝置大廠「應用材料」的成長之路》。

7.2.1 AI 賦能晶圓缺陷檢測

為了使下一代晶片的生產在經濟效益上可行，晶片製造廠需要在晶圓生產週期的早期，透過快速發現和糾正誤差，從而減少缺陷來確保良率合格。如今，發現和糾正這些誤差以減少缺陷並不容易，因為傳統的光學檢測工具不能提供足夠詳細的影像解析度，而高解析度的電子束和多光束檢測工具又相對緩慢，耗費了寶貴的生產時間。為了找到檢測成本和時間效果上的最佳平衡點，應材於 2016 年開始與 ExtractAI 合作開發 Enlight 系統，該技術結合了該公司最新的 Enlight 光學檢測工具、SEMVision G6/G7 電子束審查系統和深度學習來快速發現缺陷[107]，並於 2020 年第一季度開始向邏輯晶片生產商正式出貨，到 2021 年第一季度末，該檢測工具的累計銷售額已超過 4 億美元。應材公司的 SEMVision 電子束檢測工具也被業界廣泛使用（自 1998 年以來已安裝超過 1,500 臺），且 SEMVision G6/G7 及其後續產品與 Enlight 和 ExtractAI 相容。

缺陷檢測是晶片製造中的關鍵步驟，設計開發一個先進晶片需要幾年時間，而實際製造一批晶片則需要幾個月時間，最為關鍵的時間引數之一是量產週期，也就是說能夠以足夠高的產能製造大量晶片的週期。一個晶片設計可能擁有最有效的架構，但跟競爭對手相比，如果無法量產或量產時間過晚，那麼最終仍然會失去市占率和收益。這種壓力同樣會傳遞到晶圓工廠，在大規模量產之前，需要修復缺陷、提升良率並使產線達到最佳狀態，這段時間僅在裝置折舊上就產生了數百萬美元的成本——3 奈米工廠一週的停工時間預計將損耗 2,500 萬美元的未攤銷折舊成本。因此，實

[107] Anton Shilov，2021，*AI Meets Chipmaking: Applied Materials Incorporates AI In Wafer Inspection Process*。

現可接受的良率指標在相當程度上取決於工廠檢測和修復缺陷的能力。

由於大多數先進的 SoC 都是使用極小的製造工藝，其中許多都依賴於多重圖案或極紫外（EUV）光刻技術，所以檢測缺陷變得非常困難。從 2015 年到 2021 年，工藝步驟的數量增加了 48%。同時，微小的差異和線寬成倍增加都會產生扼殺良率的缺陷。此外，如果這些微小的差異發現過晚，那麼在差異出現後，後續所有的工藝步驟基本上都是在浪費時間和金錢。事實上，延遲發現的情況並不少見，因為需要追蹤使用多重圖案製造的、具有 FinFET 架構電晶體的積體電路缺陷，並找到其根本原因非常困難。

就像用於製造晶片的 Scanner 一樣，檢測工具多年來也有了很大的發展，但它們也變得更加昂貴，這增加了每塊晶圓的掃描成本。應材表示，在過去六年中，高階光學檢測系統的價格上漲了 56%，這反過來又使每個晶圓掃描的成本在同一時期增加了 54%。這給晶圓工廠帶來了新的難題。一方面，它需要做更多的檢查（最好是在每個工藝步驟之後都進行），以縮短良率爬坡的時間，所以晶片廠商一直在進行持續的工藝改進（Continuous Process Improvement，CPI）以提高良率，並使用統計製程控制（Statistical Process Control，SPI）減少異常變化，這又涉及額外的檢查。另一方面，由於今天有如此多的工藝步驟，而檢測工具又如此昂貴，工程師們不得不限制檢測步驟，以保持他們的工藝控制預算不至於暴漲。一邊希望提升良率而延長了生產週期，另一邊又因為想減少檢測成本而帶來良率風險。工程師們還面臨的問題是現代光學檢測工具所捕捉到的「噪聲」量。在某種程度上，部分噪聲很難與殺死良率的缺陷清楚區分開來，因此工程師們必須應用某些過濾模型來減少他們必須處理的數據集，顯然，這降低了他們儘早發現缺陷的能力。

應材將其最新的 Enlight 光學晶圓檢測系統與 ExtractAI 技術相結合。ExtractAI 軟體使用深度學習來嘗試更好地處理光學數據並分析掃描結果，同時使用其 SEMVision G6/G7 電子束審查系統作為訓練和結果驗證的來源。Enlight 系統捕獲晶圓的高解析度影像，並快速生成潛在缺陷的數據庫，然後晶圓被發送到 SEMVision G6/G7 電子束審查系統，以區分缺陷和噪聲並對缺陷進行分類。Enlight 和 SEMVision G6/G7 捕獲的影像和數據隨後被送入 ExtractAI 軟體，以訓練它自動辨識由硬體系統在晶圓圖上造成的特定殺傷性缺陷，並將它們從諸多的噪聲中區分出來。

因此，對於製造同一類晶片的晶圓工廠來說，掃描過程所需的時間將大大減少，因為系統已經有了一個可操作的晶圓圖，其中有潛在的殺傷性缺陷，系統很清楚需要捕捉什麼。同時，隨著 ExtractAI 軟體從更多的晶圓中獲得更多的數據，額外的訓練使它能夠提供更高的準確性，特別是由於由此產生的缺陷數據庫可以在整個工廠甚至跨廠共享。

7.2.2 AI 賦能晶圓製造產能爬坡及良率提升

在晶圓生產的前道工序中，即使出現微小差異也會導致裝置效能和良率降低。同時，供應鏈的低效導致更多的廢品、更高的成本以及資源耗費，其中包括最重要的資源 —— 時間。在後道工序中也不簡單，一般在前道工序製程都完成預先驗證的前提下，後道工序就按部就班，也會比較穩定，但市場的變化要求工廠擁有足夠的製造柔性，這種變化帶來的壓力會從前道傳遞到後道。未來幾年全球預計會生產數量達到十億級別的電子裝置，這些需求來自自動駕駛、物聯網、AI、5G 、增強／虛擬實境和其他日新月異的應用領域，它們各不相同，小批次多批次的現象愈來愈明顯，對製造提出了新的挑戰。

而現實中，無論是在營運中的工廠或新建工廠中，專業知識與經驗的累積難以追上技術推演的步伐，包括如何抓住最佳的時機取得成功、基礎設施的改造以及不斷驗證的工藝方法。但是，後發國在滿足裝置、產能和經濟性要求的同時，快速建設新廠來滿足有限的市場是很大的挑戰。如果不採用先進數位分析技術、本機和遠端專家支援、全球供應鏈資源以及全面整合的自動化解決方案來實現有效的電腦整合製造，這一切就很難實現 [108]。

圖 7-3 展示了兩條曲線：技術變革的產能爬坡曲線和產出的經營特徵曲線，它有助於廠商了解如何透過反覆調整執行來提升績效，實現更好的結果。

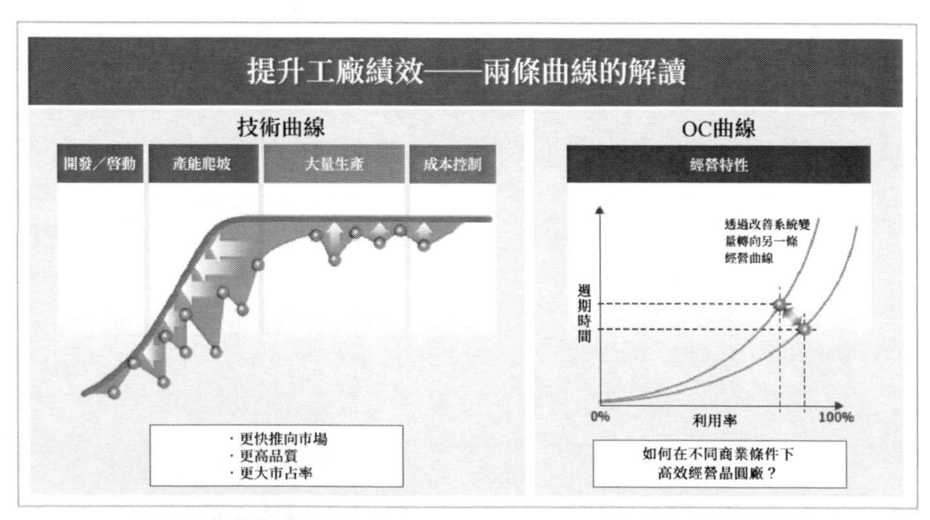

(a) 技術變革的產能爬坡曲線　　(b) 產出的經營特徵曲線

圖 7-3 提升工廠績效 —— 兩條曲線的解讀
資料來源：應材官網

[108] Gary Dagastine，《以更快的產能爬坡及更高的良率獲得先機》。

- 左邊曲線代表在特定的半導體技術下，一個晶圓工廠的製造能力和產能爬坡的最佳程序，顯示了在所有製造階段良率／產能隨著時間推遲的變化趨勢：在啟動和初始產能爬坡階段陡峭上升；在量產期間穩定；最終隨著技術成熟實現成本結構控制的合理化。
- 右邊曲線顯示了工廠的製造產能與經營特徵（Operating Characteristic，OC），曲線將某個產品在工廠內「流轉」所需的時間與工廠利用率的總體百分比進行了對比，這條曲線呈現了理想的變化趨勢，而現實中的進展並不會如此順利。產能爬坡並不總會按計畫進行，它需要學習、不斷評估結果、再學習，甚至需要突發性分析並重新調整，以使製造效能更接近理想水準。
- 結合來看，這兩條曲線有助於了解如何在特定的業務重點和製造資源下實現最大靈活性。完全整合的自動化解決方案和技術型服務（包括用於遠端支援的安全數據收集和分析）可幫助廠商更快、更好地實現目標，同時大幅降低成本。

7.2.3 AI 賦能晶圓製造走向無人化「自動駕駛」

在過去的幾十年裡，半導體製造經歷了若干重大技術更新，每一次轉變都會使晶圓工廠生產率提高和成本降低。現在，為了滿足物聯網應用需求，半導體品質要求不斷提高，該行業正在進入另一個變革週期。5G 、AI、更強大的處理器、基於雲端的數據分析、虛擬／增強現實以及整合知識網路等技術正在達到新的智慧水準。與新的軟體應用一起，這些技術正在推動半導體製造朝著工業 4.0、智慧製造、工業物聯網的方向發展。

半導體製造的自動化正以超越我們預期的速度推進。就在幾年前，工廠的工人還在移動推車、按下按鈕啟動裝置並在電子表格上追蹤晶圓在製品（WIP）。如今的晶圓工廠已提升到一個新的水準，能夠聚合來自裝置的數據、自動化材料處理系統並實施先進的過程控制（APC）功能，如按批次執行控制和故障檢測。接下來，可以預見該行業將發展到「啟發式智慧」的階段，並帶來可衡量的可觀收益。然而，在行業力爭實現更高水準的自動化控制的同時，局限性也隨之出現：許多廠商若繼續使用傳統技術，把工廠遷移到更高級別自動化的水準是不現實的，因為原有的資訊化基礎建設缺乏足夠算力、頻寬、數據聚合和清洗技術，這種變革是一項艱鉅的挑戰，對於成本敏感性的行業或特定企業難以做到。今天，行業先鋒正尋求一條新的道路，使他們能夠從當前的手動控制和自動化啟動控制組合過渡到完全自動化。生產裝置是資本密集型的，而自動化對於保持工具的生產力至關重要，當花費數百萬美元購入一臺裝置時，工廠必須消除使用過程中的瓶頸從而實現高利用率，在實踐中，操作人員容易被傳統思維所束縛，因此需要意識到工業 4.0 的價值並必須給予重視。在應材看來，晶片廠商通常需要：提高生產力；制定創新路線圖，使生產線工程師可以創造價值；開發提高人員生產力的方法；幫助生產線工程師建立一個創新團隊（而不是孤軍作戰）。

由於半導體製造自動化與自動駕駛有著相似之處，為了便於理解，就用自動駕駛舉例。汽車工程師協會（SAE）定義了自動駕駛的 6 個自動化級別（從無自動化到完全自動化），這些定義也可以用來比作半導體工廠的自動化階段。畢竟，自動駕駛汽車也涉及軟體和感測器，包括提供來自周圍汽車的實時響應數據。

SAE 的定義從 0 級無自動化開始。到 1 級時，汽車本身能做出一些實時決策，如汽車自動進行加減速的巡航控制。在 2 級，人類司機仍然主控，但自動化系統與手工操作開始協同工作。再過渡到 3 級時，駕駛系統擁有一部分控制權，而司機是備選方案。在 4 級，車輛可以處理從未遇到過的情況。5 級可以實現真正的完全自動化，車輛在各個方面都接管了一切，並且在所有情況下，人類司機都可以離開方向盤和油門踏板。半導體製造過程的管理也正從反應式向自驅動式發展。晶圓工廠內部的自動化水準與汽車工廠相似，如圖 7-4 所示。

圖 7-4 為實現全自動半導體工廠的目標，需要逐步提高自動化水準
注：3 級是當今許多廠商正在遷移的目標
資料來源：應用材料公司

在半導體產業的 1 級，工廠具備自動化材料處理系統（AMHS）、擁有處理缺陷並跟蹤良率的能力，採取了一些預防性維護的措施。在 2 級，工廠採用了實時排程和批次控制（R2R）。在 3 級，工廠進入了完全自動化的第一階段，需要清晰如何引入實時排程和預測技術。這時 AI、機器學習、雲端運算、數位對映開始發揮重要作用，工廠在新資訊技術

方面的學習曲線比以往任何時候都來得更為陡峭。遷移到 4 級的意義重大，因為這是新資訊技術應用的無人區，必須在晶圓工廠以前從未嘗試的領域中進行突破，處於這一階段自動化水準的系統採集數據後，實時做出提高生產力的決策，正如自動駕駛汽車出於安全原因必須做出實時決策一樣。應用材料公司正在與先鋒客戶合作，實施有利於業務最佳化的實時決策系統。5 級是完全自動化，能否實現取決於系統最薄弱的環節是否可以維持穩健的運轉，若發生最薄弱環節的功能性缺失，那麼整個系統就會崩潰。

因此，應材看到了巨大的增值潛力與商業機會，例如，客戶需要自動化資源計畫系統，透過提高對不斷變化的市場需求做出反應的能力來帶來可衡量的價值。目前，資源計畫大多是手動處理，更新計畫需要幾天時間，而在自動化系統中幾分鐘就完成了。當然，半導體製造自動化與汽車駕駛自動化面臨不同的挑戰：汽車的整合系統已完成了數據標準的一致性，且在相當長的一段時間內保持固有的系統元件結構；半導體製造則不同，來自諸多不同廠商裝置、不同感測網路收集的數據是千差萬別的，處理好這些數據需要開展一系列的操作，包括數據的格式轉換、清洗、讀取、儲存，確保數據品質。

7.2.4 應材的「全自動化半導體工廠」方案

全自動工廠系統正迅速成為半導體製造業的必然需求。它能使廠商顯著提高良率、產量、品質和靈活度，縮短週期，與部分實現自動化的晶圓製造廠相比，可以更高效地利用生產裝置並降低總體成本。但目前半導體產業的大多數自動化系統，都是工廠自研與各個供應商的專用產品混合而成，這種混搭的系統正面臨著嚴峻的挑戰，非整合系統和採用單點解決方案的系統面臨著更高的成本和更大的風險，適應新興製造解決方案的能力也愈來愈弱。工廠需要進一步減少人工失誤和其他偏差，加快良率爬坡，實現最大的製造靈活性，打造完全整合的完整平臺。

例如，以下是晶圓工廠啟動階段電腦整合製造（CIM）需要考慮的：

- 確保工廠核心基礎設施、製造執行系統（MES）和物料控制系統（MCS）相容執行。
- 透過統計製程控制（SPC）和缺陷管理來測量晶圓特性並驗證是否合乎規格。
- 將機床與裝置整合應用程式連線，從機床收集數據和狀態資訊，並啟動配方管理和調整。這使得良率管理系統（YMS）能夠更好地診斷偏離情況。
- 安裝裝置維護管理系統（MMS）應用程式，對每個機床進行保養維護，確保最佳的良率和產能。
- 形成有效規劃的能力，以最大限度提升晶圓工廠滿足客戶訂單的能力。

在產能爬坡階段，需要運用批次處理（R2R）、先進工藝控制（APC）以減少製程偏差並提高與關鍵績效指標（KPI）的吻合度。

應材為客戶提供了一套排程與排程解決方案，消除了潛在的生產瓶頸，包括過度的機臺占用、批次處理／更改以及在排程和規劃決策上的時間浪費，從而在產能爬坡階段使產能提高了 5%～15%。在量產階段，Applied SmartFactory FullAuto 最大限度地減少接觸點和不必要的操作，透過故障檢測和分類（FDC）、多元數位化最佳化、預測型解決方案和動態排程來實現量產的最大效率，增強了批次與機臺的最佳匹配能力，從而對良率和產能 KPI 產生積極影響。

應材公司推出的完全整合式 SmartFactory 自動化套件涵蓋工廠生產率、裝置控制、產品品質和供應鏈管理等諸多方面，如圖 7-5 所示。

整合的自動化解決方案可以利用數據來實現製造資源的規劃、控制和執行的同步，從而幫助客戶實現各項績效指標的突破，包括提高機臺與裝置的效能、提升良率、增加收入和營利能力，並最終擴大客戶的市占率。最後，在生產進入以成本控制為主的成熟階段時，整合解決方案可以輕鬆調整以適應不斷變化的業務策略和狀況，減少建立和維護新系統需要的昂貴成本。

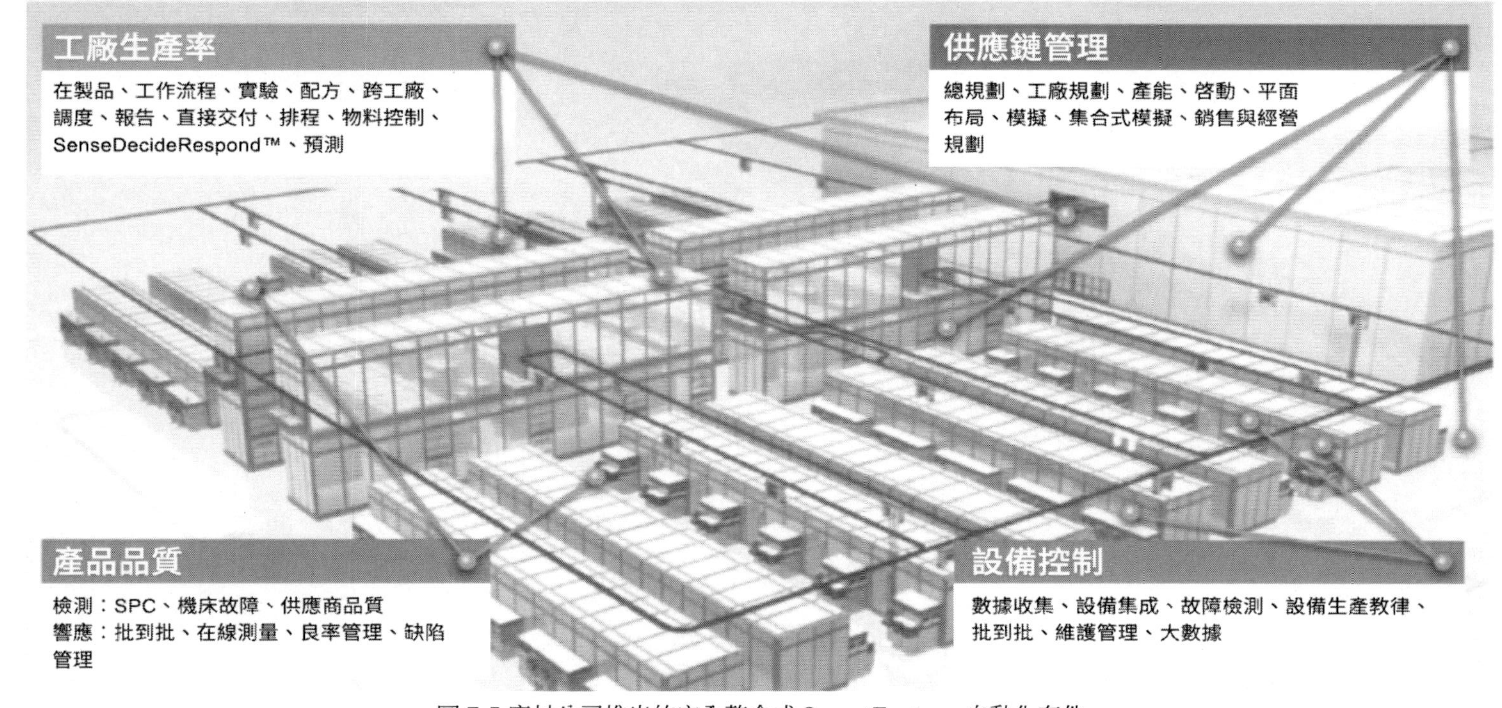

圖 7-5 應材公司推出的完全整合式 SmartFactory 自動化套件

資料來源：應材官網

7.3 泛林的裝置智慧

泛林（Lam Research）認為，5G、AI 和自動駕駛技術目前保持蓬勃的發展勢頭，這給半導體產業提出了更多的技術要求和挑戰，他們需要研發下一代邏輯與儲存裝置。保持行業快速創新的關鍵是充分利用工業 4.0 技術。透過開展合作，泛林從三個維度來加快新技術的推出，即裝置設計、工藝開發和良率提升。泛林把裝置基於智慧技術的創新方案統稱為泛林裝置智慧（Lam Equipment Intelligence）。

- 加快裝置設計：數位對映技術可以減少物理世界的學習週期，創造更多「一次成功」的產品。一旦設計合格，就可以實現傳統技術無法輕易製造的零件；
- 加快工藝開發：虛擬製造和虛擬工藝開發有望在實驗設計之前，開發最佳化的單元工藝，並整合到整體工藝方案流中；
- 加快良率提升：機器學習可以快速辨識工藝引數變動，從而儘早發現和解決問題，確保製造過程能隨著時間的推移保持一致性；透過虛擬實境和增強現實技術，可以確保高品質的安裝交付，現場或遠端皆是如此。

7.3.1 泛林裝置智慧

泛林裝置智慧是泛林用來應對半導體智造挑戰的方法論與工具集。泛林的數位技術帶來了數據的巨大成長，應對這一趨勢所需的製造工藝和裝置複雜性面對著一系列挑戰，因為每一代新裝置都需要額外的創新和額外的工藝步驟，從一個節點過渡到下一個節點的時間在增加，研發和製造能力建設的成本也在增加。

泛林旨在應對這些挑戰，使客戶能夠以更低的成本和更少的資源實現更快的技術轉換，同時減少浪費。這意味著不僅要加快研發速度，實現更高的裝置效能，還要以更低的成本實現大規模量產。泛林利用數位對映／數位主線、虛擬工藝開發、智慧工具和數位服務四大支柱來應對這些挑戰，這些支柱在設計、開發、採購、系統支援和工藝的每個節點都納入了資料驅動的建模、虛擬化和 AI，整體過程包括從提出概念到可行性驗證，最後到大規模量產。

7.3.2 數位對映／數位主線

40 多年來，泛林在晶圓工廠部署了數百種裝置產品，並使用各種應用程式管理產品研發，建立和維護與這些產品有關的數據。這些數據從開始的紙張到檔案、再到數據庫不斷成長，每一個數據點都是一個系統生命週期節點的標記。同時，晶圓工廠的製造執行系統（MES）管理著晶圓在製品（WIP）的流轉和裝置維護，因此，數據湖就從這些工藝過程和量測中形成了。此外，泛林的客戶也在研發和設計上產生更多的數據，所有這些數據對裝置的智慧化改進至關重要 —— 數位對映／數位主線貫穿並聯結了實現智慧製造目標所需的所有資源，如圖 7-6 所示。

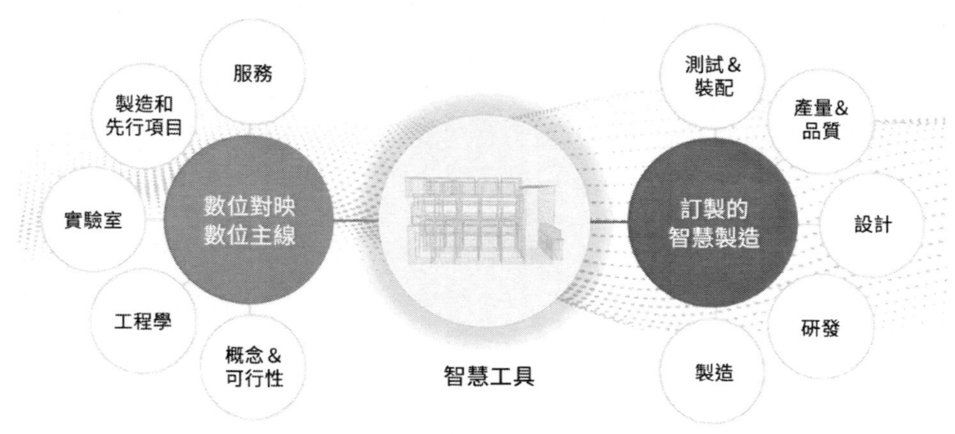

圖 7-6 泛林每天可以產生近 1TB 的數據（十年前每天約 5GB）
資料來源：泛林集團官網

泛林公司的策略是以數位對映為起點，在工具的整個生命週期中擴展數位主線的功能和價值。數據管理是第一個挑戰，需要連線來自不同管道的不斷成長的數據，以便收集、整理並標記出各種特徵。今天，如果僅使用高速 SECS 資訊服務的介面，只能從泛林的先進工藝工具中獲得 5%～ 10%的數據內容，這顯然是不足的。因此，泛林開發了標準介面，將更多的數據從工具轉移到客戶的系統中，並能夠在泛林的裝置與客戶系統之間實現雙向回饋，從而允許在泛林的平臺上執行邊緣運算應用以最佳化操控，這種數位資訊的耦合與雙向傳輸，進一步提高了系統的可用性。

7.3.3 虛擬工藝開發、智慧工具與數位服務

適應摩爾定律需要增加控制引數的數量並提高控制能力。例如，泛林公司透過在蝕刻工具中增加射頻發生器來提高射頻頻率，在引入新的蝕刻氣體化學成分時，使新的輸入在時間序列和振幅上都是脈衝式的。更高的能力也伴隨著更多的複雜性，這需要創造一個苛刻的開發環境。例如，從 1,014 個可能的工藝組合中找到一個解決方案，用於蝕刻一個 5 奈米的裝置，可能需要花費數月時間進行大量的實驗。這種對工藝挑戰的潛在解決方案的數量成長被稱為泛林定律。在過去十年裡，開發和鑑定配方的成本增加了 10 倍，如果不加以控制，它將危及整體行業的生產目標和未來產業的進步。

純粹基於物理學的蝕刻和沉積模型有太多維度需要運算，這種密集性是難以駕馭的，且在短時間內無法產生實際效果。而虛擬工藝開發（VPD）使用可運算的模型，將物理學與機器學習和歷史數據探勘相結合，則可以快速消除不良路徑並選出正確的裝置變陣列合，這種數位對映正在工藝的空間內不斷延伸，即使在其實施的初始階段，也使實驗設計（DoE）的數量和成本減少了 20%以上。一旦發現了最佳工藝，半導體廠商必須在數百個腔體上以可接受的公差複製成功的模式，那麼這個匹配腔體效能的過程就需要智慧工具和服務的支援。

泛林智慧工具（Smart Tools）的特點是具有自我感知、自適應和自維護能力。自我感知的工具知道安裝了哪些部件、軟體和配置，並能利用感測器監測關鍵效能指標。有了自適應能力，智慧工具可以穩定地執行和調整，以補償單元工藝漂移和來料的變化偏差，最佳化生產效率。透

過提前安排和自動執行校準等任務，自維護能力擴展了產能的極限。例如，泛林的最新一代蝕刻產品 Sense.i 由 Equipment Intelligence 驅動，比上一代擁有更多的感測器，如圖 7-7 所示。它可以進行自我校準，具有自我維護能力，並使用機器學習來適應工藝的變化。

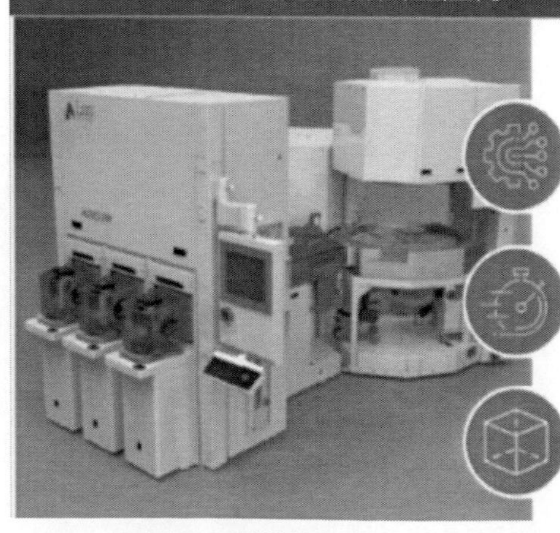

圖 7-7 泛林的智慧工具透過自我感知實現自適應和自維護
資料來源：泛林集團官網

智慧工具可以透過感測器捕獲和分析數據，以確定執行的模式和趨勢，並鎖定需要做出改進的操控運作。當與客戶的工廠資訊相結合時，這可以將腔體內的匹配時間從幾週縮短到幾天。Sense.i 用於自適應學習的智慧系統架構不僅可以最佳化單個工具的效能，還可以最佳化整個工具群的效能。在沉積領域，用於 3D NAND 堆疊沉積的 VECTOR Strata、用於 ALD 的 Striker 和用於鎢金屬化的 ALTUS LFW 等工具均具備毫秒級的感測和數據監測能力，也將納入 Equipment Intelligence 的範疇。裝置的運維工作將繼續透過軟體實現自動化，而且泛林正在擴大其機群水準的分析能力和爐室匹配能力，Equipment Intelligence 需要在現場擁有完整的裝置數據儲存倉庫，允許客戶進行訪問和控制，這對於製程診斷、趨勢分析、基於 AI 的應用開發、邊緣運算，甚至工具本身運算都是必不可少的。泛林的數據儲存解決方案以高密度格式將數據從公司的工具中匯出，以標準介面將數據匯入客戶的大數據系統，並讓泛林公司的專家為客戶的工廠進行診斷，建立最佳化運維的演算法。

工廠的營利能力不是取決於單一的腔室，或一個腔室佇列，而是取決於隨著時間的推移將這些腔室中的成功模型運用到極限的能力。智慧工具為實現這一目標提供了新的機會，它允許服務數位化，並使革命性的新數位勞動力成為可能。數位化服務（Digital Services）的「良性循環」從工具數據最佳化開始，以確保制定正確的數據策略，使其用在正確的地方，如圖 7-8 所示。接下來是為客戶和現場服務工程師提供從安裝到維護或故障排除的知識管理服務。

接下來是透過模擬和 AI 來確保工具的最佳化，並自動實現產能的最大化。數位化服務有助於提高可重複性，減少日常維護中的人為變異帶來的誤差，並在故障排除和服務任務中實現正確的目標。透過利用豐富的工具數據環境和 AI 增強的多變數分析，實現工具佇列的管理和最佳化、佇列匹配和預測性維護。最後，透過遠端技術擴展專業知識，可以更快地解決問題，並使量產能力快速攀升。雖然諸多收益主要是在量產環節累積的，但它們始於研發，數位服務有助於定義和測試大規模量產所需的能力。增強／虛擬實境（AR/VR）是提供遠端數位服務的關鍵技術，它使遠端培訓、專家支援和對操作過程進行實時回饋成為可能。泛林公司已經開始使用 AR/VR 對員工進行新工具的培訓，它使公司能夠在疫情期間繼續支援客戶，這與台積電的提法是一致的，臺積電在疫情期間正積極採用 AR/VR 技術來進行遠端的裝置運維。Equipment Intelligence 技術在客戶研發、良率提升和大規模量產方面提供了一致性的應用套件，提升了綜合績效和競爭優勢，並最終實現更多的利潤。

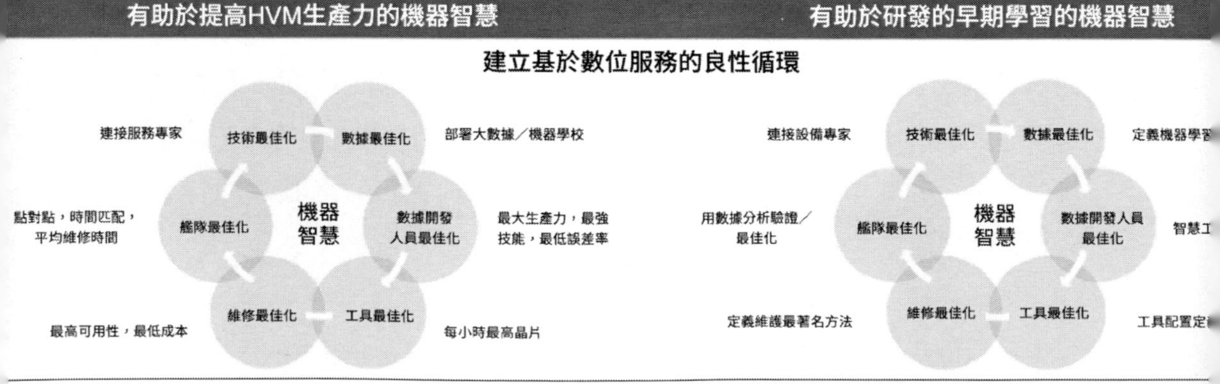

圖 7-8 數位服務的良性循環有助於提高 HVM 生產力及研發的早期學習
資料來源：泛林集團官網

第 3 篇

管理篇：未來科技與產業發展借鑑

第 8 章

未來科技與半導體智造

8.1 超級人類與未來科技

8.1.1 從「成長的極限」到「超級人類」

1. 地球的極限與人類的無極限

人類對未來的擔憂從未停止，當地球成長的極限在相當程度上是人口成長導致時，改造人類本身就成為一個不可思議但確已發生、並取得巨大突破和進展的事件。如果人類變得超級智慧，他們能夠創造更多的精神與物質文明，卻只要消耗更少的資源，那麼地球的資源依然可以視作無限。

1972 年，應羅馬俱樂部[109]的要求，由大眾基金資助，MIT 試驗室裡的幾個年輕系統科學家用一種叫 World 3 的電腦模型，模擬了世界未來發展的幾種情景並得出結論：如果不改變現有的經濟發展政策，人類社會的成長會遇到自然資源和環境的極限，最後導致社會大崩潰。這個結論形成了一份報告《成長的極限》(*The Limits to Growth*)[110]。

[109] 羅馬俱樂部是由義大利學者和工業家奧雷利奧．佩塞（Aurelio Peccei）、蘇格蘭科學家亞歷山大．金（Alexander King）於 1968 年成立的。作為一個研討國際政治問題的全球智囊組織，其宣稱組成成員是「關注人類未來並且致力社會改進的各國科學家、經濟學家、商人、國際組織高級公務員、現任和卸任的國家領導人等」。

[110]《成長的極限》(*Limits To Growth*) 報告是有關環境問題最暢銷的出版品，被翻譯成三十多種語言。

耶魯經濟學者亨利．華利克在報告釋出同一年的《新聞週刊》編者按中稱此書為「不負責任的一派胡言」，模型裡的許多變數設定沒有足夠的依據，而數字完全來自作者的臆想，甚至從來沒發表所使用的方程式。因此，兩年後的 1974 年，模型作者發表了模型的具體細節。《成長的極限》的最新版本於 2004 年 6 月出版，書名是《成長的極限：30 年後的更新》。書裡作者做了九種實驗，測試不同的情景，得到很多非常有趣、意想不到的情況。例如，如果其他因素不變，實際的資源儲備比想像的要多很多，那麼經濟還會持續發展，人們的總體生活水準還會繼續提高，但負面作用是人們就更加沒有動力去改變現狀，以至於錯過了最佳創新的時機。崩潰的確被大大推遲了，但等資源一旦耗盡的時候，人類的總體生活水準會有更大的下降，所謂「飛得越高則跌得越重」。在另外一些實驗裡，作者也測試了單純從技術和市場的角度來解決環境問題的可能性，最後結論是在適當的領域新技術肯定是非常有用的，但單純期待用新技術就能完全解決問題也是不可行的。關鍵是技術發展的滯後效應，是否能夠跟上人口和經濟成長造成破壞的速度。這相當於把之前確定的問題變成了開放的問題，人類可以持續繁榮，但還得看自己是消耗更多，還是創造更多。

在《成長的極限》這本書釋出的時代，很多半導體公司已經成立了：1966 年德州儀器、快捷和摩托羅拉這三家微處理器公司已經崛起，1972 年 AMD 已經開始生產晶圓，1972 年英特爾推出了微處理器產品——Intel 8008，這個編號正好是英特爾於 1971 年推出的全球第一款微處理器 4004 的兩倍，它的規格和效能差不多也是 4004 的兩倍。誰能想到半導體在後續的發展過程中，如此快速地將人類推向第四次工業革命，在歷經近 60 年的歷程後，同樣的處理器在相同功耗和體積下可達到當初數十萬倍的算力。這也並非是《成長的極限》中描述的單純的新技術，當不斷累積的漸進式創新迎來顛覆性創新的時候，它改變的是人類整體的生活工作方式，自然也改變著經濟執行甚至政治體系的結構。

2. 人類在更激烈的對抗中進化

2021 年，美國國家情報委員會（NIC）[111] 釋出報告《全球趨勢 2040：一個競爭更加激烈的世界》（*Global Trends 2040: A More Contested World*）。報告的目的是預測未來 20 年塑造美國國家安全環境的主要因素、全球發展趨勢、結構性力量、新興動態及未來場景，以幫助美國開展長期策略規劃。報告指出，五大全球發展趨勢為氣候變化等全球挑戰增多、世界隨國家文化或政治偏好分散化、現有國際體系和危機應對能力失衡、國際關係愈加緊張、各國需適應氣候及人口結構等變化。曾經是 NIC 主要負責人之一的馬修·羅伯斯對未來也有自己喜憂參半的觀點。擔憂的部分包括自然資源幾近枯竭、氣候日漸極端、世界性人口老齡化趨勢。而樂觀部分包括國際及國內權力的減弱和個人權力的增加、城市化程式加速、AI 極大地改善人類的生活條件、機器人完全消除特定製造業的人工勞動、人類能夠實現自我身體的改造。對人類的改造似乎是對成長極點提出的一種解決方案，當資源成問題的時候就改造人本身，透過改造人本身來改造新的世界。

改造人類一直是幾個世紀以來人類的夢想與追求：秦始皇和吉爾伽美什國王曾經尋找不死之身；希臘神話中那位特洛伊則是戰爭中無堅不摧的士兵；卡洛斯和代達羅斯代表了人類對飛行的嚮往；蜘蛛人和蟻人

[111] 美國國家情報委員會（NIC）成立於 1979 年，主要負責協助國家情報總監的工作，統一和協調情報界的策略情報分析工作。它每 4 年便會釋出一份全球趨勢報告。2021 年 4 月 8 日釋出《全球趨勢 2040：一個競爭更加激烈的世界》（*Global Trends 2040: A More Contested World*）報告是自 2010 以來的第六版報告。

則代表擁有人類與動物融合能力的人類。如今這一切不再只存在於神話、傳說和幻想中，科學和技術的進步使一些超人的能力愈來愈現實化，電子與資訊技術在生物學和醫學中的應用對健康和福祉產生了重大影響。

超人類主義（Transhumanism）的暢想由來已久。超人類主義一詞是由英國生物學家和哲學家朱利安．赫胥黎（Sir Julian Sorell Huxley）在 1957 年的同名文章中創造的。超人類主義認為：人類增強技術的研究和開發，將增強或增加人類的感官接收、情感能力或認知能力，並從根本上改善人類健康並延長人類壽命，這種因新增生物或物理技術而產生的修改或多或少是永久性的，並會融入人體。PayPal 的共同創始人、Facebook 的投資人彼得．蒂爾（Peter Thiel）正致力於找到極大延長人類壽命、特別是自己壽命的新事業；Google 的工程師總監雷．庫茲韋爾（Ray Kurzweil）每天吞服 150 片藥丸（大部分是維他命），他預言說如果自己可以活到 120 歲，那麼他將迎來永生的機會 —— 他設想關於恢復衰老身體的分子和細胞結構的知識會飛速成長。他也是「技術奇點」（Technological Singularity）概念的提倡者，「技術奇點」代表一個時間點，此時 AI 將帶來「新的人類配方，也就是人和機械的混合」，技術奇點能讓人類超越生物體的局限性，獲得決定自己命運的能力。Google 已經在抗衰老研究上投入數億美元。

技術的進步支持開發新的系統，可以在行動式裝置或智慧手機上提供診斷資訊。電子技術的規模不斷縮小到原子級，系統、細胞和分子生物學的進步有可能提高醫療保健的品質並降低其成本。臨床醫生可以從複雜的感測器、成像工具和眾多其他來源，包括個人健康電子記錄和智慧環境中普遍獲得新的數據。AI 可以幫助臨床醫生從這些巨量的數據中找出規律，為病人提供更好的選擇。不僅如此，多項技術正被用來實現增強人類自身的能力，包括：

- 生物電子學：在身體上新增電子裝置或替代物。
- 增加感官：視網膜植入、人工耳蝸植入。
- 大腦干預：更新大腦的方法和技術。植入大腦的人工部分（如神經假體），或改變大腦的藥物（嗜睡劑）。
- 四肢的仿生學和外骨骼：人工替代的仿生手臂或腿，可用外骨骼在外部提供援助。
- 基因改造：使用基因療法來治療由特定基因缺陷引起的致命疾病。在未來，我們也能夠分析和編輯基因，以增強我們自己。

如上所述，隨著技術的進步，未來的人們可能會像今天做整容手術一樣選擇增強他們的身體機能；未來的視網膜植入可能讓人們擁有「夜視力」；增強神經元會提供超強的記憶力或快速的思考能力；神經藥物會讓人們長時間集中精神或是增強他們的學習能力。

2021 年，美國陸軍的一段影片展示了其對轉基因超級戰士的概念。影片中的「神經增強」意味著超級人類的屬性，即透過腦機介面（一種特殊的植入物）將人與電腦連線起。DARPA 雄心勃勃的研究計畫是把士兵變成具有類似心靈感應能力的自我修復超人，他們在戰場上不受蚊蟲叮咬，透過腦機介面以心靈感應的方式駕駛或控制多達 250 架無人機，透過組織再生和神經技術快速自癒。他們跑得很快，很少睡眠和吃喝，比普通人類戰鬥的時間更長。2013 年，美國特種部隊的指揮官威廉．麥克雷文在一次會議中提議設計一種戰術突擊輕型操作服 TALOS，即依靠高科技材料，從全方位保護士兵的安全並提高士兵的作戰能力。

3. 生物電子學的驚人突破

實現超級人類重要的一個分支是生物電子學。生物電子學認為：生命健康的關鍵是能夠實現自我調節，自我調節機制的主要方式是基於人體自身感測和驅動的回饋控制，當這種控制環路功能失調的時候，往往會導致疾病或死亡。那麼要獲得健康長壽，只需要保障這種控制環路的正常執行就可以了。生物電子學研究如何在生命體上新增電子裝置或替代物，將電子裝置與生物系統連線起來，從而強化、維持和修復生物過程的感測和驅動機制。從最簡單的單細胞生物到複雜的動物這項應用都適用。

在生物電子學的程式中，最令人驚奇的無疑是改造大腦。早在 2007 年，西雅圖華盛頓大學的 Paul G. Allen、Elizabeth Hwang、Rajesh Rao 已經證明，一個人可以透過產生反應指令的適當腦電波，「命令」一個機器人移動到特定的位置並拾起特定的物體。實驗的操作者戴著一頂點綴著 32 個電極的帽子，電極基於一種稱為腦電圖的技術從頭皮接收大腦訊號。操作者透過兩個攝影鏡頭在電腦螢幕上觀察機器人的動作，將簡單指令透過「意念」發送：指示機器人向前移動，從兩個可用對象中選擇一個，將其拾起，然後帶到兩個位置的其中一個。初步結果顯示，選擇正確對象的準確率為 94%。它具體的操作過程也不複雜：首先，機器人透過攝影鏡頭可以看到可供拾取的物體，並將其傳送到使用者的電腦螢幕上，操作者看到機器人要撿起的物體時，大腦會感到「驚訝」，此時電腦透過電極帽子檢測到這種「驚訝」的大腦活動模式，並將其傳回給機器人，然後機器人繼續拾取選定的對象。這個實驗雖然不複雜，但證明了人類如何使用大腦訊號來控制機器人。還有，大腦訊號的技術是非侵入性的，但這意味著我們只能從頭部表面的感測器間接獲取大腦訊號，它並不需要對人腦植入任何裝置，不會造成身體的任何傷害。

想要完成更為複雜的意念控制，還需要在電子生物方面更進一步，開發更為複雜的腦機介面。Neuralink 是矽谷鋼鐵人馬斯克創辦的在特斯拉汽車公司和 SpaceX 航天公司之外的另一家公司，這是一家研發腦機介面（Brain-Computer Interface，BCI）技術的公司。腦機介面在大腦與外部環境之間建立一種全新的不依賴於外周神經和肌肉的交流與控制通道，從而實現大腦與外部裝置的直接互動。腦機介面技術被稱作是人腦與外界溝通交流的「資訊高速公路」，它為恢復感覺和運動功能以及治療神經疾病提供了希望。當然，它也可以實現人類對自身的改造，讓人類大腦「更新」，成為超級人類。美國匹茲堡大學物理醫學與康復學助理教授 Jennifer Collinger 認為：馬斯克試圖在醫療技術這一困境領域中開展真正的「顛覆性創新」（Disruptive Technology）。

2020 年 8 月，馬斯克透過線上直播展示了三隻實驗的小豬。其中一隻被稱為 Gertrude 的小豬被植入晶片裝置已有 2 個月，它的生活品質並未受影響 —— 根據現場直播的情況來看，小豬的狀態不錯，它在跑步機上運動時，其大腦訊號可被實時收集到，腦電路圖對於小豬行為軌跡的預測和實際值非常相似，如圖 8-1（a）所示。

2021 年 4 月，Neuralink 對外釋出了新的影片。影片中，一隻名為 Pager 的 9 歲獼猴僅用其大腦就能控制游標在螢幕上移動，玩起「意念乒乓球」（MindPong）遊戲，如圖 8-1（b）所示。這麼神奇的事，Neuralink 是如何在猴子身上做到的呢？最初的時候，獼猴腦部的運動皮層被植入了 2 個電極陣列，這時獼猴使用控制桿來與電腦互動，並透過金屬吸管品嘗美味香蕉奶昔獲得獎勵。電極陣列可以記錄獼猴使用操縱桿玩乒乓球遊戲時的神經活動。這些數據每 25 毫秒透過藍牙傳輸到解碼軟體，解碼軟體建立了神經模式與猴子預期動作之間關係的模型。有些神經活動可能與操縱桿的向上運動有關，而另一些則可能表示桿的向下運動。隨著時間的推移，解碼軟體可以僅僅根據大腦活動預測運動的方向和速度。後來，科學家們撤掉了操縱桿。可以看到的是，僅透過大腦活動和解碼軟體，獼猴就可以控制游標，在螢幕裡繼續玩乒乓球遊戲。這個實驗雖然只是在部分動物身上獲得了成功，但給出的啟示卻是驚人的：只要我們從腦中讀出相應的資訊，就可以直接控制周邊的環境，「心靈操作」成為現實。例如召喚你的特斯拉不再需要走過去，也不需要開啟手機 App，只是在心裡一想，車就會自動開到離你最方便駕駛的地點。當然手機就更不需要接觸了，你動動意念，手機就會按你的需要進行操作。這一切聽起來很科幻，但正在一步步成為現實。

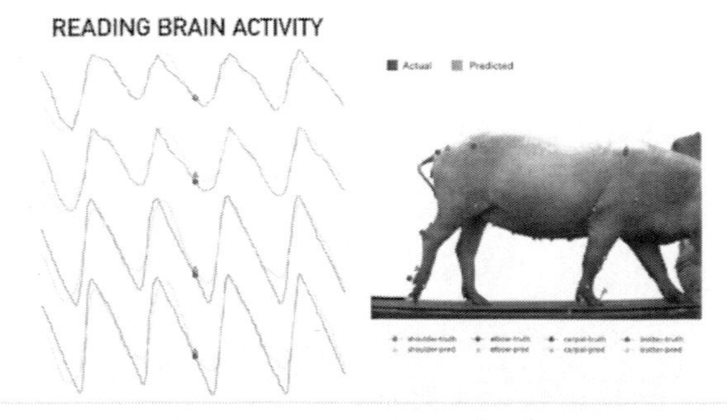

(a) 實時讀取植入晶片的豬腦的活動資訊

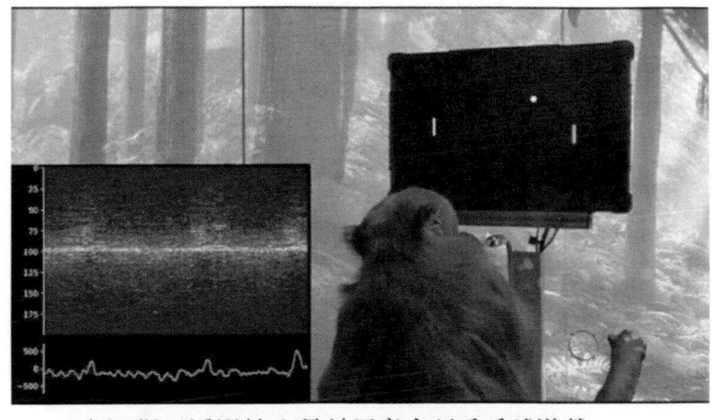

(b) 猴子透過植入晶片用意念玩乒乓球遊戲

圖 8-1 腦機介面實驗
資料來源：Neuralink

Neuralink 的實驗引發了很多爭議，即使不說倫理問題，也有諸多挑戰。首先是動物保護主義者的憤慨與指責，其次是諸多科學家對訊號處理能力在腦科學方面的學術貢獻不屑一顧，因為動物腦與人腦完全是兩碼事，人腦複雜的認知系統遠不像動物那樣簡單與笨拙。再者，腦機介面也帶來了人腦與生命健康、電子病毒入侵等新奇問題。但科技就是這麼有魅力，大膽的跨界創新實踐對於人類社會發展的貢獻是巨大的。在先進製造業，我們正需要太多的像馬斯克這樣的思想實踐家。

在 Neuralink 之外，被 Facebook 收購的 CTRL-Labs 已經實現了捕捉肌電訊號與腦電訊號，並完成裝置控制。CTRL-Labs 已經把該技術用於筆記型電腦控制，能夠在沒有任何動作的情況下操作滑鼠和鍵盤。在併入 Facebook 的虛擬實境部門後，未來其能夠把腦機介面技術與 Oculus VR 結合，最佳化使用者體驗並減少 VR 所需的活動空間。中國在侵入式腦機介面較為領先的研究機構包括中國浙江大學和北京腦科學與類腦研究中心的團隊。2020 年初，浙江大學附屬醫院就完成了國內首例 Utah array 電極植入，幫助病人實現日常生活行動。

8.1.2 歐美未來科技預測及策略

2021 年，美國銀行策略師釋出的一份「登月計畫」公布了 14 大未來顛覆式科技。14 大科技分為四個類別，分別是運算科技、超級人類科技、消費科技與綠色科技。運算科技不同於電腦科技，電腦科技自 1946 年世界第一臺電腦問世就誕生了，而運算科技是在 AI 有了足夠算力和算數的前提下才得以蓬勃發展的。如圖 8-6 所示，在運算科技領域，下一代的科技包括 6G 通訊、情感 AI（Emotional AI）、腦機介面（Brain Computer Interfaces）；在超級人類科技方面，包括仿生人（Bionic Humans）、長生不老（Immortality）、合成生物學（Synthetic Biology）；消費科技方面包括無線電力（Wireless Electricity）、全像技術（Holograms）、元宇宙（Metaverse）、飛行汽車（eVTOL）；綠色科技方面包括海洋技術（Oceantech）、新一代電池（Nextgen Batteries）、綠色礦業（Green Mining）、碳收集和儲存（Carbon Capture & Storage）等。報告認為這些科技目前價值 3,300 億美元，到 2030 年價值將達到 6.4 兆美元。

運算科技	超級人類科技	消費科技	綠色科技
6G	仿生人	無線電力	海洋技術
情感AI	長生不老	全像圖	新一代電池
腦機接口	合成生物學	元宇宙	綠色礦業
		飛行汽車	碳收集和儲存

圖 8-6 14 種顛覆式創新科技
資料來源：美國銀行

2021 年 3 月 9 日，歐盟委員會在 2020 年推出《數位市場法》和《數位服務法》的基礎上，正式釋出了《2030 年數位指南針》（*2030 Digital Compass*）規劃，提出數位化轉型最新目標，旨在提升歐洲企業和公共服務的數位化程度，改善歐洲人的數位技能，並更新數位基礎設施。2030

年數位化轉型的最新目標：攻克 2 奈米先進製程，將其在世界晶片市占率擴大一倍，5 年內製造首臺量子電腦，人口密集區實現 5G 全覆蓋。並承諾在當前 10 年內投入 1,500 多億美元發展下一代數位產業。圖 8-7 為 2030 年歐盟目標數據與當前基線數據的對比。

無論是哪種未來的科技，都離不開智慧軟體的加持，事實上所有的高科技都是建立在目前的大數據及 AI 的基礎之上。場景是需求、硬體是載體、網路是通訊保障，數位神經的核心 —— 軟體則定義了整個系統的智慧水準。商用軟體也好，工業軟體也罷，軟體定義了如何安全穩健地執行控制，以及如何達到最佳的個性化體驗。

分類		2020年基線	2030年目標
訊息和通訊技術專家數量		780萬人（2019年）	2000萬人
通訊互聯	十億位元網覆蓋率	59%	100%
	5G覆蓋率	14%（2021年）	全部人口密集地區
半導體	全球產值占比	10%	20%
邊緣／雲端	氣候中性高度安全邊緣節點	0	10000
量子運算	有量子加速功能的電腦數量	0	到2025年有第1臺
數位技術	雲端運算、大數據、人工智慧等領域的企業數量	雲端運算：26% 大數據：14% 人工智慧：25%	75%
數位「晚期採用者」	達到數位強度平均水準的中小企業數量	60.6%（2019年）	90%以上
創新企業	獨角獸數量	122（2021年）	244
關鍵公共服務	覆蓋公民及企業占比	公民：75/100 企業：84/100	100%
政府平臺	可訪問醫療記錄的公民占比	0	100%
	可使用數位身分證的公民占比	暫無基準	80%

圖 8-7 2030 年歐盟目標數據與當前基線數據的對比
資料來源：歐盟《2030 年數位指南針》

8.2 半導體智造的遠景方略

8.2.1 半導體未來十年發展與挑戰

2022 年畢馬威的《全球半導體行業展望》顯示，95%的半導體行業領導者預測其收入將在未來幾年成長，34%的領導者表示將成長 20%以上。為了更好地響應客戶需求，領導者更多地關注終端市場，例如汽車、通訊等。然而，56%的人預計該行業的短缺將持續到 2023 年。這就是為什麼 60%的領導者會在未來 12 個月內對他們的供應鏈進行變革。無線通訊、汽車和網際網路預計將在未來幾年為大量的公司帶來營業額的成長。這意味著應優先考慮培養人才和留住人才，使供應鏈更加靈活並進行併購。

就如同摩爾定律並非只是對一種技術的迭代規律做出假設，它更是對半導體所能產生的運算能力對應的市場擴大做了一個判斷，即市場需求不斷推動技術更新，而技術更新的成果又不斷推動了社會進步，產生了近 60 年以來的正向循環規律，這樣年復一年，算力已提升兆倍。

未來十年，半導體技術的突破依賴兩個維度：內部整合最佳化與外部跨界拓展。內部整合最佳化是指基於整體解決方案的最佳化，包括材料、結構、儀器、電路、架構、演算法、軟體和應用，這是透過軟硬體一體化的最佳化來實現的，也就是說透過這些要素更好地結合，就能產生新的創新與突破。外部跨界拓展是透過互相關聯的多學科學研究究實現突破，包括電子工程、生物科學、化學科學、物理科學、材料科學、神經科學、電腦工程、機器學習、電腦科學等。生物電子學就是半導體與神經科學的結合，而前文提及的超級戰士是半導體與物理科學、化學科學、神經科學、電腦科學等多項學科的跨界研究與突破。

半導體的快速發展使巨量數據得以產生，但是，半導體卻無法按人們的需求足夠好地完成所有數據的處理，就好比一艘噸位不斷更新的漁船，越是擁有更大的捕撈能力，越是無法立即烹飪好所有捕獲的海鮮一樣。現在，人們需要半導體技術再次進步來管理巨量數據，需要對數據進行匯聚、遷移、儲存、運算並轉換為終端使用者資訊。

半導體的一路蓬勃發展也帶來了新的困惑與挑戰。人類感知世界的聲音、色彩、味道都是透過模擬形式的輸入發生的，而不是對 1 或 0 的理解，那是電腦底層一個個電晶體透過開合完成的工作。類比電子學幫助我們處理現實世界中多種形態的連續可變訊號（與數位電子學相反，數位電子學的訊號通常是標準形狀，只有 1 或 0 兩級）。如圖 8-8 所示，類比電子學領域包含了多個維度，包括物理世界的介面、通訊、運算、數據轉換、解釋、控制、能量等。為了讓人類更好地感知世界，需要在外部世界和機器之間提供介面並提供生物啟發的解決方案，這些介面能夠基於超壓縮的感測能力和低操作功率來感知和推理。物理世界本身就是模擬的，而「數位社會」對先進的類比電子技術提出了愈來愈高的要求，以實現物理世界和電腦世界之間的互動。元宇宙將成為人類與外部物理世界有效互動的方法，包括 AR、VR、MR、ER 等，這些新的基於 3D 的立體體驗都需要更龐大的算力及演算法，這就需要在更多的數據、更好的體驗與更有效的感知之間做出最佳化的設計和選擇。

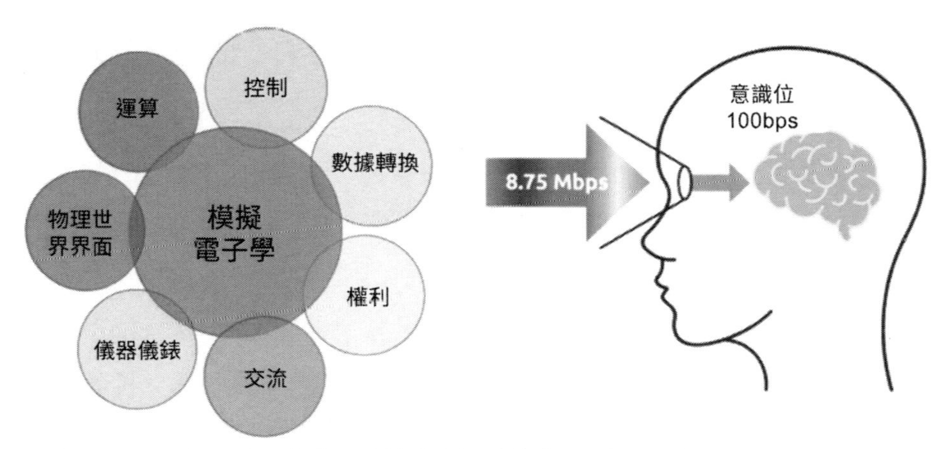

圖 8-8 人類對物理環境產生訊號的感知只有外部資訊的 1%
資料來源：Semiconductor Research Corporation

人類感知和捕捉的數據量看似十分龐大，但對於外部的物理世界來說只是冰山一角，其理解的能力是非常有限的。未來的類比電子技術有巨大的機會，可以增強人類的感官系統，這預計將產生重大的經濟和社會影響。世界產生模擬數據的能力將成長得更快，這種情況在不久的將來會愈來愈嚴重，屆時來自我們生活以及物聯網感測器的數據可能會造成模擬數據的泛濫。

對於許多實時應用，數據的價值是短暫的，有時只有幾毫秒。數據必須在這個時間範圍內被利用，而且在很多情況下，出於延遲和安全的考慮，必須在本機利用。因此，追求資訊處理技術的突破性進展（如開發能夠從原始感測器數據中理解環境的分層感知演算法）是一項基本要求。在輸入／輸出邊界收集、處理和通訊模擬數據的能力，對於未來的物聯網和大數據世界至關重要。為了滿足未來的感測和通訊需求，需要將模擬技術推進到太赫茲系統。

綜上，未來半導體和資訊通訊技術的顛覆性轉變的五個技術方向如下：

- 智慧感測改進 —— 應對氾濫的模擬數據，需要在模擬硬體方面取得根本性的突破，以產生更智慧的介面，使其能夠感知、覺察和推理。
- 記憶體和儲存突破 —— 記憶體需求的成長將超過全球矽的供應，需要發現新的儲存系統和儲存技術，開發新興的儲存器／儲存器結構，其儲存密度達到目前的 10 ～ 100 倍。
- 通訊強化 —— 開發智慧和靈活的網路，有效地利用頻寬，使網路容量最大化。
- 安全提升 —— 需要在硬體研究方面取得突破，以應對高度互連的系統和 AI 中出現的安全挑戰。例如，打造值得信賴的 AI 系統、安全的硬體平臺，以及新興的後量子和分散式加密演算法。
- 能源效率提高 —— 不斷上升的運算能源需求與全球能源生產相比，正在產生新的風險，需要設計和建立具有全新運算軌跡的架構，達到比目前能提升百萬倍的能耗改善。

8.2.2 半導體智造方略

每個半導體製造機構都需要將智慧製造，納入其整體策略計畫，智慧製造策略可以讓廠商在競爭中獲勝，實現高可靠、高良率和高產能。在此，我們將探討其中一些新技術的方法及應用，包括數位對映、完全整合 MES 與排程、簡約連貫的過程控制、透過高級分析技術獲得洞察及數位化主線。

1. 數位對映

作為一個包含物理系統所有資訊的虛擬系統，數位對映的概念大約是在 2002 年首次被提出應用於製造業。相對於靜態的模型，數位對映透過虛擬檢視可以獲得對產品、生產和效能的更全面的資訊。對於晶圓工廠而言，數位對映設施作為建築物和設施系統的虛擬數位模型，是非常關鍵的元素。從晶圓工廠廠房設計開始，到建造過程中的開發和維護，數位對映設施即開始持續收集、處理和響應實時數據，模型可以反映出從投資階段到結束時的竣工建設狀態，並連線到其他系統，例如製造執行系統（MES）、企業資源規劃（ERP）系統和核心設施監控系統（FMCS）。FMCS 可以監控和維護所有設施系統和功能，並保障其穩定可靠執行。除了 FMCS，數位對映設施還接受和處理來自其他物聯網感測器的數據，並在輔助智慧 FMCS 模組中運用實時專家決策和行動的高級分析方法。

在晶圓的製造過程中，兩個重點指標是良率和產能。先進的裝置從供應商那裡得到的是一個 3D 模型，工程師們通常也會有他們開發的模型來模擬生產線或流程，這些都可以構成模擬工藝、生產流程和結果的基礎。數位對映產品、生產、效能相互支援，以獲得洞察和持續改進，如圖 8-9 所示。

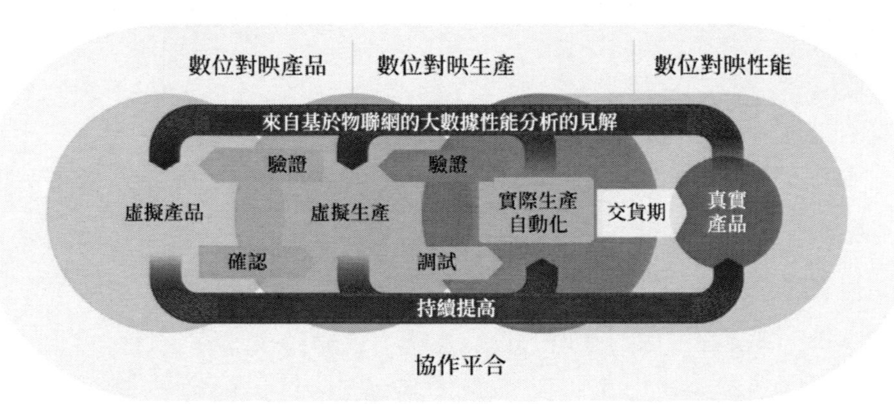

圖 8-9 數位對映產品、生產、效能相互支援，以獲得洞察和持續改進
資料來源：SIEMENS

對照正在執行中的工廠，透過數位對映進行模擬也很有用。隨著材料、產品、產品組合或客戶對引數要求的變化，數位對映可以幫助最佳化新的裝置設定和標準操作程式。這些模擬也可以加速新產品的引進，並提供快速從原型到全量生產的能力，以達到應有甚至超額的產量。

2. 完全整合 MES 與排程

與手工排程相比，與 MES 的整合排程也是智慧製造的重要工作。半導體市場的競爭向來激烈，隨著產品組合的成長和利潤的壓縮，有限的生產排程對半導體公司來說愈來愈重要。這種細緻的排程水準逐漸超出了基本的生產計畫所能承受的極限。圖 8-10 列出了產線在執行一個班次時所需要知道的諸多問題。相對於左邊傳統的計畫排程，右邊的智慧製造排程具有準時的流程和明智的資源使用計畫。

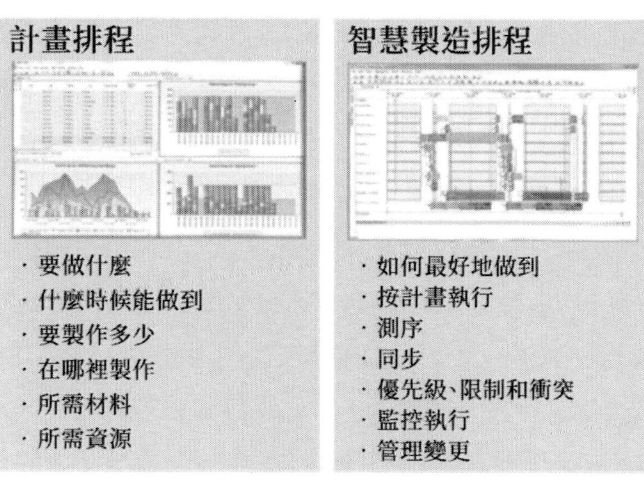

圖 8-10 傳統計畫排程與智慧製造排程
資料來源：SIEMENS

排程和 MES 完全整合，創造了一個不斷更新的環境，在資源限制下，每個工作站接下來要做什麼。使試執行和試產安排在風險最小的生產延遲執行之中。對於大多數公司來說，這將需要新的軟體來實現。傳統的獨立排程系統和舊的 MES 不提供這種水準的整合。

3. 簡約連貫的過程控制

正如大多數傳統 MES 的使命是生產自動化一樣，其平臺的目的是維持 365 天 ×24 小時的不間斷穩健營運，這些 MES 原本並不是為了今天的智慧製造系統而設計的，因此在處理大數據和 AI 方面捉襟見肘。如果一定要增強其智造功能，顯然對於鐵板一塊的 MES 來說是增加了額外的風險，而可能導致生產製造的波動和不穩定，因此沒有太多半導體廠商願意冒著風險去嘗試。

MES 由於其複雜性，在經歷漫長的除錯獲得穩定效果後並不可能經常更換。那麼傳統 MES 如何發揮出智造的能力呢？這是半導體廠商及其供應商共同面臨的挑戰。在沒有新的 MES 替代之前，需要與智造體系相結合。當然，這種整合併不需要在一個系統中完成所有的任務，而是可以在兩個平行的平臺進行無縫銜接，使原有系統發揮出超強功能，透過整合實現對複雜的工藝流程進行建模與分析。

對於新廠來說，情況要樂觀一些。新一代 MES 可以對複雜的工藝流程進行建模，這不僅簡化了對生產本身的支援，也簡化了對關鍵輔助過程的支援，如管理規格、配方、掩膜和工具。先進半導體 MES 還支援品質流程，如統計流程控制（SPC），以及執行和跟蹤新產品或流程改進的實驗批次的功能。理想情況下，所有這些都是可重複使用的工作流程，由 MES 集中儲存和管理。如果所有這些都具有中央變更管理功能，那麼流程變更就可以推廣到每個工廠或生產線。在這種情況下，MES 為智慧製造提供動力，使公司能夠在任何地方設計和製造。有了核心 MES 中固有的工藝、品質和變更管理水準，每次都能可靠、穩定地製造出低缺陷的晶片和封裝產品就更容易實現。

4. 透過高級分析技術獲得洞察

智慧製造的生產要素是數據，需要基於數據獲得新的洞察。半導體裝置收集了大量的數據，MES 可以把製造流程中任何兩點之間的任何測量值，與其他測量值連繫起來，為良率異常提供寶貴的洞察，這很重要，但依然不足以發現細枝末節的問題，因為這些數據通常有一兩個主要的來源。大數據之「大」不能完全理解為數據的多少或數據的數量和速度，更是指數據的品質，品質代表多樣性和可靠性。實施工業網際網路（IIoT）的廠商，往往能夠從內部機器感測器以及舊裝置中獲得更豐富的數據流。除了製造本身，在商業競爭中對於產品定價和成本控制亦是如此。

Gartner 將高級分析定義為「使用複雜的技術和工具對數據或內容進行自主或半自主的檢查，通常超出傳統商業智慧（BI）的範圍，以發現更深入的洞察，進行預測或產生建議。高級分析技術包括數據／文字挖掘、機器學習、模式匹配、預測、視覺化、語義分析、情感分析、網路和集群分析、多變數統計、圖形分析、模擬、複雜事件處理、神經網路等」。按此定義，半導體廠商需要建立新的分析方法，與傳統方法相比，需要先弄清需要什麼數據而不是有什麼數據。如圖 8-11 所示，顯然高級分析是基於一般商業邏輯的方法而不是基於純技術路徑的方法，正如數位化轉型與智慧製造有其本身的願景和目標，要實現它們必須藉助數據科技與運算科技，而不是倒過來看有什麼數據然後做出什麼決策。數據是客觀存在的，但對於決策來說，已有的數據未必是全面的、正確的，高級分析強調企業主觀的意願與決策，智造只是一種手段。

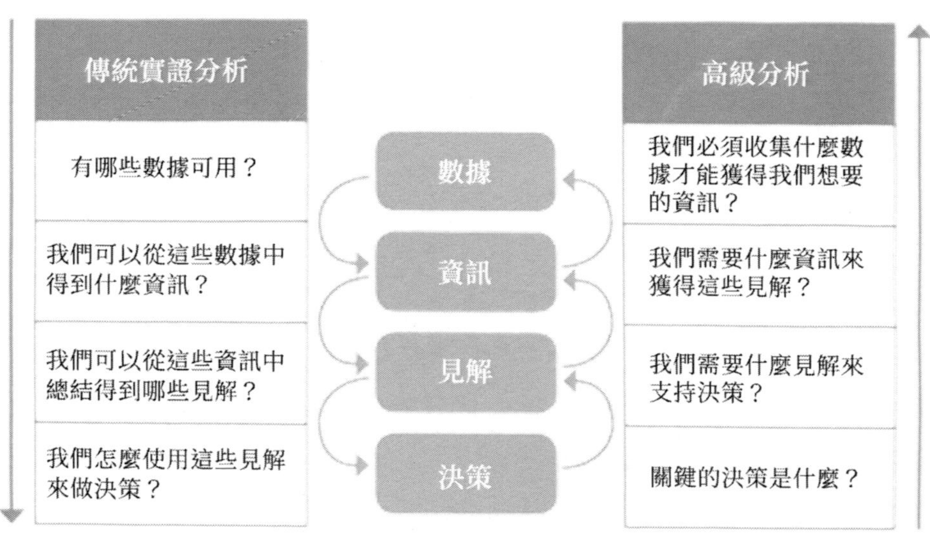

圖 8-11 傳統實證分析與高級分析
資料來源：McKinsey & Company

高級分析技術的兩個典型應用場景包括預測性維護與預測工藝故障：

- 預測性維護。半導體廠商使用大數據和高級分析技術來提高裝置的可用性，從而提升產能和良率。既需要機器內部的數據，也需要整條產線甚至整個工廠中的機器之間的數據。
- 預測工藝故障。透過精心設計薄膜沉積過程失敗的分析方法，可以防止重大的產能損失。

5. 數位化主線

對於半導體廠商來說，建立數位化主線來「消滅」系統和數據孤島從而連線數據是必經之路。通常情況下，這些數據跨越了產品生命週期的多個方面，需要橫向和縱向整合。當數據在各種資訊技術和營運技術系統之間流動時，公司可以創造新的、更全面和更有用的資訊流。

8.2.3 面向未來的工業 4.0 晶圓工廠

面向未來的晶圓工廠，不僅僅需要在工廠建造後進行數位化的轉型，還需要未雨綢繆，在新廠建造之前就利用數位技術。盡量很多晶圓工廠在建廠之前確實使用 CPS 或 DT 技術來進行模擬模擬，但通常只是用在大的規劃和設計，不同的廠商都提供自己專有的智慧技術，並聲稱符合行業的通用標準並能與其他所有的系統完美相容，除了這些額外的臨時專案需要付出巨大的綜合建設成本外，出於安全保密和綜合複雜性的原因，晶圓工廠主體的數位化部分必須由自己來引領，沒有供應商會知道工廠營運之後面臨的商業挑戰，會以怎樣的方式具體營運，也不知道為了良率爬坡和挖掘產能需要採集多少數據、進行哪種方式的處理。本節提供了一個規劃地圖作為參照，它有助於從長遠的角度來審視規劃與設計的可行性與合理性。對於經營多年的老廠來說，同樣可以對照這樣的智造規劃地圖來找到自己的提升領域。

圖 8-12 展示了工業 4.0 晶圓工廠的智造規劃地圖，以一個總體的製造合作塔為中心，在建造、營運和維護階段最佳化端到端的價值鏈，使工廠釋放出所有的商業價值。

1. 智慧建廠

正確的數位對映和數位主線策略為工廠開啟了廣闊的機會。數位主線連線了晶圓工廠營運的整個價值鏈 —— 從氧化和鍍膜到蝕刻和金屬化的過程，這反過來又為開發晶圓工廠的數位對映創造了基礎層。透過對實際工廠環境的數位建模和模擬，數位對映體可以在虛擬環境中建立和除錯工廠的流程和系統，並將從這些練習中獲得的知識轉移到將來的實際執行中。此外，虛擬工廠模擬和生產計畫可以幫助改善整個生產設施的材料流規劃，精確檢測製造動態瓶頸，提高良率，並最佳化能源消耗。裝配作業模擬可以幫助建立和最佳化機器人路徑和製造裝置的有效安置。生產過程中直到真正的控制器層，都可以使用數位對映進行建模、模擬和驗證，以監測、控制和最佳化相關機器、生產單元和產線的互動。基於數位對映和機器學習的規劃工具可以幫助建立和最佳化工廠現有的設計，更重要的是，它可以基於專案不斷累積的數據、各方訂製化需求的變化甚至跨行業的最佳實踐，對規劃的細節作出實時的調整，而這種調配對於各方來說是可見的，例如效能指標、工藝要求、地點和預算、人員等。

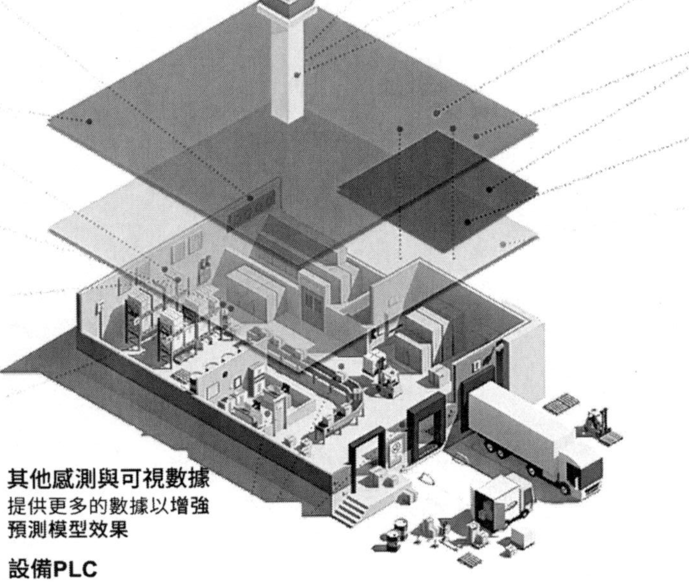
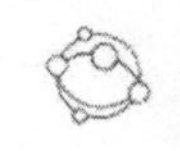
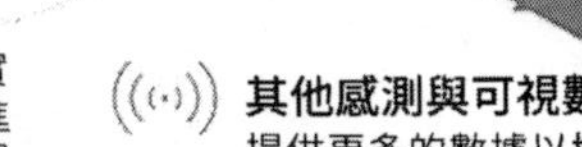

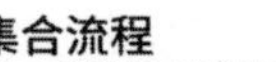

圖 8-12 工業 4.0 晶圓工廠的智造規劃地圖

資料來源：Accenture

2. 智慧運維

將數位技術賦予營運和維護，可以釋放出巨大的利益。智慧營運和維護的一些關鍵數位解決方案包括：透過雲端運算和數位對映來實現靈活的生產與營運。雲端運算技術對半導體行業來說並不陌生。這個提供數位化轉型硬體底座的行業已經幫助其他很多行業成為今天的主要顛覆者，而對於自己的數位化提升來說也是必不可少。然而，由於廠商在採取雲技術時對安全或創新能力的擔憂，其進展的速度並不樂觀。隨著企業級的、安全的、訂製的、成熟的雲端運算解決方案的出現，晶圓廠正接受並擁抱雲端運算，以實現靈活的、不受地點限制的、更智慧的製造。雲端可以在價值鏈中給需要的相關方提供足夠的透明度，增加可視性以及運算資源的服務指標。在雲端上對關鍵業務指標進行實時數據訪問和分析，可以提升資源效率和成本管理。透過建立綜合的管理平臺來支援雲端運算的智慧工廠，可以明顯提高在製造執行中關於製程成熟度、生產效率、站點效能及原材料管理等方面的決策速度與品質——以實現最終製造的自動化，包括配置的迭代、布局和線路，並最大限度地提高良率。工廠利用雲端儲存將不同地點的業務流程標準化，分析數據並將資訊實時提供給供應商和供貨商，以便進行更具洞察的生產和效能分析。先進的分析和 AI 允許解釋和連線雲端上的製造工廠，以幫助提供相關的產品和工程見解，以改善產品開發和製造品質。在新產品開發中，以數位對映技術為主導的現實模擬和測試可以更早地在設計階段提供有用的資訊，從而最佳化半導體材料的構成與組合、整合和先進的封裝。透過對產品和生產過程的實時虛擬建模，數位對映還能深入了解高成本半導體裝置、產品和生產環境的狀況。虛擬測試和模擬可以提高整體裝置效率，以及加強資源和維護管理。最後，用於晶圓廠營運和維護的虛擬生產模型有助於最佳化良率、產量、品質和成本，加快週轉時間。

3. 工業 4.0 晶圓工廠的打造攻略

面對前所未有的巨大挑戰和重大發展機會，領先的半導體公司已經開始認識到成為「未來工廠」的重要性。實現「未來工廠」轉型所需的八個關鍵板塊包括：

- 數位工程：數位對映和數位執行緒、模組化生產線及其在未來工廠中的作用。
- 智慧工廠：透過雲端運算和數位對映實現靈活的生產和營經營。
- 端到端品質管制：用於自動檢測缺陷和提高品質。
- 預測性和規範性運維：以提高資產正常執行時間和資產生命週期。
- 使用 ERP、MES 和其他關鍵系統：從整合流程中獲得智慧見解。
- 製造業可持續性：適應環境、社會和治理的生態系統。
- 數位製造分析：對關鍵半導體製造價值驅動因素進行可操作的見解。
- 中央製造協同塔：在端到端製造和智慧決策中實現無縫可見。

與其他行業的數位策略一樣，未來半導體製造的成功與否通常取決於是否有一個非常明確的商業利益預期。對於成功的製造而言，需要準確定位智慧製造的發力點和起點。在當今高度自動化的情況下，可能很難設想在製造業中什麼可以更智慧。如果是這樣的話，請考慮探索業界領先和成功的公司正在做的事情，比如書中羅列的大量全球晶片製造廠商和晶片生產裝置廠商的智造實踐，看看他們是如何透過智造的更新達成了今天的行業地位。雖然每個製造廠商的起點與現狀都不一樣，但不影響我們從中揭示一些富有創意的想法。

8.2.4 5G 在半導體領域的前瞻性應用

隨著 4G 網路的成熟，行動技術正朝著下一代 5G 網路發展。5G 技術不僅可以實現更寬的傳輸頻寬，還可以實現更低的網路延遲、與大量節點裝置的即時連線。5G 的關鍵特性包括增強型移動寬頻（eMBB）、超可靠低時延通訊（uRLLC）和大規模機器類型通訊（mMTC）。5G 的到來將推動智慧製造領域的諸多潛在應用。

與有線通訊或其他使用免許可頻段的無線通訊相比，在智慧工廠中引入 5G 技術的最大優勢，在於實現移動性以及卓越的網路服務品質。此外，5G 毫米波頻譜為智慧工廠提供了必要的網路通行證件，透過提供低時延、高通量的無線連線，充分發揮了自主流程的潛力。柔性製造、更好的預測性維護和更高的生產效率可以在智慧工廠環境中無縫完成。

表 8-2 總結了部分半導體廠商在 5G 領域的前瞻性智慧應用。

表 8-2 半導體廠商在 5G 領域的前瞻性智慧應用

公司	案例說明
三星	• 2018 年，AT&T 和三星合作建立 5G 創新區，以測試 5G 將如何影響製造業並創建未來的「智慧工廠」。創新區將測試幾個可能的應用，包括位置服務、用於維護設備的工業物聯網（IIoT）感測器，以及將 4K 影片用作工廠安全和檢測響應的感測器 • 2021 年，Orange Spain 和三星展示了 5G 和 AI 在一個智慧工廠中控制和分配組件。美國電話電報公司和三星合作，提升 5G 的潛力，以幫助工人進行通訊和保持安全，並增加智慧工廠的經營效益。在韓國，KT 和三星合作創建了智慧製造創新中心，以證明製造工廠如何利用新創意來縮短高品質產品的上市時間。最佳化生產、提高品質和應對新趨勢的動力是智慧工廠的基礎

日月光	2020 年，日月光 5G 智慧工廠在業界首創，由高通公司的毫米波解決方案平臺套件提供支持。日月光高雄工廠確定了三個用於部署的應用：AI＋自動導引車智慧交通、遠程增強現實輔助和 AR 體驗。這些應用展示了 5G 技術的廣泛性和複雜性，將加速智慧製造和自動化的轉型
博世	2021 年，博世和愛立信在歐盟計畫 5G-SMART 中合作並在德國羅伊特林根的博世半導體工廠建立了一個 5G 測試平臺，以探索 5G 如何增強製造應用，重點關注基於雲端的行動機器人和工業局域網。該測試臺採用獨立、非公共、室內 5G 網路部署。測試平臺的目的是展示 5G 如何在真實的生產環境中實現工廠自動化和內部物流。這將透過在工廠生產現場開發和試用支持 5G 的雲端控制自動導引車（AGV）和基於 5G 的工業乙太網等應用來實現
諾基亞	諾基亞利用 5G 網路的低時延和高頻寬能力以及機器學習來改善製造環境中的生產問題，特別是監控和分析裝配線流程。與此同時，愛立信與弗勞恩霍夫生產技術研究所合作，正在使用 5G 技術改進噴氣引擎製造流程，其中高速數據收集用於在不同操作條件下進行實時監控，以更新數位對映操作系統

資料來源：作者基於網際網路資訊整理

2019 年 11 月，Qualcomm Technologies 宣布了一項研究結果，預測到 2035 年，5G 將產生 13.2 兆美元的銷售支援，屆時 5G 的全球價值也將支援約 2,230 萬個工作職位。作為工業 5G 的主要目標之一，智慧製造將透過支援網路物理系統、數位對映、邊緣運算以及在不同經營或生產系統中實施工業 AI 而受益。半導體智造在應用 5G 方面又將走在尖端，因為製程的突破、良率的提升和產能的提高都需要愈來愈多的裝置、工序、算力、算數和演算法，這些龐大的數據都將執行在 5G 之上。

第 9 章

半導體產業展望及工業 4.0 創新

9.1
美國半導體行業組織管理借鑑

9.1.1
SIA 推動美國半導體產業發展

美國半導體產業協會 [112] 至今已有 40 多年的歷史。

SIA 的研究報告《2020 年美國半導體產業概況》闡述了美國半導體數十年領先的祕訣，其五個核心觀點是：

- 半導體產業是全球經濟重要成長領域，全球半導體銷售額從 1999 年的 1,494 億美元增至 2019 年的 4,123 億美元。
- 美國擁有全球近一半的半導體市占率，其他國家半導體產業的全球市場占有率處於 5%～ 19%。
- 亞太地區最大的半導體市場是中國，占亞太市場的 56%，占全球市場的 35%。
- 研發支出對半導體公司的競爭地位至關重要。在過去的 20 年裡，美國年度研發支出占銷售額的百分比已經超過了 10%。這一比例遠高於其他國家和地區。

[112] 美國半導體產業協會（Semiconductor Industry Association，SIA）成立於 1977 年。

➤ 美國半導體的本土產能比其他任何區域都高，2019 年，總部位於美國的半導體企業約 44%的晶圓產能位於美國。

2021 年 3 月，中國半導體產業協會（CSIA）在其官方網站上釋出了一則重量級資訊：中美半導體產業協會宣布成立「中美半導體產業技術和貿易限制工作組」，點明了中美半導體產業技術和貿易限制工作組（以下簡稱工作組）成立的初衷、工作內容、方向以及對話機制和流程。兩國半導體產業協會新型對話管道的建立，從縱向的時間節點上看，是有步驟、有層次的（「經過多輪討論磋商」）；從橫向的時間節點看，它並非是一個孤立事件，而是與中美阿拉斯加高層策略對話的準備期相吻合。非常值得注意的是，這個工作組把兩國協會的資訊共享機製程式化、規則化了：每年兩次會議，分享兩國在技術和貿易限制政策方面的最新進展。根據雙方共同關注的領域，工作組將探討出相應的對策建議，並確定需要進一步研究的內容。

工作組成立的背後原因有兩點，一是中國是美國半導體產業巨大的市場。以 2019 年為例，美國半導體公司在全球銷售額約為 1,930 億美元，其中 36%來自中國。巨大的市場空間讓美國企業無法割捨[113]。很顯然，工作組的成立是在中美複雜的經貿關係下應運而生的，希望中美半導體以及全球半導體產業能夠健康發展。二是美國放寬對中國半導體公司的某些出口限制，並且伴隨著台積電、三星、中芯國際、華虹集團產能的釋放，全球性缺晶片問題有望得到緩解。據高盛最新研究報告顯示，目前全球多達 169 個行業在一定程度上受到晶片短缺的影響，包括鋼鐵行業、混凝土生產、空調製造等。

[113] 黃實、董超，2021，《中美半導體產業技術和貿易限制工作組成立影響分析》。

9.1.2 SEMATECH 推動美國半導體製造

半導體作為技術密集性產業，需要政策加強對良好競爭生態環境的建設。早在 1984 年發表的《半導體晶片保護法》就加強了對智慧財產權的保護，同年的《國家合作研究法》放寬了對研發合資企業的反壟斷限制。基於這兩項立法，SEMATECH（Semiconductor Manufacturing Technology，美國半導體製造技術策略聯盟）於 1987 年 8 月由英特爾和德州儀器等 14 家美國半導體公司和美國政府組成。SEMATECH 是在 SIA 成立 10 年後成立的，具備 SIA 鋪墊好的基礎條件，並且二者都由英特爾發起。

作為一家由美國主導的半導體產業技術聯盟與財團，SEMATECH 當時成立的主要目標是使美國企業重獲競爭力來抵抗日本快速發展帶來的衝擊。在 SEMATECH 的推動下，原本面對 NEC、東芝、日立、富士通等日本半導體企業的猛攻而節節敗退的美國半導體企業，終於不再各自為戰，一向強調政府不干預企業的美國政界也開始積極參與引導產業集中火力。最終多方合力，於 1995 年幫助美國半導體企業重新奪回了世界第一的地位。

SEMATECH 最初由美國國防部提供了價值 5 億美元的財政補貼，1990 年代中期已經獲得成效。1996 年聯盟董事會決定中止財政補貼後，將工作重點從美國半導體產業轉移到更大的全球半導體產業。如今，SEMATECH 旨在振興美國晶片製造行業並重新確立其在全球製造領域的領導地位 [114]，透過增加已完成的半導體研究數量以及使成員公司能夠集中研發資源、分享成果並減少重複來達成共贏。SEMATECH 的會員代表了

[114] Sea Matilda Bez &Henry Chesbrough，2020，*Competitor Collaboration Before a Crisis*。

全球大約一半的半導體生產廠商，此外，SEMATECH 還與裝置和材料供應商、大學、研究機構、財團和政府合作夥伴建立了全球聯盟網路。

正如很多國家在推進半導體產業聯盟發展上會面臨種種困難一樣，SEMATECH 在發起時也面臨同樣的問題，例如，龍頭或先進廠商不會與國內外其他競爭對手共享其技術。但 SEMATECH 在實踐中找到了可行之道。為了促進不習慣於合作的競爭廠商之間的集體行動，SEMATECH 花了大量時間來教育其聯盟成員產業在不充分合作下的嚴重後果。當時，他們猜想美國半導體產業的市占率將從 85%縮小到 20%，原因是日本競爭對手的崛起，這些競爭對手開發了卓越的工藝和製造技術，從而生產出更高品質的半導體晶片。SEMATECH 強化了半導體產業對美國技術領先地位至關重要的共同緊迫感，並將這種緊迫感轉化為行業和組織的文化。SEMATECH 的技術人員確定了重要的目標，例如減少電路線寬以減小晶片尺寸，或努力減少晶片量產的缺陷，並研究解決這些問題的最佳方法。當然，解決這些問題需要研發經費，這自然涉及對晶片製造裝置廠商的資助。SEMATECH 創造了一種「命運共同體」的意識，強調為了透過共生而改變世界競爭格局的重要性和必要性 [115]。

SEMATECH 在推廣聯盟文化的初期，選擇讓行業領袖作為其領導者。英特爾創始人 Robert Noyce 是第一任總裁兼 CEO；快捷半導體前總經理 Charles Sporck 被稱為「SEMATECH 之父」。他們投入時間和精力來建立聯盟。與業內如此受人尊敬的個人的合作機會吸引了會員並產生了更大的承諾。SEMATECH 的領導者沒有要求技術專家分享知識以制定通用技術標準，而是建立了標準的第一個版本，並要求技術專家對其進行批評和改進。

[115] Robert D. Hof，2011，*Lessons from Sematech*。

SEMATECH 制定了自下而上的規劃流程並組織了一系列研討會，以建立技術開發活動的共享路線圖。該路線圖旨在讓半導體公司及其材料和裝置供應商了解製造下一代晶片所需的任何可能的新技術。任何組織都可以使用路線圖來制定自己的發展計畫、優先投資或討論技術趨勢。根據第一個路線圖，最初的 14 家成員公司中有 11 家同意在第一個五年期結束時擴大其在 SEMATECH 的成員資格。該路線圖非常成功，更新路線圖是 SEMATECH 面對新行業機遇和挑戰的一種方式。

SEMATECH 聯盟專注於通用工藝研發（相對於產品研發）。根據 Spencer 和 Grindley 的說法：「這個議程可以使所有成員受益，而不會威脅到他們的核心專有能力。」在成立之初，SEMATECH 購買並試驗了半導體製造裝置，並將技術知識轉讓給其成員公司。Spencer 和 Grindley 指出：「中央資助和測試可以透過減少公司開發和驗證新工具的重複工作來降低裝置開發和引進的成本。」自 1990 年以來，SEMATECH 的方向已轉向「分包研發」，以資助半導體裝置廠商的形式開發更好的裝置。這種新方法旨在支援國內供應商基礎並加強裝置與半導體廠商之間的連繫。透過改進半導體裝置廠商的技術，SEMATECH 增加了對非成員產生的溢位效應。這些溢位效應是國際範圍的，SEMATECH 成員可以與外國合作夥伴建立合資企業，裝置廠商可以向外國公司出售。

市場研究機構 VLSI Research 的 CEO G. Dan Hutcheson 表示，在 SEMATECH 之前，為了實現新一代晶片小型化，需要多花 30% 的研發資金。在 SEMATECH 出現後不久，這一比例降至 12.5%，此後降至個位數的低位。

作為一個財團，SEMATECH 在章程確定：SEMATECH 不得從事半導體產品的銷售，也不設計半導體，也不限制成員公司在財團之外的研發支出。其成員向財團提供財政資源和人員，成員需要貢獻其半導體銷售收入的 1%，最低貢獻為 100 萬美元，最高為 1,500 萬美元。在 SEMATECH 的 400 名技術人員中，約有 220 名是成員公司的外派人員，他們在德克薩斯州奧斯汀的 SEMATECH 工廠工作了 6 ～ 30 個月。早在 2000 年前，英特爾即表示每年在 SEMATECH 的投資約為 1,700 萬美元，但其透過提高良率和生產效率節省了 2 ～ 3 億美元[116]。SEMATECH 已成為行業和政府如何合作恢復製造業或幫助啟動新製造業的典範。2008 年成立的國家先進交通電池製造聯盟就是在 SEMATECH 的模型上設計的。

SEMATECH 不可能解決美國半導體產業所面臨的所有問題，它的重點是致力於搭建工藝廠商和裝置供應商的橋梁。隨著半導體技術的不斷提高，製造工藝日趨複雜，SEMATECH 需要拓寬其研究領域，例如整合製造技術、模擬積體電路的精益生產等。一旦 SEMATECH 的研究超越了製造技術而深入到半導體技術的最尖端，各成員公司關於技術路線的分歧就會愈來愈大，這也是 SEMATECH 當年所面臨的挑戰。2015 年，SEMATECH 與紐約州立大學理工學院合併，也宣布了自己的解散。雖然 SEMATECH 解散了，但隨著全球晶片戰愈演愈烈，美國更多的半導體聯盟又誕生了，如晶片四方聯盟（Chip 4）、Miter Engenuity 半導體聯盟等。組織名稱變了，成員卻類似。

[116] Douglas A. Irwin and Peter J. Klenow Authors Info & Affiliations，1996，*SEMATECH: Purpose and Performance*。

9.2 半導體工業 4.0 轉型中的關鍵管理

9.2.1 數位化冠軍企業轉型的策略定位

2016 年，世界經濟論壇在釋出的《產業的數位化轉型》白皮書中提出：為了在破壞中生存並在數位時代茁壯成長，現有企業需要成為數位企業，重新思考其業務的每個要素。一個真正的數位化企業不僅僅是使用新技術，真正區分並賦予數位企業競爭優勢的是其文化、策略和營運方式。數位化企業不斷努力實現以敏捷業務流程、互聯平臺、分析和合作能力為基礎的新型精簡營運模式，從而提高公司的生產力。數位化企業不懈地尋找、辨識和開發新的數位業務模式，始終確保客戶和員工處於一切的中心。數位化的企業需要建立四個主題：數位化的商業模式、數位化的營運模式、數位化的人才與技能、數位化牽引力的指標體系。現有企業需要將自己轉變為數位企業才能蓬勃發展，而這種轉變比僅僅投資於最新的數位技術要深刻得多。

斯隆管理學院的科學家喬治．韋斯特曼（George Westerman）基於全球 400 多家公司的研究認為，數位策略是由數位管道引導和支援的商業策略，它是整體策略的一部分。因此，一家企業的數位化策略可能是提供最新的線上支付選項，而另一家企業的數位化策略可能是採用數位化工具來簡化營運並削減成本，這顯然取決於商業的本質。正處於第四次工業革命中的數位冠軍企業的領導者們，正帶領著團隊，專注於復原力、顛覆性技術、遠端工作、自主營運、可持續性、循環經濟、氣候變化和其他關鍵業務層面的目標。這裡多少都涉及機器學習、增強現實、機器人、數據管理、自主營運、物聯網或其他核心轉型技術。數位冠軍企業獲得領先的地位，是因為他們採取了一種策略方法，將數位技術整合到整個價值鏈中。

哈佛商學院的桑尼爾·古普塔（Sunil Gupta）教授在經過大量的案例研究後，給出了類似的觀點：取得變革性成果的領導者是因為他們全力以赴地投身於數位化。他們不會將數位策略與整體策略分開。相反，他們以數位第一的心態進行領導，並確保他們的數位策略貫穿於組織的各個方面。數位化轉型是一個系統化工程，系統化工程的總體是透過強化核心競爭優勢來創新，其領導力框架通常包括四個管理維度共十二項管理內容，如表 9-1 所示。

有了數位化轉型的策略定位與思維，公司生產和向市場提供服務的核心商業模式可以向新的商業模式轉變，這些模式可以更充分地利用認知分析、數位對映、預測技術或其他技術，使公司能夠擴大他們的世界觀（半導體產業的全球化分布）與產業觀，將打造卓越的競爭力作為目標，從而超越生產效率，進入一個更具活力、反應迅速和靈活的商業模式。

表 9-1 數位化領導力框架

管理層面	管理內容	含義	典型代表
重新設想業務	邊界與範圍	• 企業所處競爭領域的動態邊界 • 在業務範圍內的競爭規則 • 透過什麼來保持競爭優勢	亞馬遜、蘋果、高盛
	商業模式	• 技術革命帶來的商業模式變化 • 從對方的經驗中學習演變	
	生態系統	• 競爭思維的改變 • 競爭對手也是合作夥伴，或者是「朋友」	
重新評估價值鏈	研發	數位技術創新了研發模式	通用電氣、寶潔（開放式創新）
	經營	透過新技術來提高生產力，減少故障率	西門子
	全通路	新技術對行銷的顛覆	旅遊行業、汽車行銷
重塑新的組織	組織轉型	過渡期需要在傳統核心業務與未來種子業務之間作出兼顧	Adobe
	組織設計	數位化組織的設計及轉型的過程管理	
	組織技能	創新的招聘和管理人才的方式	Knack
與客戶重新連結	獲取	• 數位技術改變了消費者搜索資訊和購買產品的方式 • 搜索引擎對於使用者偏好的收集以作出精確廣告推送 • 智慧家電透過感測器分析使用者偏好以推廣下一代產品	電商
	吸引	尋找新的方法來為消費者提供獨特的價值	樂購、聯合利華、萬事達
	衡量	數位技術使推廣活動變得可衡量和可問責	搜索引擎

資料來源：*Driving Digital Strategy A Guide to Reimagining Your Business*

軟體是數位化轉型的關鍵。對於工業企業來說，對軟體和轉型技術的投資與企業估值之間存在著關聯。軟體為數位化轉型提供動力，必要性與緊迫性推動了創新，整個生命週期年復一年地迭代加速。許多領先的公司已經在這條路徑上賽跑了一段時間，但最好的組織明白，成功的、持續的轉型不僅依賴於正確的技術，而且還依賴於授權正確的人去指導、解釋和利用這些技術。工作場所、工作方法和勞動力可能都需要改變，如果做得好，這可以成為競爭優勢的一個強大來源。

市場變化的訊號和打造卓越競爭力的目標一直激勵著領導者，數位冠軍企業的共同點是明確起點。一個好的數位化轉型需要組織將變革與一些外部市場或客戶訊號連繫起來，而這個起點是至關重要的。創新領導者需要關注外部可以塑造其行業地位的市場訊號，無論是特定的市場、客戶、競爭對手，還是一些新的顛覆性要素。

9.2.2 數位化冠軍企業轉型的變革管理

如前所述，數位化轉型的領導者首先要確定迫使他們變革的關鍵商業訊號是什麼，他們以這些訊號為基礎，而不完全是以自己的觀點來確定組織內部必須改變什麼以及如何改變。改變要注重以下幾點：

- 強調差異化的業務成果。公司定義了理想的結果，強調了公司如何辨識和應對這些外部市場訊號的速度和準確性。這為需要改變的對象提供了願景期待。
- 目標的透明性。有了基於外部的變革願景，領導層傳達的轉型目標是透明的。

- 激勵機制的一致性。透過重新調整激勵機制與願景，轉型領導者可以獎勵轉型的行為。這成為重新調整工作文化的關鍵步驟。

當領導者們開始變革的旅程時，他們很快就會認識到他們沒有所有的答案。但好處是，領導者們一旦開啟變革旅程，就會積極擴大他們的智慧來源，新的機會和方案往往會超越他們的歷史認知和手頭的資源，不斷擴大的同行群體也總是會提供回報價值。例如，一家公司在同行的交流中獲得了支援，在數據管理和安全方面取得非凡的飛躍，作為回報，它提供了大量關於管理高分散式基礎設施轉型方式的尖端知識。還有，張忠謀在臺灣建立行業新模式的代工廠之後，需要把英特爾發展成客戶，他在業務開始之前說服英特爾給予了大量的生產指導，雖然他們也在激烈競爭，但數位化同行群體能夠在競爭中共同提升服務能力，同時也為彼此帶來了更多的客戶。英特爾的建廠原先採取精確複製的模式（Fab Alignment），即在同一製程工藝水準上，新廠就按原廠一模一樣的方式來建立，包括廠房、裝置、操作規程等。台積電不僅學會了這套方法，而且還把硬體環境的複製模式用到了透過 AI 來沉澱先進晶片製程的複雜控制的演算法模型上，從而可以在不同的工廠之間完成最先進和成熟製程工藝控制能力的複製遷移（Fab Matching）。

對大多數工業企業來說，轉型作為一個不斷變化和調整的過程，對於持續穩定的營運組織仍然是非常抽象的，大家並不清楚具體應該做些什麼。有鑑於此，領導者專注於辨識和發展那些最初的數位化轉型核心能力，這些能力將明確支援更具優勢的競爭力。因此，這些公司通常已經建立了一些遠遠領先於同行的特定能力。事實上，他們可能仍有某些方面的業務與其他公司相比顯得落後，但並不影響獨有優勢的發揮。這就是現在數位化轉型的本質，創新的小塊區域發生了新的數位化能力，這些能力將彙總起來建立完全轉型的組織。

有兩個主要問題可以讓工業企業的領導者們輾轉難眠。第一個問題是保持一個有競爭力的人才梯隊，第二個是可持續發展。對於工業企業來說，可持續性與企業和行業的生存能力有關，它基於根深蒂固和相互交織的社會經濟、政治和文化根基。好在來自部分數位冠軍企業的回饋是，AI 在衡量和實現可持續發展目標方面可以發揮重要作用。大家一致認為，AI 將徹底改變工業企業的運作方式，以提高可持續發展的能力，應該說這一概念也延伸到了供應鏈中。能源效率、減排、洩漏檢測、採購、廢料和廢物以及類似問題都被認為是 AI 可以改善可持續發展的地方。一些人還注意到 AI 將在投資方面發揮作用，因為工業公司面臨著巨大的壓力，需要重新審視其業務和營運的各個方面。在董事會的責任方面，AI 正在取代人類，透過巨大的數據來跟蹤可持續性。AI 產生的結果被用來將政策、投資和資源轉向更可持續的商業模式和技術。

9.2.3 英特爾、台積電與三星的創新轉型案例

儘管半導體、電子和製藥在數位成熟度方面排名很高，但同樣受到整個智慧行業共性問題的困擾，持續的產業價值鏈中斷、全球晶片短缺和工業脫碳將繼續影響這些數位化領域，製造業將不得不繼續靈活應對這些挑戰。

1. 英特爾

英特爾認為，數位化轉型突破了技術基礎所需的界限 —— 智慧、敏捷性、效能、安全性和彈性。工業 4.0 正在改變業務營運，將 IT 和 OT

系統融合到共享的智慧運算平臺中，從而消除數據孤島並提供更深入的洞察以及更大的靈活性和控制力。英特爾一邊在推進各行各業的數位化轉型，一邊也在不斷推進自身的數位化創新轉型。

英特爾作為一家在美國的公司，在歐洲和其他地區面臨的挑戰太大，無法孤立地解決，因此需要一種新的方法。英特爾提出了一個新的創新模式，即開放式創新 2.0，簡稱 OI2。OI2 的核心是共享價值和共享願景的概念。麥可 · 波特（Michael Porter）和馬克 · 克萊默（Mark Kramer）提出了共享價值的理念，即公司從最佳化短期財務業績轉向最佳化公司業績和社會條件，換言之，增加公司和其所在社會的共享價值。波特和克萊默的思想對如何應對歐洲所面臨的挑戰有著深遠的影響。OI2 是一種正規化，也關注創造共享價值、可持續繁榮和改善人類福祉。OI2 的目標是為民間、企業、學術界和政府市場同時創造價值。麻省理工學院的邁克爾 · 施拉格（Michael Schrage）評論說：「創新不是創新者的創新，而是客戶的採用。」這句話完美地描述了思維方式的轉變，這是 OI2 的一個標誌。在一次關於創新的採訪中，Schrage 繼續說：「美國創新的真正故事是關於那些採用發明，從而將它們從單純的發明轉變為全面創新的人們。」當顧客成為價值的共同創造者，成為創新過程的積極主體，而不僅僅是一個被動的對象時，創新就發生了。用 Schrage 的話說，發明＋採用 = 創新。

英特爾的 CEO 派屈克 · 格爾辛格表示，英特爾正著手探究四種可能為人類所用的「超能力」，它們是重塑行業數位化轉型的核心，能夠幫助企業加快前進步伐，推動創新、探索和成長。四種超能力如下：

- 普適運算：人類與世界互動的一切都涉及電腦技術，運算能力正滲透到人類生活的方方面面，是現有裝置和新興終端的技術互動點。

- 泛在的連線：將所有人、所有事都連線在一起。
- 從雲端到邊緣的基礎設施：在雲端為聯網運算數據建立了一個平臺，可以無限擴容，並透過智慧邊緣無限延伸。
- AI：智慧無處不在，將無限數據轉化為可執行的洞察。

每種超能力都令人驚嘆，如果加以聯合，彼此的能力在相互加持下強化放大，能創造出巨大的潛能。它們也正在從根本上改變人類感知技術力量的方式，甚至改變我們與個人電腦、裝置、家用器具以及汽車的互動方式，而半導體是推動此類數位化發展的基礎性技術。為了設計和開發世界上更為強大的晶片，以及用於智慧系統和裝置連線所需的軟體工具，英特爾建立了一個由超過 30 萬臺電腦組網的超算中心（圖 9-1），超過 5 萬名工程師連線到雲端，利用這些龐大的算力平臺進行創作。

圖 9-1 英特爾的超算中心
資料來源：Toggle

對於英特爾自己的智慧工廠來說，也是充分運用了這四種超能力。英特爾的半導體製造流程每天 24 小時都在執行。對於英特爾 IT 部門來說，數位化是產生、儲存和處理數據的技術，轉型是對組織的日常業務進行根本性的改變，從生產的產品和服務的類型到如何提供這些產品和服務，數位化轉型就利用數據技術包括數據的運算技術來實現日常業務各個維度的轉型更新。

英特爾工廠一直在積極利用技術進步來改善製造工藝和改進製造過程。自動化技術在英特爾的工廠中已經使用了幾十年，透過部署廣泛的物聯網和預測分析解決方案，從而縮短產品上市時間，提高資源利用率，提升良率和降低成本。而目前，英特爾正在向工程自動化轉型，他們投資了大量的智慧裝置，將感測器安裝在任何需要進行數據採集的地方，使以前在難以觸及的監測地點上獲得重要數據變得唾手可得。基於感測器的數據獲取，英特爾又建立了數據視覺化工具，為工廠的工程師們提供數位生產儀表盤，這上面可以區分和突顯關鍵錯誤和非關鍵錯誤，顯示製造裝置執行好壞的狀態，以及哪些地方尚存提高效率的機會與可能，最大限度地提高裝置的可用性和利用率，更重要的是讓工程師們將注意力集中在更重要的事務和問題上，從而做出更具價值的重要改進決策。英特爾使用先進的分析方法來處理每個工廠每天超過 50 億個數據點，這使工程師能夠在 30 分鐘內就能獲取重要資訊，而不是之前的 4 個小時。工程師再不需要理會數據本身，而是在系統分析這些數據之後直接獲取了業務洞察力。

如圖 9-2 所示，大數據的管理不是一個具體的技術，而是一個過程 —— 數據生命週期管理。數據生命週期管理模型中包括了相應的問題及需要數位化轉型部門找到答案，包括數據的格式是什麼？數據包含的業務知識是什麼？儲存的要求是什麼？數據的寫入和檢索速度需要多快？做出正確決策需要多大的數據量？數據需要儲存多久？等等。在這些數據分析的步驟中，變數之間的相關性被發現，這種整合性提供了在數據集之間無縫移動的能力，可以運用並深入到特定的專案分析中。當然隨著工廠工藝愈來愈複雜，這一過程也將越具挑戰，數據化創新轉型的持續發展根本停不下來。

圍繞物聯網和可連線性對製造業務進行數位化改造，從根本上改變了英特爾日常業務的執行方式。英特爾專注於將數據洞察直接與解決問題的工程師相連，強調解決方案的設計而不是提取數據。數位對映和模擬有助於最佳化工廠的產出，它不僅僅是一種技術，更是建立一個全面的解決方案，從人機介面到內容、到操控甚至反向控制。對英特爾來說，是人、文化和技術的結合，決定了數位化轉型的成功。

圖 9-2 英特爾工廠的數據生命週期管理
資料來源：Enterprise IOT Insights

2. 台積電

隨著大數據的出現，台積電逐漸轉向以資訊為導向的創新，並基於「人人都是決策者」的理念改革其決策過程，以提高其反應時間和策略決策的品質。它還建立了一個從「虛擬製造」到「開放式創新」平臺的 IC 設計生態系統。正如數位轉型的加速使半導體在人們的生活中更加普遍和重要一樣，它也使人們關注半導體行業的內部創新。台積電透過與合作夥伴的積極合作，在工藝技術、EDA、IP 和設計方法上進行合作、開發和最佳化，促進了創新。該公司在社會治理方面的得分也很高，並不斷改善其排放和資源使用，推進環保工作。

轉型是透過持續的創新來完成的，為了應對快速發展的半導體產業，台積電自成立以來一直致力於建立一個高度鼓勵創新的工作場所。台積電的創新管理框架分為三部分，分別是內部創新能量的累積、實現創新價值和跨學科合作創新。

（1）內部創新能量的累積包括三個方面，即創意論壇、全面品質卓越和創新會議、企業社會責任獎。創意論壇涉及營運、研發、品質和可靠性、組織規劃和財務等組織。為了確保產品品質和客戶滿意度，台積電努力改進品質體系和方法。2020 年，品質和可靠性組織在全公司範圍內舉行了全面品質卓越和創新會議（TQE）、培訓計畫，以及關於實驗設計、統計製程控制、測量技術、機器學習和品質審計的品質改進專案。這些專案旨在深化台積電員工的問題解決能力。台積電已連續多年舉辦 TQE，這是一種公眾認可的獎勵機制。2020 年，作為 TQE 的一個新方法，優秀專案的知識共享平臺已經建立。目前有超過 240 個被 TQE 認可的專案在該平臺上釋出。

（2）實現創新價值部分包括技術領先、智慧財產權保護、智慧精密製造。相關案例包括創新案例虛擬設計環境（VDE）、產學研合作的新模式、高效的危險品檢測機制、智慧技術檔案導航系統、提高 EUV 能源效率、生物處理系統、全程可追溯的廢棄物管理、煙囪排放基線管理機制等。

- 創新案例虛擬設計環境（VDE）。台積電公司推出了校園快梭計畫（University Shuttle Program），與大學教授和學生分享其工藝技術，積極在學術界和工業界之間架起橋梁。2020 年，台積電公司擴大了原本只為客戶準備的雲端虛擬設計環境（VDE）的架構。在消除了資訊安全方面的顧慮後，大學現在可以透過 VDE 遠端訪問台積電的先進技術工藝數據庫，以支援積體電路設計方面的研究和教學。這一創新的雲端解決方案極大地幫助大學首次直接跨入 N16 FinFET 技術，比之前使用的 40 奈米和 28 奈米工藝技術領先兩三代。史丹佛大學電子工程系馬克 · 霍洛維茨（Marc Horowitz）博士領導的研究團隊率先採用 VDE 研究 N16 FinFET 技術的深度神經網路的 AI 加速器晶片。2020 年 12 月，研究團隊透過 VDE 向台積電傳輸了 IC 布局設計，並完成了磁帶輸出。透過校園快梭計畫，該積體電路設計在實際的矽片上得以實現，這是學術界透過台積電校園快梭計畫創造的第一個 N16 FinFET 晶片，它大大推動了 AI 研究。同時，另一個長期合作夥伴加州大學洛杉磯分校的研究團隊也開始透過台積電 VDE 研究基於 N16 FinFET 工藝技術的射頻電路，該研究將在傑出教授張懋中的指導下進行。
- 智慧技術檔案導航系統。隨著技術類型的不斷增加，截至 2020 年，TSMC Online 提供了超過 12,000 個技術檔案。在現有的複雜二進位制索引樹中，客戶經常在路徑上迷路或犯錯。隨著技術的日益複雜和檔案大小的增加，下載檔案需要更長的時間。2020 年，台積電的客戶服務組織、業務發展組織和企業 IT 組織共同合作，改造 TSMC Online 數據結構，推出智慧技術檔案導航系統，幫助客戶更快地獲取新產品設計所需的技術檔案。為了確保該系統在推出時是健全的，客戶服務組織和業務發展組織參考了使用者回饋，從客戶的角度獲取技術檔案的使用和分類方式，使用二維矩陣表來取代現有的二進位制索引樹，並加強過濾和搜尋功能。在企業 IT 組織的支持下，TSMC Online 也在資訊安全的前提下開放了雲下載服務。透過新的 TSMC Online 數據結構和智慧技術檔案導航系統，客戶將看到一個檔案地圖，幫助他們輕鬆找到任何檔案；同時，雲服務也將大幅提高技術檔案的下載速度。智慧技術檔案導航系統在 2021 年 3 月開始分階段推出，該系統預計將減少 70%的搜尋時間，並將下載速度提高 3 ～ 10 倍。

（3）跨學科合作創新包括兩項內容：開放式的創新平臺與世界級的研發機構合作，第二項又包括大學研究中心、產學研聯合開發專案、博士生獎學金、先進積體電路設計專案等。

- 大學研究中心。台積電公司與臺灣一流大學合作建立了研究中心，並專門設立研究基金，鼓勵大學教授開展突破性的半導體研究專案。研究中心在努力開發半導體裝置、材料科學、製造工藝和 IC 設計等尖端技術的同時，也在培養半導體研究方面的人才。2020 年，超過 215 名教授和 2,800 名電子工程、物理學、材料科學、化學工程和機械工程的優秀學生加入台積電的大學研究中心。
- 產學研聯合開發專案。台積電公司與多所大學合作，推動聯合開發專案。各種創新研究課題涵蓋了電晶體、導體、材料、模擬和設計方面的技術。2020 年，台積電公司與 25 所大學的 89 位教授合作開展了 86 個產學研聯合開發專案，並提交了超過 157 項美國專利申請。

- 博士生獎學金。2020 年，台積電公司創立了博士生獎學金，並在課程中擴大了半導體和積體電路布局設計課程的範圍。公司還舉辦了台積電 × 微軟 Careerhack 等活動，不斷激發行業的創新動力。
- 先進積體電路設計專案。隨著 5G、AI 和高效能運算領域設計應用的快速發展，IC 設計的複雜性也隨之上升。為了跟上推動 5 奈米和更先進技術發展的摩爾定律，晶圓製造技術要無縫地滿足客戶的 IC 設計。為了確保終端產品在功率、效能和面積方面的競爭力，台積電在培養精通設計和技術協同最佳化的頂級 IC 設計和布局人才方面處於行業領先地位。

表 9-2 提供了一個台積電整體的創新策略管理框架，從中我們可以了解創新絕不僅僅是一個理念或一系列活動，技術的創新與商業的創新始終是融為一體的，而具體的落地也有多個執行體系。雖然絕大部分公司因為實力不允許，可能無法像台積電這樣開展創新轉型的全面版圖，但至少可以選擇一些小領域先行動起來。

表 9-2 台積電的創新策略管理框架

創新層面	內容
創新戰略、目標與成果	• 技術領先。持續的投資和對尖端技術的開發，以保持台積電在半導體產業的技術領先地位。可持續地評估整個產品生命週期中每個階段對環境和社會的影響，為容戶提供低環境、低碳和低水足跡的產品 • 智慧財產權保護、專利保護：繼續加強專利組合，使專利申請與公司的研發資源保持同步，確保所有的研究成果得到充分保護。商業機密保護：透過商業機密登記和管理，記錄和鞏固公司有競爭力的商業機密的應用，加強業務經營和智慧財產權創新

創新管理框架	創新價值	作為專用積體電路代工的技術領導者，台積電與客戶合作進行產品創新，與學術機構合作進行人才創新，與供應商合作進行綠色創新。多年來，台積電推動了全球技術的持續進步，帶來了便捷的數位生活方式的普及
	鼓勵創新	台積電舉辦了年度創意論壇比賽，涵蓋經營、研發、品質和可靠性、企業規劃組織和財務等方面的主題：並有來自基層、持續改進團隊、全面品質改進和創新會議的建議
	創新合作	• 開放式創新平臺 • 與世界級的研發機構合作 • 台積電大學專案 • 大學研究中心（積體電路設計競賽和課程、校園快梭計畫）
	創新方法	• 技術領先 • 智慧財產權保護 • 智慧精密 • 製造業
領先的技術和創新的積體電路代工服務		台積電研發機構的工作重點，是使公司能夠不斷為客戶提供率先上市的領先技術和設計方案，以幫助他們在當今競爭激烈的市場環境中取得產品成功
研發投入		台積電在 2019 年繼續擴大研發規模。全年研發總支出為 29.59 億美元，比上年增長 4%，占公司總收入的 8.5%。研發團隊已發展到 6,534 人，比上年增長 5%
智慧財產權		強大的智慧財產權組合加強了台積電的技術領先地位。截至 2019 年，台積電的專利組合在全球已達 39,000 多項，以確保公司的技術領先地位和最大利潤
製造更先進、更節能的電子產品		台積電在提供下一代領先技術的專用晶圓工廠中一直處於領先地位。透過台積電的製造技術，客戶的設計得以實現，其產品被廣泛用於各種應用。這些晶片為現代社會的進步做出了重大貢獻

產品生命週期的環境／社會影響的考慮	• 台積電根據產品生命週期，包括產品設計、原材料開採、生產和運輸、產品製造和運輸、使用和廢棄物處理等，考慮、明確和比較每個階段的環境影響，以提高產品的環境友好性 • 2019 年，台積電完成了對台灣所有製造工廠的產品生命週期、碳排放和水足跡的評估。公司還通過了 ISO 14040、ISO 14067 和 ISO 14046 認證。在努力減少其產品的環境足跡方面，台積電正繼續在全公司範圍內實施溫室氣體減排、節能和節水、廢物最小化和可重複使用週期及防止污染。公司還積極要求並協助其上游和下游的供應鏈夥伴投資類似的舉措
人才培養	人才培養是台積電戰略方向中的關鍵部分。為了幫助培養半導體產業的高品質人才，台積電設立了「台積電博士生獎學金」，每年提供 50 萬元的獎學金，為期 5 年，並由台積電的高級管理人員提供指導，分享最新的技術和行業趨勢。截至 2021 年 10 月，總共有 49 名學生獲得了該獎學金
創新展示與教育	台積電的創新博物館將探討台積電及其創新的商業模式如何在積體電路設計和產品應用方面加速創新。這些創新推動了積體電路在現代世界的普及，同時極大地改善了我們的生活。在這裡，也可以了解到台積電如何為全球積體電路創新做出貢獻

資料來源：根據台積電官網數據整理

3. 三星 [117]

在過去的十年中，三星的成功已被廣泛認可。三星是世界上最大的電視生產商和第二大手機製造商，也是最大的快閃記憶體製造商。三星擁有多達 26 萬名員工，14 家上市公司，在 67 個國家擁有 470 個辦事處和設施。

共同的願景和最高管理層的承諾是創新轉型氛圍的重要組成部分。在建立這樣的組織時，如果領導者不致力於行動，創新就不可能在一個公司裡系統化。高層管理人員的角色示範是創新和非創新組織的主要區

[117] MBA Knowledge Base，*Case Study: Samsung's Innovation Strategy*。

別之一。此外，員工應該認識到公司的目標與他們的創新努力相一致。三星公司在 1990 年代末應用的新管理信念是「將我們的人力資源和技術用於創造卓越的產品和服務，從而為更好的社會作出貢獻」。這一資訊鼓勵公司的每一位員工以成為全球卓越生產者的明確目標進行創新。

其次是建立與創新匹配的組織架構。創新型組織往往具有有機結構的特點，具有開放和動態的系統。起初，減少組織層和縮減規模是為了控制成本。資訊技術使用的增加，如電子郵件、內部部落格、共享數據庫，也產生消除中間管理層的需要。這帶來的影響包括對市場的反應速度更快，競爭力更強，更加靈活，並減少各部門之間的流程。這不僅是組織結構的變化，也是決策過程的變化。為了避免延誤和支持快速創新，應該將決策權下放給創新團隊。只有在創新過程的檢查站或關口才需要高層管理人員的批准。此外，創新不適合多層次的等級制度，因為新的想法和激進的創新如果必須通過許多審查，被拒絕的可能性就很大。

關鍵人物的引入是公司轉型的新生主力軍。為了實現公司創新的目標，三星需要來自技術和商業背景的世界級人力資源。它的策略不僅是要創造一個人們信任和欽佩的品牌，而且要成為一個人們渴望加入的公司。為了促進這種突破性的研發，三星設立了全球目標，以吸引世界各地最聰明的人的注意，並留住他們。這些人將學習為期一週的韓語日常會話強化課程，關於公司歷史、理念和文化的定向培訓，以及由三星高階管理人員講授的一般管理技能。除了擁有發展創新能力的最佳人選，三星還有一個機制來辨識組織中的關鍵人物，如專案負責人、推動者、想法倡導者。例如，在三星半導體部門，90 名經理被組織成小組，並被分配透過使用樂高積木來建造新裝置。工具只是簡單的樂高積木，但在這個實驗中創造的裝置必須具有功能性。這項活動需要創造力和團隊合作，讓管理人員了解到每個成員在團隊中扮演的角色。誰是推動者，誰是支持者，誰是想法產生者，誰是批判性思維者，都會被確定下來。

在建立創新氛圍方面，三星公開獎勵那些在創新文化中脫穎而出的主要行動者和促進創新價值的人，這說明了一個公司對其創新的承諾，並透過讓員工為他們的成功感到自豪來產生激勵。透過使用資訊技術進行創意管理，提高了產品和流程的改進率，因為創意的貢獻是可追溯的。它開啟了整個公司的溝通，促進了分享和創造的文化。思想的發展和討論不僅是縱向的，而且是橫向的，營造了創新的氛圍。在三星電子引入知識管理解決方案後，組織氛圍發生了變化。員工們變得更有信心，對變化更有反應，並渴望創新。論壇和部落格也是知識共享的地方，在這裡，自動獎勵系統被執行。所推出的產品的盈利能力被選為創新績效指標。三星也是一個學習型的組織。員工的知識和技能分享帶來了創新的表現。三星已經確定了在建立學習型組織方面的兩個主要挑戰，即知識發現和知識共享。在過去，由於缺乏知識管理，出現了一些問題，例如：由於管理不善而失去了有價值的知識，或者重複同樣的失敗。為了解決這些問題，三星引入了組織機制和技術解決方案來促進創新程式。

首先，三星安排了腦力激盪時間，以便在創新過程的任何步驟中捕捉和傳播想法。這不僅適用於新產品開發過程，也適用於解決複雜問題或業務改進。每週兩個小時的跨職能團隊會議在有高大窗戶、無線網路、大螢幕電視、小吃和飲料的房間裡展開，旨在促進創新過程。這種舒適的環境有助於創新人員相互交流和分享想法。

其次，在全公司範圍內引入了簡單而強大的部落格，以鼓勵知識共享和發現。該部落格幫助員工理解和討論想法，從而不斷擴展以前的知識。

第三，建立了知識倉庫，將可編碼的關鍵知識儲存起來，供整個三星公司使用。為了儲存經驗教訓，專案經理們接受了關於如何收集知識和收集什麼知識的培訓，並得到了包括許多有用程式的專案管理手冊，如如何寫結案報告、如何建立和儲存專案模型、如何進行行動後審查。為了控制鋪天蓋地的資訊，警報系統會將新儲存的知識通知員工，這些知識可能對他們的工作有幫助。

總體而言，三星已經成功地從當地的低品質製造商轉變為一個生產令人欽佩的時尚消費電子產品的品牌。公司的業績已經證明，三星在過去十年中已經走到了正確的方向。經過重新配置團隊工作的做法，三星的組織已經變得靈活和有機，從而有能力發展創新能力。

9.3
半導體產業工業 4.0 轉型的框架應用

政府、私人企業以及行業協會一直高度關注工業 4.0，並自 2010 年起加大投資，2011 年 1 月，德國聯邦政府推出工業 4.0 並將其列入「未來專案」。德國國家科學與工程院於 2017 年 4 月釋出了《工業 4.0 成熟度指數：管理公司數位化轉型》（*Industrie 4.0 Maturity Index: Managing the Digital Transformation of Companies*）。該報告提出了一套六階模型，清晰說明了工業 4.0 與數位化的區別，以及工業 4.0 到底要做什麼。圖 9-3 展示了工業 4.0 的進化過程，工業 3.0 時代實現了運算化與網路化，工業 4.0 需要透過數位科技實現工業的視覺化與透明化，從能夠了解現狀到理解現狀，從防患於未然到最終實現自治（自我控制與最佳化）。

同樣在 2017 年，全球不同地區的多個組織先後提出基於工業 4.0 的成熟度評估模型與發展規模的工具套件。這裡就包括經典的「德國萊茵 TÜV 工業 4.0 成熟度模型九宮格」和新加坡經濟發展局（EDB）提供的「工業智慧成熟度指數（SIRI）」。

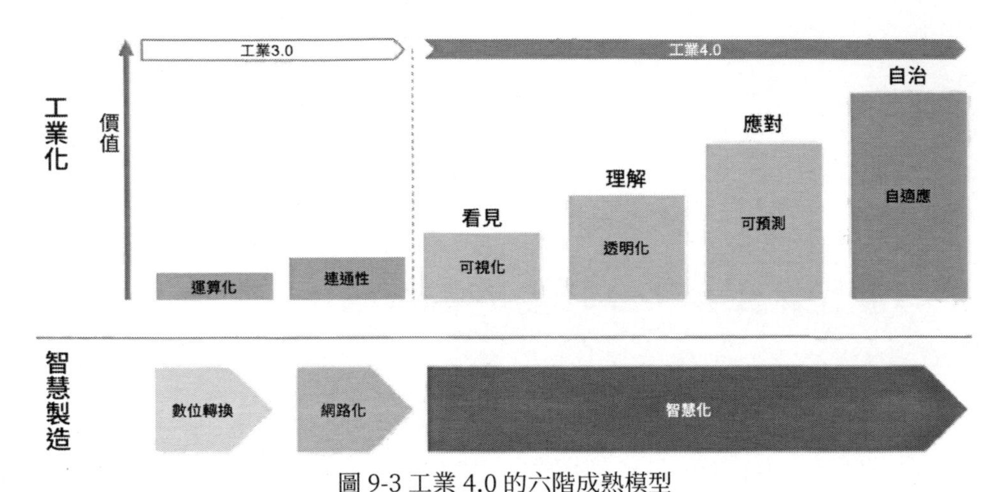

圖 9-3 工業 4.0 的六階成熟模型

資料來源：*Industrie 4.0 Maturity Index: Managing the Digital Transformation of Companies*

9.3.1 TÜV 工業 4.0 成熟度模型九宮格

依據德國工業 4.0 的基本三大要素（體系、程式和產品），結合德國萊茵 TÜV 的三大核心（人文、技術和環境），德國萊茵 TÜV 建立了包含九個單元的工業 4.0 成熟度模型，如表 9-3 所示，其中每個單元涉及歐洲和國際上的相關標準和法規，很好地細化了德國工業 4.0 對於企業發展的每個細節。這個模型可以用於評估，和全球其他成熟模型一樣，它可以幫助企業分析與同類企業相比所處的位置及差距，從而明確發展的方向並制定相關的策略。

表 9-3 德國萊茵 TÜV 工業 4.0 成熟度模型

維度	人文	技術	環境
體系	組織	結構（IT 和 OT）	生態系統
程序	勞動者	程序研究	價值鏈
產品	訂製化設計	技術要求	生態設計

資料來源：德國萊茵 TÜV 公司

該模型重點內容如下：

➤ 體系＋人文＝組織。該單元圍繞工業 4.0 的組織設計和空間方面的背景資訊展開，有關法律、市場和其他監管要求、實踐中的最佳組織架構資訊。涉及的標準有 ISO 9000 系列（ISO 9001、SA 8000、ISO 26000）。內容包含：策略和目標；總體規劃和設計；精益管理；工作組織設計、角色和義務、技能和資質、報酬、權利和津貼等。

➤ 體系＋技術＝結構。結構包括 ITIL、CMMI、CO-BIT、PMBOK、PRINCE2、ISO/IEC 20000、ISO 21500、ISO/IEC 38500、TOGAF、ISO 27001、ISO 27002。涉及 IT 管理系統、系統的可靠性、網路安全、LoT 的隱私權、IloT 工業大數據、雲端運算、智慧設計、整合技術、資訊及嵌入式等技術和內容。

➤ 體系＋環境＝生態系統。生態系統涉及供應鏈的管理、自動系統整合、智慧化物流管理、可持續性管理、能耗管理等。涉及標準有 ISO 14001、RoHS、ISO 44001、ISO 50001 等。

➤ 程式＋人文＝勞動者。減少人為錯誤，提高生產力、安全性和舒適性，特別關注人與感興趣的事物之間的相互作用。該單元特別考慮健康安全和生產力這兩大要素。涉及標準有 ISO 45001、EN ISO 26800、EN ISO 6385、EN 614、EN 9241-5 等。

- 程式＋技術＝程式研究。所有的製造程式主要都是由機器執行，因此程式的最佳化和可靠成為一個重要環節。其中需要重點考核的是 MES/MOM、CApp、CAM、智慧物流工廠、虛擬生產、感測器和 ID 技術。同時遠端操作與維護、生產視覺化、程式控制及工業機器人也都是評估的對象。
- 程式＋環境＝價值鏈。價值鏈為一端到另一端的增值活動集合，為客戶、利益相關者或終端使用者建立一個良好的整體結果。它包括產品生命週期管理和生命週期評估兩個方面。前者是指從產品設計到製造，再到維修和退役，對產品的整個生命週期進行的管理過程；後者是指評估從原料提取到材料加工、製造、分銷、使用、維修、維護、處理或回收，對產品生命所有階段的影響。涉及標準為 ISO 14040、ISO 14044 等。
- 產品＋人文＝訂製化設計。訂製化設計是先分析和設想使用者可能喜歡的產品的所有特點，然後驗證並修正他們在實際使用中對設計的回饋。它包括兩個方面：安全性及高品質（使用者滿意度）。所謂安全性旨在確保使用者安全的所有因素和特性，而高品質（使用者滿意度）是指達到使用者對產品滿意為目標的所有因素和產品特性。
- 產品＋技術＝技術要求。這一單元是指保證產品技術效能和市場監管要求的所有技術要求。它包括相容性和效能兩個方面。所謂相容性是在市場上使用的所有規格產品都可以找到配件和便於安裝；效能是指與同類產品相比，它有更好的品質。目前考核的是 CAD 和 CAE 技術。

- 產品＋環境＝生態設計。所有設計要求避免對產品產生負面的生態影響，確保產品的可重複使用、可回收及降解等效能，同時也具有使用耐久的特點。

德國萊茵 TÜV 工業 4.0 成熟度模型的實施基於神經網路的評估網路模型建立，利用 MATLAB 關於機器深度學習工具包，建立自己的三層評估網路模型，在輸入層選擇 9 個節點，然後選擇 15 個隱含層節點進行。其評估結果分為 5 類，從 1 到 5 產品生產的整體離理想模型越來越近，同時還能根據運算分類結果來追溯之前的因素，以供企業參考改進和完善。

9.3.2 EDB 工業智慧成熟度指數

2022 年 2 月，世界經濟論壇釋出了《全球工業智慧成熟度指數倡議：2022 年製造業轉型洞察報告》，報告顯示：2022 年，最成熟的三個行業是半導體、電子和製藥業。儘管處於領先位置，但這三大行業並沒有避開當今的挑戰，如價值鏈破壞、全球晶片短缺和工業脫碳等。這些大趨勢將重塑全球製造業格局，這些領先行業的行業必須積極面對這些挑戰。報告的另一個關鍵洞見是，領先於數位化曲線的公司都非常關注工廠／工廠的連線性，這些活動對在第四次工業革命中取得成功至關重要。

工業智慧成熟度指數（The Smart Industry Readiness Index，SIRI）是首個衡量全球製造業現狀的國際專案，由國際工業轉型中心（INCIT）管理。來自 30 個國家的近 600 家製造企業的數據揭示了新的趨勢，並確定了那些處於領先地位的行業。SIRI 包括一套框架和工具，以幫助製造商開始、擴大和維持其數位化轉型之旅。全球生產價值鏈的重塑正在刺激製造業更加專注和緊迫地擁抱數位化，其動機不僅是潛在的效率收益，還是營運的彈性。正在進行的數據革命進一步推動了這種新的驅動力，決策者越來越期望關鍵的商業承諾、計畫和干預措施能夠得到大數據的支援。為了協助製造商踏出轉型的第一步，新加坡經濟發展局（EDB）在 2017 年 11 月推出 SIRI 及相應的評估矩陣，重點如下。

- 與德國萊茵 TÜV 工業 4.0 成熟度模型的九宮格不同，SIRI 的三大板塊來自於工業 4.0 的基本模組：流程、技術和組織，如圖 9-4 所示，旨在充分激發工業 4.0 的潛能。
- 三大基本模組由八大支柱支持，八大支柱代表企業必須重視的關鍵方面，以做好應對未來的準備。
- 三大基本模組和八大支柱分為 16 個維度，企業可以從這些評估領域來衡量自身目前的工業 4.0 設施是否已經準備就緒。

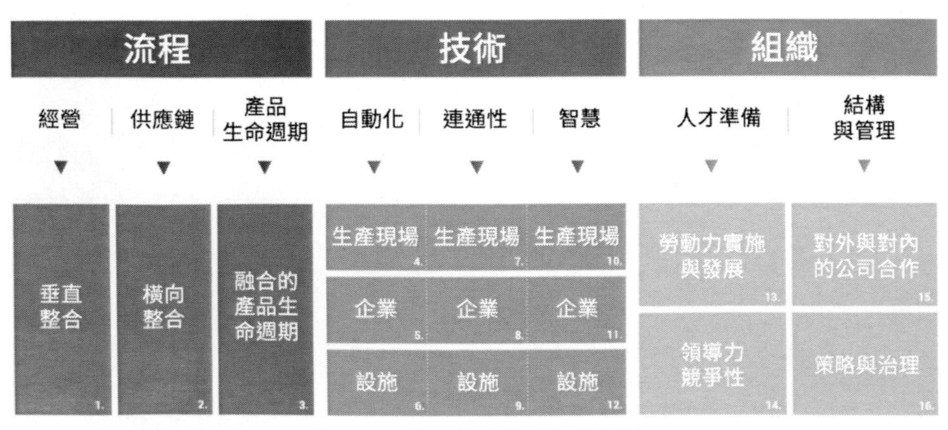

圖 9-4 工業智慧成熟度指數框架

資料來源：新加坡經濟發展局

SIRI 列出了四個步驟，供企業在其工業 4.0 轉型中考慮：

- 學習工業 4.0 的關鍵概念。它旨在提高企業對工業 4.0 關鍵概念的理解水準，並在個人、業務部門和合作夥伴之間建立一種共同語言。
- 評估其設施的當前狀態。有了對工業 4.0 的共同理解，公司可以使用 16 個維度來評估其設施的當前狀態。基於每個維度，公司可以檢查目前的流程、系統和結構。應該注意的是，雖然所有的維度都應該被考慮，但每個維度的相對重要性會有所不同，這取決於公司的需求和它所處的行業。
- 建構一個全面的轉型路線圖。該指數就像一個檢查表，以確保所有的構件、支柱和維度都被考慮在內。它還可以作為一個逐步改進的指南，在每個維度中的不同等級劃分了向更高等級發展所需的中間步驟。這有助於企業辨識高影響力的舉措，並制定強而有力的實施路線圖，明確界定階段、目標和時間表。
- 交付和維持轉型舉措。一旦公司制定了其轉型路線圖，該指數也可以作為一個有效的藍圖，公司可以用它來衡量和完善其在多年內的工業 4.0 舉措。

為了協助企業設計工業 4.0 路線圖，新加坡經濟發展局制定了 SIRI 下的工具，即優先排序矩陣。優先排序矩陣是一種管理規劃工具，可幫助公司辨識高度優先的工業智慧指數維度，使之對企業發揮最大影響。該工具是在合作夥伴麥肯錫公司（McKinsey & Company）、西門子（Siemens）、SAP 和 TÜV 南德意志集團（TÜV SÜD）的支持下開發的，並於 2019 年 4 月 1 日在德國漢諾威工業博覽會（Hannover Messe）上釋出。優先排序矩陣是全球第一個工業 4.0 自我診斷工具，能夠幫助全球各行各業的大小企業決定如何啟動、規模化且實現持續的工業 4.0 轉型。該工具將 16 個工業智慧指數維度分解為 6 個漸進的成熟階段。企業能夠透過該評估矩陣衡量自身目前的成熟度，並對標其他知名公司，以此找出轉型中的潛在落差。

作為一個管理規劃工具，優先排序矩陣彙集了四個輸入維度，每個輸入維度都反映了 TIER 框架[118]考慮的關鍵原則，以進行整體的優先排序，其目的是幫助公司量化辨識高優先順序的指數維度，在這些維度上的改進將帶來最大的收益。四個輸入維度如下：

- 評估矩陣分數。評估矩陣分數幫助企業確定其生產設施在 16 個指數維度上的當前工業 4.0 成熟度水準（從 0 級到 5 級不等）。評估矩陣分數是優先排序矩陣的第一項輸入，因為它是企業衡量潛在變化的影響和跟蹤其轉型進展的基準。使用評估矩陣分數也為企業提供了一種共同的語言，用於制定其數位化轉型路線圖的目標。
- 收入 - 成本畫像。收入 - 成本畫像是指一個公司的利潤和損失類別的細分占其整體收入的百分比。這些資訊對於優先排序矩陣是非常重要的，因為它促使公司更加重視對關鍵成本有更大影響的指數維度。
- 關鍵績效指標（KPI）。它是用來評估一個公司在實現其關鍵業務目標和策略指令方面的成功或有效性的措施。優先排序矩陣的第三項輸入，要求公司以最能反映其期望的未來定位和業務成果的方式，對關鍵績效指標進行排序。當公司明確了對長期成功至關重要的結果時，他們就能更好地確定相關的指數維度以集中投資。優先排序矩陣考慮的關鍵績效指標被分為三類：效率、品質和保證、速度和靈活性。

[118] TIER 框架提供了一個概念性的結構，是以下原則的首字母縮寫：現狀（State）、最大的財務影響（Impact To Bottom Line）、關鍵商業目標（Essential Business Objectives）、廣泛的對標（References To The Broader Community）。

- 與一流企業的接近程度。優先排序矩陣的最後一項輸入是公司與一流企業的接近程度。最佳級別被定義為在製造商中處於最高的效能水準，是其他公司期望達到或超越的基準。了解並與同類最佳企業進行比較是很重要的，原因有二。首先，知道最佳同類是什麼樣子可以幫助公司對什麼是可實現性有更好的認識。市場上的每一項工業 4.0 技術或解決方案從財務的角度來說並非都是必須採購的。即使在目前商業上可行的技術和解決方案中，許多也往往超出了一個典型製造商成為行業領先者的需要。透過認識一流企業所取得的成就，公司會有一個更現實的參考點，能夠更好地設定務實的目標和願望。其次，透過將自己的設施與一流企業進行比較，製造商能夠更好地確定他們最落後的方面，而這些方面往往是具有最大改進空間的領域。在某些方面已經達到一流水準的公司仍然可以發現這些資訊的作用。

圖 9-5 是基於工業智慧成熟度指數的優先排序矩陣範例。

在如上的案例結果中，公司需要集中資源和注意力的領域有三個：

- 工廠連線
- 工廠智慧化
- 策略和治理

對「策略和治理」的改進將使公司能夠在組織內制定一個更有條理的計畫，這樣它就可以設計一個行動計畫，幫助它辨識改進的機會。提高「工廠連線」和「工廠智慧化」的成熟度，將使公司在計畫和排程能力方面更加有效，這反過來將有助於最佳化其原材料和消耗品的管理。

TIER 框架和優先排序矩陣透過為製造商提供一個資料驅動的方法來確定重點領域的優先順序，從而幫助企業增強信心，並減少不確定性。

9.3.3 IMPLUS 工業 4.0 成熟度自評

除了德國萊茵和新加坡經濟發展局提供的豪華套件，也有一些是簡易的線上評估工具，雖然這些工具並不能深層次反映出工業 4.0 的細節，但至少便於行業的初學者學習和了解工業 4.0 的概念與維度。IMPLUS 就在其官網提供了這項工具，如圖 9-6 所示。這項「工業 4.0 成熟度」研究是由德國工程聯合會（VDMA）的 IMPULS 基金會委託，由 IW Consult（科隆經濟研究所的子公司）和亞琛工業大學工業管理研究所（FIR）進行。

摘要																
輸入	過程			技術									組織			
	縱向整合	橫向整合	完整生命週期	生產現場自動化	企業自動化	設施自動化	生產現場連接	企業連接	設施連接	生產現場智慧化	企業智慧化	設施智慧化	生產力學習和開發	領導能力	企業合作	策略和治理
評估矩陣分數	1	1	1	1	2	2	0	3	2	0	2	2	1	1	2	1
收入-成本畫像權重	1.85	1.80	1.35	1.95	1.60	1.45	2.15	0.95	1.85	2.00	1.65	1.80	1.85	1.55	2.10	2.15
KPI權重	1.85	1.80	1.35	66.00	46.00	33.00	50.00	46.00	37.00	68.00	55.00	25.00	60.00	56.00	68.00	62.00
與一流企業的接近得分	41.00	38.00	35.00	3.00	2.00	1.00	3.00	2.00	1.00	3.00	2.00	1.00	3.00	4.00	2.00	3.00
等級	影響價值＝KPI權重×收入－成本畫像權重×與一流企業的接近得分×評估矩陣分數															
0																
1							242			245						
2	102	92	64	174			145			184			200	208		220
3	68	62	43	58	22	7	48		10	184	54	14	150	104	86	120
4	34	31	43	58	22	7	48	13	10	122	54	14	50	52	43	80
5	34	31	21	58	22	5	32	9	7	61	27	7	50	35	43	60

圖 9-5 基於工業智慧成熟度指數的優先排序矩陣範例

資料來源：新加坡經濟發展局

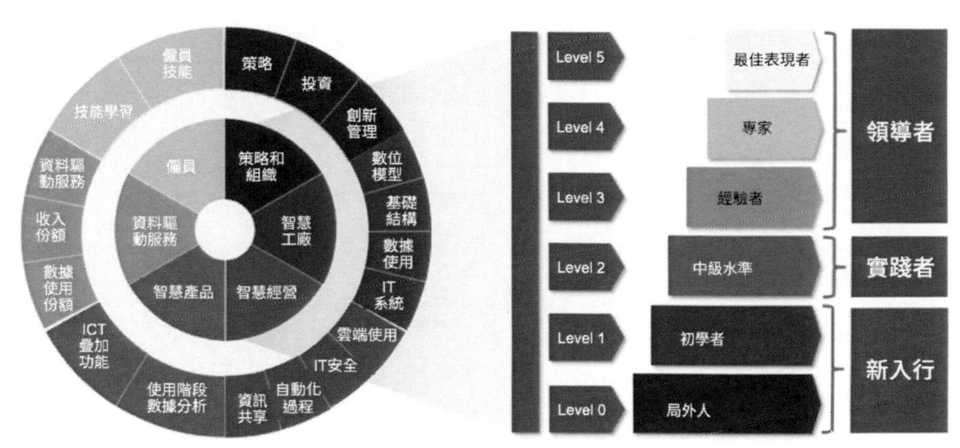

圖 9-6 面向企業的工業 4.0 成熟度的線上自測工具
資料來源：IMPLUS

「線上自我評估工具」中，使用者將被要求回答一系列有關企業實施工業 4.0 的問題。完成線上自測需要大約 15 分鐘。線上自測分為六個方面，每個方面都包含不同的問題：

- 策略和組織。工業 4.0 在公司的策略中確立和實施的程度如何？
- 智慧工廠。公司在多大程度上擁有基於網路物理系統的數位化整合和自動化生產？
- 智慧營運。公司的流程和產品在多大程度上實現了數位化建模，並能夠透過 ICT 系統和演算法在虛擬世界中進行控制？
- 智慧產品。公司的產品在多大程度上可以用資訊技術進行控制？使其有可能與價值鏈上更高層次的系統進行交流和互動？
- 資料驅動的服務。公司在多大程度上提供了資料驅動的服務？
- 員工。公司是否擁有實施工業 4.0 概念所需的技能？

這六個維度被用來開發成一個衡量工業 4.0 成熟度的六級模型。6 個級別（0 ～ 5 級）中的每一個級別都包括必須滿足的最低要求，以完成該級別的測評。0 級是局外人 —— 那些在計畫或實施工業 4.0 活動方面什麼都沒做或做得很少的公司。5 級是最佳表現者 —— 那些已經成功實施所有工業 4.0 活動的公司。

除了行業分類，還可以選擇公司的規模作為額外的比較標準。公司在完成並提交問卷後，會收到一封電子郵件，其中包含個性化評估結果，這可以被用來制定一個行動計畫的建議方案，以提高公司的工業 4.0 成熟度。

結語

全球半導體產業格局正處於鉅變之中，在過去三十年中，美國失去了 73%的半導體製造市占率，現在已經落後三代，他們正透過多項舉措重新奪回領先的製造地位。而歐盟正在投資打造領先的半導體生態系統來更新數位經濟與維護數位主權，除了聚焦於尖端研究和關鍵技術的IMEC 和 ASML 之外，歐盟也在打造基於 5G 時代的自動化半導體工廠。韓國和日本也都有自己的半導體產業的發展策略規劃，而俄羅斯也吹響了半導體晶片獨立自主研發的號角。

半導體積體電路在成就「數智」輝煌的同時，其面臨的挑戰依然是前所未有的。例如，從客戶要求來看，為確保品質和溯源，客戶已不滿足於只獲得晶片製造過程資訊，而是需要包括材料來源、製造裝置情況在內的完整「產品譜系」。而在量產實務中的挑戰更是不少：根據 Kalypso[119] 近期的一項研究，近一半的半導體不能滿足上市時間的要求。其中只有 45%的半導體產品的推出符合其最初的推出日期；超過 60%的半導體設計需要至少一次的重新規劃；而只有 59%的半導體設計能夠投入生產。我們知道，當半導體產品錯過了最佳的上市時間窗口，收入和利潤就會同步大幅縮水 —— 晚 3 個月進入市場會導致收入減少 27%，而晚 6 個月收入就會驟降 47%。在成本方面，超過 40%的半導體開發專案超過了計畫預算。造成這種狀況的原因有很多，例如工程環境沒有跟上設計

[119] Kalypso 提供策略、軟體、硬體和分析方面的專業知識，對半導體產業做了大量研究並提供了相關洞見。

要求的複雜性、元件的重複使用率極低、產業內併購造成系統的數據孤島、設計數據的爆炸性成長導致系統重負及執行效能的下降、製造廠商缺乏從需求到設計再到驗證的可追溯性而引發重新規劃、現有 IP 的重複使用忽略了整體設計的關鍵要求等。

這些共性的問題一方面需要透過硬性途徑來解決，包括土地、廠房、材料、裝置、工藝等；另一方面需要透過軟性途徑來解決，包括半導體工業軟體體系的擴展、新一代智慧電子設計工具、智慧而非傳統 SPC 或 APC 的計量工具、訂製化的智慧製造軟體等。而這二者又不約而同地走到一起。作為半導體製造裝置廠商，無論是出於為客戶提供更為先進、精密的產品與服務的要求，還是出於建立自己的、更為健壯的商業模式和技術壟斷的考慮，製造裝置本身將成為第一道智控中心，這樣的好處顯而易見，透過內部智控就可直接最佳化當前站點的生產，而不再依賴外在的智控。當然，它的局限性也很明顯 —— 不同的裝置只負責自己的製造環節，整廠的成本控制、產能達成、良率提升、安防保障、環保達標等綜合性 KPI 還是需要依賴系統性的工業軟體來管控。所以，除了裝置的智慧化，智造軟體作為工業軟體的一個尖端子集，一方面將以獨立認證的商業模式繼續前行（也可以透過雲端的方式來部署實現），另一方面也可以部署在邊緣端實現應用。那麼綜合來看，智慧軟體將至少可以從裝置端、邊緣側和雲端來部署應用。就如同台積電透過基於產線的 Inline ADC 和基於雲端的 Cloud based ADC 雙管齊下，進一步提升了產品良率，加上生產裝置的智控系統實際上已經完成了「機邊雲」三位一體的智慧管控。

硬性途徑也好，軟性途徑也罷，對於資本與科技高度密集的半導體積體電路產業來說，產業是一切發展的基礎，人才是一切發展的關鍵。

產業人才的發展，一方面是盡可能引進稀缺的頂尖人才，另一方面是培養已有人才。

期望本書的出版也能夠加入這一教育的行列，從一個新的視角，盡量貼合產業實踐去闡明全球半導體征程與智慧製造的尖端成果。也期望您在閱讀和思考之後，能夠將本書內化成自己的知識，進而轉化為產業智慧與發展力量

謹以此書獻給在半導體時代繼續同行的我們！

李海俊

2022 年 11 月

致謝

感謝為本書出版共同努力的親朋好友：尹志堯、田果、王世權、陳明、漆滔、汪靖宜、李金龍、王桂花、李庚龍。

作者

半導體盛世，從摩爾定律到 AI 時代：

由人工智慧至智慧製造，跨越科技巨頭的策略與合作，解鎖全球晶片產業的未來

作　　者：李海俊，馮明憲

發 行 人：黃振庭

出 版 者：崧燁文化事業有限公司

發 行 者：崧燁文化事業有限公司

E-mail：sonbookservice@gmail.com

粉 絲 頁：https://www.facebook.com/sonbookss/

網　　址：https://sonbook.net/

地　　址：台北市中正區重慶南路一段六十一號八樓 815 室

Rm. 815, 8F., No.61, Sec. 1, Chongqing S. Rd., Zhongzheng Dist., Taipei City 100, Taiwan

電　　話：(02)2370-3310

傳　　真：(02)2388-1990

印　　刷：京峯數位服務有限公司

律師顧問：廣華律師事務所 張珮琦律師

定　　價：550 元

發行日期：2024 年 05 月第一版

◎本書以 POD 印製

Design Assets from Freepik.com

國家圖書館出版品預行編目資料

半導體盛世，從摩爾定律到 AI 時代：由人工智慧至智慧製造，跨越科技巨頭的策略與合作，解鎖全球晶片產業的未來 / 李海俊，馮明憲著. -- 第一版. -- 臺北市：崧燁文化事業有限公司, 2024.05

面；　公分

POD 版

ISBN 978-626-394-278-3(平裝)

1.CST: 半導體工業 2.CST: 晶片 3.CST: 產業發展 4.CST: 技術發展

484.5107　　　　113006060

電子書購買

臉書

爽讀 APP